《芦芽山自然保护区科学研究论文集》

编 委 会

　　建立自然保护区是国家通过立法形式保护国土安全,保护自然资源,保护珍稀濒危物种,保护生物多样性,维护生态系统健康协调发展,实现社会经济发展与生态环境相适应、建设生态文明的重大战略措施。开展科学研究是自然保护区保护生态环境、保护珍稀濒危动植物、保护生物多样性的科学基础,是自然保护区制定保护与管理措施的主要依据,是自然保护区日常保护与管理工作的重要组成部分。

　　山西芦芽山自然保护区于 1980 年 12 月经山西省人民政府晋政发〔1980〕297 号批准建立。1997 年经国务院国函〔1997〕109 号批准晋升为国家级野生动物类型的自然护区。芦芽山自然保护区是山西省面积较大的自然保护区之一。主要保护对象为山西省省鸟、国家 I 级保护动物——褐马鸡和以云杉、华北落叶松为主的天然次生林生态系统。

　　山西芦芽山国家级自然保护区建立以来,在国家林业局、山西省人民政府及山西省林业厅的支持和指导下,建立了相应的科研监测机构,并根据芦芽山自然保护区生物多样性、主要保护对象分布和种群数量、生态环境的实际和特点,积极组织员工开展科学研究工作,获得了主要保护对象和生物多样性的大量第一手珍贵资料,并发表了大量的学术论文,为芦芽山自然保护区资源保护、科普宣教奠定了坚实的基础。

　　为了提高芦芽山自然保护区科学研究的水平,扩大芦芽山保护区在生物多样性保护等方面的影响,芦芽山自然保护区先后与北京师范大学、北京林业大学、山西大学等高校建立了较为固定的科研协作关系,并从北京林业大学、北京师范大学、山西大学等高校和科研单位聘请了 9 位专家教授,组成了“芦芽山自然保护区学术顾问委员会”,为科研工作的顺利开展提供了有力的技术保障,同时为许多高校在芦芽山自然保护区进行生物多样性研究提供帮助,促进了芦芽山自然保护区与高校和科研机构的科研合作。

　　为了全面反映芦芽山自然保护区建立以来在珍稀濒危物种、主要保护对象、生物多样性和生态环境保护等方面研究的科研成果,扩大芦芽山自然保护区在学术界的影响,进一步提高芦芽山自然保护区的学术水平,促进芦芽山自然保护区对外学术交流,宣传芦芽山自然保护区的科研成果,编辑出版芦芽山自然保护区学术论文集就成为必然。本论文集正文部分是芦芽山保护区科研人员发表的学术论文,分为4编:1)自然保护区概况,2)植物多样性,3)动物多样性,4)其他。每编的论文按照刊发时间的先后顺序排列。附录部分为相关高校和科研院所发表的有关芦芽山自然保护区学术论文的摘要,排列方式与正文相同。

感谢有关单位学者慷慨提供芦芽山研究的相关论文摘要!

感谢科技部科技基础性工作专项(2011FY110300,2015FY110300)和国家自然科学基金(4157114)对本项目的支持!

感谢山西大学黄土高原研究所所长刘勇教授对本书出版的支持!

感谢中国林业出版社编辑刘香瑞女士对本书出版的支持和帮助!

由于文献信息及技术条件所限,若干刊发较早的论文在各种文献信息平台皆没有搜索到,特别是一些内部刊物刊发的论文,因此本文集难免挂一漏万,敬请大家谅解!另外,在文集编辑过程中,按照出版书稿的要求对所有论文和摘要进行了一定的编辑加工,由于学识的局限性,难免有疏漏和不妥之处,欢迎大家批评指正。联系方式:lys74011@126.com。

编　者

2017 年 9 月

目 录

第一编 >>>>>

自然保护区概况

黄土高原上的绿色明珠

——山西芦芽山国家级自然保护区[①]

郭建荣

（山西芦芽山国家级自然保护区，山西　宁武　036707）

"左手一指太行山，右手一指是吕梁，站在高处望上一望，你看那汾河的水呀哗啦啦地流到小村旁……"，当年郭兰英唱的这首歌响彻大江南北，颂扬当时山西山清水秀、风景秀丽的美好景象。在吕梁山脉北端、晋西北黄土高原上，闪耀着一颗绿色的璀璨明珠，它就是山西芦芽山国家级自然保护区。

1980年12月经山西省人民政府晋政发〔1980〕297号文批准建立山西芦芽山省级自然保护区，1997年12月经国务院国函〔97〕109号文批准升为国家级自然保护区，以保护世界珍禽褐马鸡 *Crossoptilon mantchuricum* 和以云杉、华北落叶松天然次生林为主的野生动物类自然保护区。总面积21453hm²。保护区机关驻地位于山西省宁武县西马坊乡。

山西芦芽山国家级自然保护区地处宁武、五寨、岢岚三县交界处，地理坐标：111°50′00″~112°05′30″E，38°35′40″~38°45′00″N。最高海拔（荷叶坪）2787m，最低海拔（坝门口）1346m，主峰芦芽山海拔2772m。年平均气温4~7℃，年降水量500~600mm，无霜期90~120d。海拔较高的山地以太古代片麻状花岗岩为主，部分地区有石灰岩分布。

保护区地势险要，地形复杂。由于海拔高差较大，植被垂直地带行明显。海拔1346~1600m为灌丛农耕带，主要有绣线菊、黄刺玫灌丛及农作物莜麦、豌豆等；海拔1600~1800m为低中山常绿针叶林及落叶阔叶混交林带，以油松为主，其次是山杨、白桦、辽东栎等；海拔1800~2600m为寒温性针叶林带，主要以云杉（白杆、青杆）、华北落叶松为主，灌木主要有忍冬、山刺玫、银露梅、沙棘等；海拔2600~2787m为亚高山灌丛草甸带，主要有鬼箭锦鸡儿、高山绣线菊、金露梅灌丛及以禾本科、莎草科植物为主的草甸。复杂的地理条件，多变的气候环境不仅构成了独特的自然景观，也孕育了丰富的野生植物资源。

芦芽山保护区内共有高等植物102科954种，其中国家Ⅱ级保护植物有野大豆1种；山西省重点保护植物有刺五加、党参、宁武乌头、山西乌头、红景天、凹舌兰、大花杓兰、手参、对叶兰、蜻蜓兰和沼兰等11种。高等植物有乔木67种、灌木125种、草本植物691种、

---

① 本文原载于《中国野生动物》，2005，25（5）：3~5.

苔藓 8 种、蕨类 25 种和栽培植物 38 种。此外,还有种类繁多的地衣植物、菌类资源(如羊肚菌、猴头、猪苓等),现已查明的大型菌类有 67 种。植物资源中药用植物 149 种、油脂植物 47 种、淀粉植物 20 种、维生素植物 55 种、饮料植物 15 种、蜜源植物 57 种、饲用植物 204 种、用材植物 156 种、纤维植物 41 种、鞣料植物 31 种、芳香植物 37 种、有毒植物 12 种。

芦芽山保护区动物地理区划属于古北界华北区黄土高原亚区。共有脊椎动物 26 目 68 科 300 种,其中鸟类 17 目 47 科 248 种,兽类有 6 目 15 科 41 种,两栖爬行类有 3 目 6 科 11 种,分别占全省鸟类、兽类、两栖爬行类总数的 59.5%、63% 和 31%。国家Ⅰ级重点保护动物有褐马鸡、黑鹳、金雕、胡兀鹫、大鸨、金钱豹、原麝等 7 种;国家Ⅱ级重点保护动物有石貂、青鼬、鸳鸯、大天鹅等 37 种。中日候鸟保护协定中保护的鸟类 102 种;中澳候鸟保护协定中保护的鸟类 24 种。山西省重点保护动物 20 种。

芦芽山保护区森林群落以云杉林和华北落叶松林为主,素有"华北落叶松的故乡""云杉之家"的称誉,是我国暖温带地区寒温性天然针叶林保存最完整的地区之一。森林树种主要以华北落叶松、云杉、油松为主,分布集中、林相好、密度大、树干通直、材质优、蓄积量高,森林覆盖率大于 36.1%,活立木总蓄积量 126.9 万 m^3。按有林地面积计算,蓄积量达 208.4m^3/hm^2,与山西全省有林地蓄积量每公顷 36m^3 相比,高出 5 倍之多,出材率达 75% 以上。从生态效益和社会效益上看,芦芽山保护区云杉四季常青、枝繁叶茂、郁郁葱葱、英姿飒爽;华北落叶松傲立挺拔、笔直向上、四季分明,春夏青翠欲滴、绿涛滚滚,秋季金光灿灿,冬季积雪累累、晶莹剔透、姿态万千;还有婀娜多姿、树冠极为相似的油松,镶嵌分布的千姿百态、色彩艳丽的桦树及其他树种,相依相嵌,相辅相成,使芦芽山保护区成为资源考察、教学实习、科学研究、影视拍摄、猎奇探险的理想宝地。

芦芽山保护区良好的生态环境不仅孕育了丰富的植物资源,同时也为许多珍禽异兽创造了良好的生存条件。当你漫步在茫茫林海中,耳边会不时响起各种鸟鸣声,眼前会不时闪出各种飞鸟的身影。如果有幸你会看到国家Ⅰ级珍稀保护野生鸟类、我国特有的世界珍禽褐马鸡。褐马鸡外表漂亮,长相威武,尤其是在冬季积雪覆盖的茫茫林海中,小到十几只,大到上百只成群结队地活动,远远看去好似一群黑色的羊群在活动。

褐马鸡目前仅分布于我国山西吕梁山、太岳山、河北小五台山、北京东灵山、陕西黄龙山等地,芦芽山自然保护区是主要分布区之一,共有野生褐马鸡约 2900 余只。保护区科研人员在褐马鸡研究方面倾注了极大的精力,承担了若干国家科研项目,并发表了大量的学术论文,其中 1999 年承担了国家林业局 GEF 项目资助的"褐马鸡栖息地类型的研究"课题。芦芽山保护区还有国家Ⅰ级保护鸟类——黑鹳分布。黑鹳体形高大,姿态优美,在芦芽山自然保护区主要生活在海拔 1400~1900m 的水域。据多年来的调查观察,黑鹳数量一直呈上升趋势,目前大约有 10~18 只。保护区一直把黑鹳作为科研监测工作的重点,对其生态和生物学特性进行了大量观察研究,并有若干研究成果发表,2000 年申请的"珍禽黑鹳种群及栖息地的监测与保护"课题也获得了国家林业局 GEF 项目的资助。国家Ⅰ级保护动物金钱豹生活于海拔 1900~2600m 的高山丛林,体形庞大、生性凶猛。多年的调查走访表明,金钱豹数量也在逐渐上升,大约有 8~12 只。

芦芽山保护区不仅有十分丰富的野生动植物资源,而且还有十分丰富的自然旅游资源,是人们生态旅游的理想基地。主峰芦芽山古称"三晋第一山"是一座由尖峭挺拔岩体构成的山峰,因其形状酷似苗壮的芦苇嫩芽破水而出而得名;当雨后日出之际,被雨水洗涤过的山体在阳光下又会呈现出奇异的火红色调,有时会出现极为罕见的"芦芽佛光",形状酷似转轮,色调五彩斑斓,光芒闪烁,引人入胜。在主峰顶端有清光绪年间修建的高约 2.5m,占地面积约 $10m^2$ 的一座正方体状石砌坡屋顶建筑——太子殿,供奉着释迦牟尼佛的化身毗卢遮那佛。殿壁石砌有铁匝环护,殿顶部有青铜屋瓦,面北而坐。登临太子殿,游人极目远眺,百里之外的五寨县城、忻定平原和天池胜境遥遥在望。俯首而视,众山矮矮,四野漫漫,千山万壑,林海松涛尽入视野。你驻足于此,伸手似可揽九天之极,开怀恰如同世界尽归胸襟。向西而行,距芦芽山主峰约 10km,有一座山体似荷叶的亚高山草甸,它就是荷叶坪亚高山草甸,山顶部平坦宽广,面积达万余亩,一望无际,与巍峨挺拔、高耸入云的主峰芦芽山遥相守望。在游人登山途中,映入眼帘的是大自然鬼斧神工所塑造的无数奇观异景,似华山之险,但多由巨石叠起如层层累卵;如黄山之奇,又参差如伸五指,具显"芦芽"之特色。在主峰芦芽山和荷叶坪亚高山草甸周围,水源极为丰富;在山谷沟壑中,随地势的延伸,分布着几十处规模不同的瀑布,其落差和气势虽小,但或碧珠飞溅,或直落成潇,瀑流轰鸣,水雾蒸腾,如珠帘悬于半空,晶莹夺目,均很秀美,且有奇趣。

芦芽山保护区既有广袤无垠的绿色植被,如松涛滚滚的华北落叶松、云杉针叶林;又有风格特异、蕴意深邃的奇峰怪石,如将军石、夹驴石、石猴观海、护林老翁、石鱼问天、望夫石、书生看榜;还有清幽秀美、险涧深幽的碧波绿水,如金龙池、九曲清涟河、清涟瀑布等。著名的自然景点有迎客松、九桄梯、天涧、束身峡、舍身崖、一线天、芦芽日出、亚高山草甸等,古老的人文景观有太子殿、石佛寺、云际寺、龙王堂、南天门、看花台、杨六郎马栅、万佛洞、南将台、北将台等,分布于密林间、山之巅、峻岭山、沟谷底、滑坡畔……集雄、奇、怪、险于这一有限地域内,加之古老的神话传说,给芦芽山增添了神奇的迷人色彩。

芦芽山自然保护区集山、水、林、草、石、庙、花、鸟、虫等自然和人文景观于一体,既是人们返璞归真、回归自然、生态风景旅游观光的理想去处,又是资源考察、教学实习、科学研究、影视拍摄、猎奇探险的理想基地。

山西芦芽山国家级自然保护区的
现状及管理对策①

王建萍

（山西芦芽山国家级自然保护区，山西　宁武　036707）

1　自然地理概况

山西芦芽山国家级自然保护区位于山西省吕梁山脉北端，地处宁武、五寨、岢岚三县交界处，位于 111°50′00″~112°05′30″E，38°35′40″~38°45′00″N。总面积为 21453hm²。保护区机关驻地宁武县西马坊乡。1980 年 12 月经山西省人民政府批准建立了省级自然保护区，1997 年经国务院批准晋升为国家级自然保护区。

2　野生动植物资源

2.1　野生植物资源

芦芽山自然保护区共有高等植物 102 科 954 种，其中野生乔木 43 种、野生灌木 88 种、野生藤木 11 种、草本植物 700 余种。药用植物 149 种、野菜植物 55 种、野果植物 15 种、有毒植物 12 种。乔木主要有云杉 *Picea* spp.、华北落叶松 *Larix principis-rupprechtii*、油松 *Pinus tabuliformis* 等。素有"华北落叶松故乡""云杉之家"的美誉，是我国暖温带天然次生林分布区中保存完整的分布区之一。森林总面积 8354hm²，其中天然林 5283hm²，人工林 203hm²，灌木林 54.3hm²。森林覆盖率 36.5%，林木总蓄积量 1270000m³，其中华北落叶松林 3362.3hm²，蓄积量 633784m³；云杉林 1474.1hm²，蓄积量 337086m³；油松林 1389.2hm²，蓄积量 247013m³；此外，还有白桦 *Betula platyphylla*、红桦 *B. albo-sinensis*、辽东栎 *Quercus wutaishannica*、山杨 *Populus davidiana* 等。山西省重点保护植物刺五加 *Acanthopanax senticosus* 等。各种贵重菌类资源繁多，现已查明的菌类有 67 种，著名的食用菌有红银盘、白银盘、羊肚菌、木耳等；贵重的药材类有灵芝、猴头、猪苓等。苔藓植物 8

①　本文原载于《野生动物杂志》，2007，28（2）：46~49。

种,蕨类植物 25 种。

2.2　野生动物资源

动物地理区划中,芦芽山自然保护区属于古北界华北区黄土高原亚区。动物区系组成以古北界种类为主,东洋界和广布两界的种类占少数。脊椎动物有 26 目 68 科 300 种,其中鸟类有 17 目 47 科 248 种,兽类有 6 目 15 科 41 种,两栖爬行类有 3 目 6 科 11 种,分别占山西省鸟类、兽类、两栖爬行类总数的 59.5%、63% 和 31%。国家 I 级重点保护的野生动物有褐马鸡 Crossoptilon mantschuricum、黑鹳 Ciconia nigra、金雕 Aquila chrysaetos、胡兀鹫 Ceaetus barbatus、大鸨 Otis tarda、金钱豹 Panthera pardus 等;国家 II 级重点保护的野生动物有原麝 Moschus moschiferus、石貂 Martes foina、青鼬 Manes flavigula、鸳鸯 Aix galericulata、大天鹅 Cygrms cygnus 等 38 种。中日候鸟保护协定中保护的鸟类 102 种;中澳候鸟保护协定中保护的鸟类 24 种。山西省重点保护动物 20 种。保护区内主要保护对象世界珍禽褐马鸡有 2800 余只。与建区初期相比,褐马鸡种群数量增加了 1000 余只。还有种类繁多的昆虫资源数量不详,有待进一步查清。

3　社区经济概况

芦芽山自然保护区行政区划属于宁武县区马坊乡,共有 48 个自然村,2200 多户,9000 多人,其中农业人口占 90% 以上。民众大部分以种植业为主,人均占有耕地约 0.06hm²、牧坡 0.04hm²、林地 0.13hm²,大小牲畜近 3 万头。农业收入占总收入 60%,以煤矿为主的副业收入约占 20%,林牧业及其他收入占 20%。

4　保护区建立建设的重要性

芦芽山保护区是以保护世界珍禽褐马鸡为主的野生动物和以云杉、华北落叶松天然次生林植物群落为主的综合性自然保护区,为森林和野生动物类型的自然保护区,是三晋母亲河 – 汾河发源地,在黄土高原上素有“绿色明珠”之美称。芦芽山保护区森林生态系统保存完整,林相整齐,自然历史遗迹、旅游景观资源丰富。建立自然保护区能更好地保护野生物种,最大限度地为野生物种生存、繁衍创造了良好环境。芦芽山保护区森林生态系统对汾河源头的水源涵养、水土保持有重要作用,对保障当地农牧业生产和人民生活,以及长期持续地为人类发挥生态效益、社会效益、经济效益都具有重要意义。

5　保护区建设管理现状

5.1　内部管理

5.1.1　机构设置及人员配置情况

芦芽山保护区属山西省林业厅和山西管涔国有林管理局双重领导。现有职工 47 人,下设办公室、保护室、科研室、派出所等。建立了人才激励机制,实行定岗、定编、定职责,建立健全了各项岗位责任制 13 项,大力推行目标管理责任制,严格执行法律法规和各项规章制度。

5.1.2　制度建设及基础设施建设

为了使保护区管理工作做到有章可循,保护区管理局先后制定了《芦芽山自然保护区工作制度汇编》、《芦芽山保护区旅游管理办法》等各类规章制度。2000 年保护区编制了《山西芦芽山国家级自然保护区总体规划(2001~2015)》、《山西芦芽山国家级自然保护区一期工程重点建设项目可行性研究报告》。2001 年又编制了《山西芦芽山国家级自然保护区资源保护重点建设项目可行性研究报告》,并经国家林业局批准为自然保护区建设储备项目。2001~2003 年保护区机关院内建起了 2000m² 的科研标本馆。2001 年重新修建了 1000m 的旅游步道。为了使保护区的界址更加明确,2000 年保护区制定总体规划时,计划每 500m 埋设界碑 1 块,每 100m 埋设界桩 1 个,共需界碑 212 块,界桩 848 个,从 2006 年 5 月开始此项工程已进入全面实施阶段。为了提高管理水平及工作能力,根据总体规划的设计要求,2005 年集中购置了一批电脑、打印机、复印机、传真机、投影仪、摄像机、数码照相机、GPS 等办公设备,开通了因特网,为资源保护、科学研究、宣传教育工作的开展打下了良好基础。

5.1.3　功能区调整及林权的确定

为了便于专业保护与群众保护的协调,根据 20 年来管理情况和目前自然保护事业发展的需要,2003 年对保护区功能区重新进行了调整。近年来,随着生态旅游的兴起,在实验区部分地段开设了旅游小区。2004~2005 年,经过 2 年 5 个多月的野外实地调查,厘清了保护区内国有林界线与集体林的界线,2005 年底领取了林权证。

5.1.4　积极组织培训,加强学习交流

为了提升保护区职工的素质和业务水平,从北京林业大学、北京师范大学、山西大学等科研教学单位聘请了 9 位专家教授,组成了"保护区学术顾问委员会",加强了对保护区科研人员的培训和指导。通过"走出去,请进来"的政策,充分调动社会各界力量支持和参与保护区的建设和管理,取得了良好的效果。2001 年被管涔国有林管理局评为"森林病虫害防治先进单位"。2002 年被山西省野生动物保护协会评为"保护野生动物先进单位";被山西省林业厅评为"全省林业系统行风评议先进单位"。

5.2　自然资源保护和管理

野生动植物资源保护工作是保护区的核心工作。保护区管理局和当地政府联合成立了"护林防火、保护野生动物领导组",制定了"联防联护公约",建立了由专职护林员和森林公安干警组成的管护队伍,加强野外巡查巡护,加强护林防火和野生动植物保护宣传力度,特别注重加强了管护人员的法律法规培训学习和法制建设,提高了依法行政、依法管护的能力。坚决清理和查处乱捕滥猎、乱砍滥伐、乱挖滥采、乱洒农药、下套设夹等破坏野生动植物资源的违法行为,有力地保证了森林和野生动物资源的安全。建区以来,森林面积净增 218hm²,蓄积量由建区初的 657 万 m³ 增加到 1269 万 m³,增加了 612 万 m³。褐马鸡种群数量由建区时的 2000 余只增加到了现有的 2800 多只,黑鹳、金雕、金钱豹、原麝等

重点保护野生动物数量都有所增加。十多年来全区未发生一起森林火灾,乱捕滥猎野生动物资源的事件得到了有效遏制,乱砍滥伐林木案件查处率达到了 98%,共为国家挽回经济损失 50 余万元。

5.3　科学研究

　　科研工作是保护区资源保护工作的重要组成部分,是科学保护的前提。保护区科研工作主要包括 10 个方面:①完成了野生动植物及菌类资源本底调查。②开展了重点保护野生动物的种群动态监测。③开展野生动植物生态生物学研究。保护区共在省级以上学术刊物发表学术论文 45 篇,有 3 篇论文获山西省野生动物保护协会、山西省生态经济学会优秀论文奖;2000~2002 年申请并完成了 2 项"GEF 小型科研基金"资助项目,分别是国家林业局资助的"GEF 小型科研资金项目课题《褐马鸡栖息地类型研究》"和山西省资助的"GEF 小型科研资金项目课题《珍禽黑鹳种群及栖息地的监测与保护》。④合作编辑出版的《珍禽褐马鸡》获山西省科技进步二等奖。⑤与中国农业电影制片厂合作拍摄了《褐马鸡》《珍禽黑鹳》两部科教片。⑥完成了 80 万字的《芦芽山鸟类》编写工作;⑦采集制作了各种动植物标本 1600 余件。⑧从 1999 年开始开展了"生态旅游与生物多样性关系"的科学研究,预计此项工作持续 20 年。⑨2002 年根据国家林业局、山西省环保局、山西省林业厅的要求,编制了《山西芦芽山国家级自然保护区总体规划(2001~2015)》、《山西芦芽山国家级自然保护区一期工程重点建设项目可行性研究报告》。⑩对区内油松林中发生的红脂大小蠹危害情况进行了调查研究并积极进行防治,并对森林病虫害发生、危害情况进行了及时的预测预报。

5.4　生态旅游

　　在保护区实验区内,以科学保护为前提,以宣传教育为原则,开展了多项生态旅游活动,扩大了自然保护区的知名度,让游人身临其境领略大自然的美景,从而激发和培养人们热爱自然保护环境的高尚情操。自 1993 年开展生态旅游以来,共开发出特色旅游景点 18 处,以自然景观为主导,集山、水、林、草、石、庙、花、鸟、虫、亚高山草甸等自然和人文景观于一体,已成为资源考察、教学实习、科学研究、影视拍摄、猎奇探险的理想基地。近十年,保护区共接待中外游客已达 40 余万人次。

5.5　宣传教育

　　为了扩大芦芽山自然保护区的知名度,加强保护能力,强化社会对保护区的理解、重视和保护意识,保护区通过各种渠道进行宣传教育,一方面借助媒体力量进行宣传,请山西省林业厅宣传处专门拍摄了大型的芦芽山专题录像片和风光片,在《山西日报》上每日刊登芦芽山气象预报,并通过电视、报纸等媒体、大中专院校介绍和宣传芦芽山风光;另一方面利用自身条件通过图书、报刊等进行宣传,编辑出版了《芦芽山》3000 本、《芦芽山导游图》10000 份,在机关院内设置了宣传专栏等。

6 保护区存在的问题及对策

6.1 投资不足，严重影响若干建设项目的实施

芦芽山国家级自然保护区自建区以来，资金缺口较大，发展相对缓慢，建设规模落后。由于保护区人员编制不足，雇用临时工和新调进来的 14 个编外人员的工资资金缺口每年达 10 多万元。按照 2001 年总体规划，一期建设项目中部分重点建设工程项目由于资金短缺无法按规划如期实施，严重制约了保护区的建设和发展。

6.2 人员编制严重不足，许多工作难以全面铺开

芦芽山国家级自然保护区面积和河北雾灵山自然保护区、福建武夷山自然保护区面积相当，雾灵山自然保护区编制 200 人，武夷山自然保护区 100 人，芦芽山自然保护区仅有 27 人。现在 27 人已远远不能适应保护区工作的需要，突出表现为人少事多，人员调配不来。根据保护区资源状况、交通和通讯状况，必须尽快增加人员编制，达到 100~127 人的编制。

6.3 科研力量薄弱，亟待开展多项合作研究

开展自然保护区的科学研究工作是实现对自然资源科学管护合理利用的基础和关键。就保护区科研工作看，起步低，基础差，专业人员偏少，科研力量比较薄弱，水平相对落后。国家在注重资金投入的同时，应注重自然保护区人才投入，配备和培养一批能力强、业务专的科研技术队伍，进而扩大国家级自然保护区间的横向联合和多面合作，加强参观考察和学习交流，互相促进，从而带动整个保护区科研水平的提高和发展。

6.4 社区状况矛盾较为突出，不利于保护管理

芦芽山保护区核心区有 6 个自然村，80 余户，370 多人，经济、文化、生产生活都比较落后，民众生产生活、放牧等对野生动植物威胁较大。另一方面，野生动物对民众农作物及家畜造成的损失得不到应有的补偿或赔偿，民众怨声载道，希望国家尽快采取生态移民或给予村民相应的补贴解决矛盾。

6.5 煤矿开采存在严重的安全隐患

芦芽山保护区内有 9 座煤矿，日产原煤可达到 1500t，在距缓冲区 5km 以外的实验区有井口、煤场，对环境质量和生态功能有很大的影响。最明显的是采煤抽取地下水，导致区内地下水位下降，形成地表水污染；其次，小煤矿生产没有地质保护措施，严重破坏了地质结构，随着煤炭的大量采挖，定会造成地面塌陷，地面建筑倾覆，造成人民生命财产的严重损失；第三，由于当地和附近地区煤矿的生产，坑木需求量很大，引发了当地村民对林木的大量盗伐，不仅给保护区的保护管理工作施加了压力，增加了难度，由此造成的资源消耗和浪费巨大。建议国家有关部门尽快出台相关政策法规，依据《中华人民共和国自然

保护区条例》,取缔芦芽山国家级自然保护区内所有开矿活动,确保森林资源和生物多样性安全。

6.6 旅游的无序开发对保护区冲击较大影响

芦芽山保护区生态旅游给宁武、五寨两县带来了一定的经济收益,尝到了发展旅游业的甜头。宁武县旅游管理部门于2000年在保护区核心区违法开发建设了黄草梁(马仑草原)至石佛寺的旅游步道1600余米;五寨县旅游管理部门在保护区核心区内违法开通了五寨县通荷叶坪的旅游线路。这两条违法旅游线路的开通对保护区生物多样性和生态环境产生了严重影响,主要表现在:①对保护区核心区的森林资源、自然植被、林地造成了严重的破坏,对自然环境造成了相当程度的污染;②给保护区森林资源增加了严重的火灾隐患;③给保护区资源管护增加了负担;④保护区生态旅游受到了很大冲击。建议通过山西省环保局、山西省林业厅牵头尽快彻底解决当地县在芦芽山自然保护区违法开发旅游线路问题,以彻底消除由于乱开旅游线路给保护区带来的一系列不良后果和隐患。

芦芽山自然保护区生物多样性概述 ①

郭建荣

（山西芦芽山国家级自然保护区，山西　宁武　036707）

山西芦芽山国家级自然保护区位于山西省吕梁山脉北端、晋西北黄土高原。芦芽山是管涔山系的主峰，古称"三晋第一山"。芦芽山是三晋母亲河——汾河的源头地区，是"云杉之家""华北落叶松的故乡"，也是我国暖温带天然次生林保存较完整的地区之一，是世界濒危物种、国家Ⅰ级保护野生动物褐马鸡的原产地。由于保护区独特的自然地理条件，孕育了丰富的野生动植物资源，生物多样性特别丰富，成为华北地区有重要科学研究价值和保护价值的生物物种基因库。

1　保护区概况

山西芦芽山国家级自然保护区地处宁武、五寨、岢岚三县的交界处，位于111°50′00″~112°05′30″E，38°35′40″~38°45′00″N，总面积 21453hm²，其中核心区 4933hm²、缓冲区 1767hm²、实验区 14753hm²。山西省人民政府 1980 年 12 月 18 日批准建立芦芽山省级自然保护区，1997 年 12 月 8 日经国务院批准晋升为国家级自然保护区，是保护以世界珍禽褐马鸡为主的野生动物和以云杉、华北落叶松天然次生林为主的植物群落，属暖温带森林生态系统和野生动物类型的综合性自然保护区。主峰芦芽山海拔 2772m，最高海拔 2787m，最低海拔 1346m。年平均气温 4~7℃，年降水量 500~600m，无霜期 90~120d。海拔较高的山地主体主要以太古代片麻状花岗岩为主，部分地区上层分布有石灰岩。

2　野生植物资源

保护区复杂的地理条件，多变的气候环境孕育了丰富的野生植物资源。芦芽山自然保护区共有高等植物 102 科 954 种。其中国家Ⅱ级保护植物有野大豆 1 种；山西省重点保护植物有刺五加、党参、宁武乌头、山西乌头、红景天、凹舌兰、大花杓兰、手参、对叶兰、蜻蜓兰和沼兰等 11 种。高等植物中有乔木 67 种、灌木 125 种、草本 691 种、农作物 38 种、

①　本文原载于《野生动物杂志》，2007，28（5）：47~49，55.

苔藓 8 种、蕨类 25 种。其中有药用植物 149 种,食用植物中有油脂植物 47 种,淀粉植物 20 种,维生素植物 55 种,饮料植物 15 种,蜜源植物 57 种,饲用植物 204 种;工业用植物 中有用材植物 156 种,纤维植物 41 种,鞣料植物 31 种,芳香植物 37 种,有毒植物 12 种。

由于海拔高差较大,森林植物垂直地带行明显,海拔 1346~1600m 为灌丛农耕带,主 要有绣线菊、黄刺玫灌丛,及农作物莜麦、豌豆等;海拔 1600~1800m 为低中山常绿针叶林 及落叶阔叶混交林带,以油松为主。其次是山杨、白桦、辽东栎等;海拔 1800~2600m 为寒 温性针叶林带,主要以云杉(白杆、青杆)、华北落叶松为主,灌木主要为忍冬、山刺玫、银露 梅、沙棘等;海拔 2600~2787m 为亚高山灌丛草甸带,主要有鬼箭锦鸡儿、高山绣线菊、金 露梅灌丛及以薹草、禾本科、莎草科植物为主的低草草甸。

芦芽山自然保护区森林以华北落叶松、云杉、油松为主组成,林相好、密度大、树干通 直、材质优、蓄积多,森林覆盖率 36.1%,活立木总蓄积量 84.6 万 m³(国有林)。按有林地 面积 3897hm²(国有林)计算,保护区内平均每公顷蓄积量达 217.08hm²,与山西省有林地 蓄积量每公顷 36m³ 相比,高出 6 倍之多,出材率达 75% 以上。

3　野生动物资源

芦芽山保护区独特的生态环境不仅孕育了丰富的植物资源,其优良的生态环境也为 许多野生动物创造了良好的生存条件,加之山西省地处世界候鸟八大迁徙通道,即东亚— 澳洲迁徙通道。因此,动物资源较为丰富。

从动物地理区系看,芦芽山保护区属于古北界华北区黄土高原亚区。共有脊椎动物 26 目 68 科 300 种,其中鸟类有 17 目 47 科 248 种,兽类有 6 目 15 科 41 种,两栖爬行类 有 3 目 6 科 11 种,分别占全省鸟类、兽类、两栖爬行类总数的 59.5%、51.9% 和 26.8%。列 为国家 I 级重点保护的野生动物有褐马鸡、黑鹳、金雕、胡兀鹫、大鸨、金钱豹、原麝等 7 种; 列为国家 II 级重点保护的野生动物有石貂、青鼬、鸳鸯、大天鹅等 37 种;有中日候鸟保护 协定中保护的鸟类 102 种;中澳候鸟保护协定中保护的鸟类 24 种;省级保护动物 20 种。 芦芽山自然保护区是国家 I 级保护动物、珍稀濒危野生鸟类、我国特产的世界珍禽——褐 马鸡的原产地,约有野生褐马鸡 2900 余只。

3.1　野生鸟类组成

野生鸟类区系组成中雀形目鸟类 123 种,占鸟类总数的 49.6%;非雀形目鸟类 125 种, 占总数的 50.4%。雀形目中鹟科鸟最多,有 38 种,占雀形目总数的 30.9%;非雀形目中隼 形目种类最多,有 22 种,占非雀形目总数的 17.6%,且均为国家重点保护鸟类。

从居留类型来看(表 1),有留鸟 53 种、夏候鸟 72 种、冬候鸟 27 种和旅鸟 96 种,分别 占区内鸟类总数的 21.4%、29.0%、10.9% 和 38.7%。繁殖鸟有 125 种(包括留鸟和夏候鸟), 占鸟类总数的 50.4%;非繁殖鸟 123 种(包括旅鸟、冬候鸟),占 49.6%。

从鸟类区系地理区划看(表 1),本区属古北界华北区黄土高原亚区。由于本区特殊 的地理环境,没有天然屏障,不少蒙新区的种类,如凤头百灵、白顶䳭、云雀等;东北区种 类,如牛头伯劳等;青藏区种类,如鹩嘴鹨等也向本区渗透。古北界鸟类有 138 种,占鸟类总数的 55.6%,如金雕、石鸡、长耳鸮等,这些鸟在古北界中又分属五个区,即东北区、华北区、蒙新区、青藏区以及国外的区域。东洋界有 32 种,占鸟类总数的 12.9%,如蓝翡翠、星头啄木鸟、四声杜鹃等。广布两界的有 78 种,占鸟类总数的 31.5%,如红隼、灰斑鸠、雕鸮等。125 种繁殖鸟类中古北界 98 种、东洋界 24 种和广布两界 61 种,分别占繁殖鸟类总数的 32%、19.2% 和 48.8%。123 种非繁殖鸟类中古北界 98 种、东洋界 8 种和广布两界 17 种,分别占保护区非繁殖鸟类总数的 79.7%、6.5% 和 13.8%。

由于芦芽山保护区地形复杂、山多,相对高差较大。山势高低不同,并有河谷和亚高山灌丛草甸,根据地形可分为 5 个垂直地带。随着海拔高度的变化,气候条件、植被情况有明显的区别,因此各垂直地带鸟类的分布也不相同(表1)。

表 1　芦芽山自然保护区鸟类居留类型及区系组成

居留类型	区系	古北界		东洋界		广布两界		合计	
繁殖鸟	留鸟	20		5		28		53	21.4%
	夏候鸟	20		19		33		72	29.0%
	合计	40	32.0%	24	19.2%	61	48.8%	125	50.4%
非繁殖鸟	冬候鸟	25		0		2		27	10.9%
	旅鸟	73		8		15		96	38.7%
	合计	98	79.7%	8	6.5%	17	13.8%	123	49.6%
合计		138	55.6%	32	12.9%	78	31.5%	248	100%

(1)水域河漫滩带及农耕带。海拔 1300~1600m,主要包括汾河及其支流流域、河漫滩及两岸耕作区及山谷、溪流。此带以水域、农田、湿地植被等为主,在田边地头及路旁有杨、柳、榆。共有鸟类 200 种,其中繁殖鸟类 87 种(包括留鸟 33 种、夏候鸟 54 种),占繁殖鸟类的 69.6%,代表种有斑嘴鸭、金眶鸻、鹛嘴鹬、蓝翡翠、黑枕黄鹂及黑卷尾等。繁殖鸟中古北界 29 种、东洋界 17 种,广布两界 41 种。

(2)低山带。海拔 1600~1800m,包括山地、耕地、撂荒地、岩石坡。植物以油松、杨、沙棘、黄刺玫、绣线菊、蒿类及农作物为主。鸟类 155 种,其中繁殖鸟 98 种(留鸟 45 种、夏候鸟 53 种),占繁殖鸟总数的 78.4%。代表种有岩鸽、三道眉草鹀、红嘴山鸦、石鸡等,褐马鸡冬季在此地带活动较为频繁。繁殖鸟中,古北界 31 种、东洋界 16 种、广布两界 51 种。

(3)中山带。海拔 1800~2100m,以常绿针叶林和针阔混交林及灌丛为主。植物群落主要以油松林为主,其次是白桦、山杨、辽东栎、山桃、山杏为主的混交林和以沙棘、黄刺玫、虎榛子、绣线菊、银露梅、披针薹草为主的灌丛。鸟类 93 种,其中繁殖鸟类 70 种(留鸟有 40 种、夏候鸟 30 种),占繁殖鸟类总数的 56%。代表种有黑啄木鸟、鸲姬鹟、黄眉姬鹟、黑头鹀和黑头山雀。褐马鸡在此带分布较为广泛。繁殖鸟中古北界 21 种、东洋界 11 种、广布两界 38 种。

(4)高山带。海拔 2100~2600m,以寒温性针叶林为主。植物群落主要以云杉、华北落叶松等为主,间有沙棘、绣线菊、灰栒子、胡枝子、唐松草、薹草、蓝花棘豆、马先蒿、菊类等。鸟类有 49 种,其中繁殖鸟 39 种(留鸟 23 种、夏候鸟 16 种),占繁殖鸟类总数的 31.2%,代表种有普通旋木雀、煤山雀、星鸦、黄眉柳莺等。褐马鸡在本带夏季分布较为广泛。繁殖鸟中古北界 10 种、东洋界 4 种、广布两界 25 种。

（5）亚高山灌丛草甸带。海拔 2600~2787m，常见的植物有鬼箭锦鸡儿、勿忘我、火绒草、红轮千里光等。仅有繁殖鸟 4 种（留鸟 1 种、夏候鸟 3 种），占繁殖鸟类总数的 3.2%，如云雀、穗䳭、田鹨、树鹨，偶见白尾鹞、胡兀鹫、鹊鹞、红隼。繁殖鸟中古北界种 2 种，广布两界种 2 种。

3.2　野生兽类组成

从区系地理成分组成看，41 种野生兽类中古北界 26 种，东洋界 4 种，广布两界 11 种，分别占兽类总数的 63.4%、9.8%、26.8%，野生兽类在芦芽山自然保护区 5 个垂直带分布见表 2。

表 2　芦芽山自然保护区兽类、两栖爬行类的分布及区系组成

垂直地带	海拔（m）	古北界		东阳界		广布两界		总计	
		兽类	两爬类	兽类	两爬类	兽类	两爬类	兽类	两爬类
水域河漫滩及农耕带	1300~1600	14	3	0	0	4	3	18	6
低山带	1600~1800	17	7	2	0	8	2	27	9
中山带	1800~2100	20	7	3	0	11	1	34	8
高山带	2100~2600	21	5	4	0	11	1	36	6
亚高山灌丛草甸带	2600~2787	7	1	0	0	4	0	11	1

由表 2 可知，山地森林地带分布的兽类较多，占兽类总数的 58.5%~87.8%，特别是大型、有重要经济价值和保护价值种分布较多，如豹、麝、狍、野猪等多分布于高、中山地带，而水域、河漫滩及农耕带、亚高山灌丛草甸带分布的兽类较少，仅占兽类总数的 26.8%~43.9%，特别是大中型兽类更少。这种分布差异与兽类本身活动习性有密切关系，同时不同兽类对不同垂直地带的地貌和植被环境的依存性有关，而人类经济活动的影响也是造成兽类分布不平衡的重要原因。

3.3　两栖爬行类组成

从区系组成上看（表 2），两栖爬行动物中古北界有 8 种，广布两界有 3 种，分别占全区两栖爬行类总数的 72.7%、27.3%。由于地处晋西北温带半干旱草原地理带，气候寒冷干旱，地形起伏较大，没有东洋界种类分布。两栖爬行类除亚高山灌丛草甸带分布较少外，在其余各垂直地带内分布基本均衡。

4　野生菌类资源

芦芽山保护区除具有十分丰富的野生动植物资源外，各种菌类资源（如羊肚菌、猴头

菇、猪苓等）也十分丰富。现已查明，大型真菌共有 9 目 26 科 75 种，分属于 2 门 4 纲。75 种大型真菌中，除刺革菌科的茶藨子隐皮孔菌可在木头或地上生长外，有 31 种生于木头上，43 种生于地上。除伞菌目丝膜菌科的茶褐丝盖伞有毒外，有 34 种可以食用，其中银耳科的金耳、茶耳、多孔菌科的猪苓、松生拟层孔菌、地星科的尖顶地星、马勃科的网纹马勃、紫色秃马勃等 7 种还可作药用。

芦芽山自然保护区由于其独特的自然地理条件，蕴藏着丰富的野生动植物资源，生物多样性特别丰富，是资源考察、教学实习、科学研究的理想基地，是华北地区有重要生物多样性保护价值和科学研究价值的绿色生物物种基因库。

参考文献

［1］郭建荣 . 黄土高原上的绿色明珠 – 山西芦芽山国家级自然保护区［J］. 野生动物，2004，(5)：3~5.

［2］郭建荣 . 芦芽山保护区大型真菌种类及其利用［J］. 山西林业科技，2005，(3)：23~25.

［3］樊龙锁，刘焕金 . 山西兽类［M］. 北京：中国林业出版社，1996.

［4］李世广，刘焕金 . 山西省重点保护陆栖脊椎动物调查报告［R］. 北京：中国林业出版社，1999.

［5］樊龙锁，郭莘文，刘焕金 . 山西两栖爬行类［M］. 北京：中国林业出版社，1998.

第二编 >>>>>

植物多样性

滹沱河湿地假苇拂子茅群落生物量研究 [①]

邱富才[1] 张 峰[2] 上官铁梁[3] 温 毅[1] 谢德环[1]

(1. 山西芦芽山国家级自然保护区,山西 宁武 036707;

2. 山西大学 生命科学系,山西 太原 030006;

3. 山西大学 环境科学系,山西 太原 030006)

湿地植被生物量是湿地生态系统最重要的数量特征之一,也是研究湿地生态系统物质循环、能量流动和生产力的基础[1,2]。假苇拂子茅 *Calamagrostis pseudophragmites* 群落是滹沱河沿岸湿地植被中分布较为广泛的类型之一,在植被组成中具有重要的意义。国内有关假苇拂子茅群落结构、区系组成和生物量的研究尚未见报道,为此于 1996 年 7 月初,对滹沱河沿岸的假苇拂子茅群落结构、组成及生物量进行了研究,旨在为开发利用假苇拂子茅群落提供科学依据。

1 生态地理环境

滹沱河属于海河水系,发源于山西繁峙县泰戏山,流经代县、原平、忻州、定襄、五台、盂县等县市,在河北省注入子牙河。在山西境内流经 256km,流域面积 11936km^2。支流有阳武河、云中河、永兴河、牧马河和清水河。

滹沱河流域(山西境内)年均温 8.0~9.0℃,1 月均温 −10.0~−9.0℃,7 月均温 22.5~23.5℃,≥10℃的年积温 3100~3400℃,年降水量 400~450mm。滹沱河流域发育着各类湿地,有河流湿地、沼泽湿地和草甸湿地。在各类湿地上有不同的植物群落分布,主要植被类型芦苇 *Phragmites australis* 群落、狭叶香蒲 *Typha angustifolia* 群落、光头稗 *Echinochloa colonum*、风花菜 *Rorippa islandica* 群落、鹅绒委陵菜 *Potentilla anserina* 群落、薹草 *Carex dispalata* 群落、野大豆 *Glycine soja* 群落、莎草 *Cyperus rotundus* 群落、碱蓬 *Suaeda glauca* 群落等。

2 群落特征

假苇拂子茅是多年生根茎禾草,广泛分布于我国东北、华北、西南、西北和西藏等省区

① 本文原载于《山西林业科技》,1998(4):26~28.

的河漫滩、沟谷和低地。在山西,假苇拂子茅群落是湿地的优势植被类型之一,广泛分布于黄河、滹沱河、桑干河、汾河的河漫滩及湖泊、水库周围的湿地。

本文研究的假苇拂子茅群落分布于代县枣林镇二十里铺滹沱河河漫滩,海拔 870m。假苇拂子茅多生长于河漫滩地下水位较高的地方,河岸浅水处以及干旱的河岸边亦有分布。7 月假苇拂子茅正处于生殖期,群落外貌呈绿白色较整齐。群落总盖度达 100%。假苇拂子茅群落一般可分为 2 个亚层。第 1 亚层有假苇拂子茅,株高 110~130cm,盖度75%~95%,占绝对优势,小香蒲 *Typha minima* 高 90cm,盖度 15%;稗 *Echinocatus crusgalii* 高 120cm,盖度 10%;芦苇高 120cm,盖度 10%。第 2 亚层有狼杷草 *Bidens tripartita*、旋覆花 *Inula japonica*、当药 *Swertia diluta*、野艾蒿 *Artemisia lavandulaefolia*、碱蓬、甜苣 *Ixeris polycephala* 等,它们的盖度皆小于 5%。局部地段还有莎草、大车前 *Plantago major*、水莎草、苍耳 *Xanthium sibiricum*、野菊 *Dendranthema indicum*、水蓼 *Polygonum hydropiper*、灰绿藜 *Chenopodium glaucum*、扁蓄 *P. aviculare* 等。

3　研究方法

1996 年 7 月初,对假苇拂子茅群落及生物量进行了调查,样方面积 1×1m²。首先,测定了群落中每个种的高度、盖度、多度等群落学指标。然后,选择具有代表性的群落,用收获法[3,4]测定每个种的生物量。将每个种地上部分和地下部分,包括根、茎、叶等器官,分别进行刈割,称其鲜重。从每个种中取 10g 的鲜重样品,不足 10g 的,取全部作为样品。将这些样品带回室内,在 80℃恒温烘至恒重,求出生物量的干重与鲜重之比,进而得出每个种每 hm² 的生物量(干重,下同)和整个群落的生物量。

4　群落生物量

假苇拂子茅群落的生物量见表 1。

表 1　滹沱河河漫滩假苇拂子茅群落生物量的测定结果(kg/hm²)

种名	地上部分	地下部分	合计	占总生物量的比例(%)
假苇拂子茅	333.3 61.11%*	212.1 38.89%	545.4	73.17
小香蒲	73.5 55.89%	58.0 44.11%	131.5	17.64
稗	12.6 66.32%	6.4 33.68%	19.0	2.55
芦苇	20.6 55.53%	16.5 44.47%	37.1	4.98
甜苣	5.0 65.5%	3.0 37.5%	8	1.07

续表

种名	地上部分	地下部分	合计	占总生物量的比例(%)
狼杷草	1.0 66.67%	0.5 33.33%	1.5	0.20
旋覆花	0.4 66.67%	0.2 33.33%	0.6	0.08
当药	0.5 83.33%	0.1 16.67%	0.6	0.08
野艾蒿	0.7 63.63%	0.4 36.37%	1.1	0.15
碱蓬	0.5 83.33%	0.1 16.67%	0.6	0.08
合计	448.1 60.12%	297.3 39.88%	745.4	100

* 百分数为植物各部分器官生物量占该种生物量的比例。

5　讨　论

在假苇拂子茅群落组成中,假苇拂子茅、小香蒲、芦苇、甜苣、旋覆花和野艾蒿为多年生植物,而稗、狼杷草、当药、碱蓬为一年生植物。从表 1 可以看到,多年生植物的生物量构成中,尽管地上部分生物量皆大于地下部分,但差异并不明显,这是由于多年生植物在营养生长和生殖生长过程中,每年都要将一部分生物量转移到根部,这样地下部分的生物量势必逐年增加,因此,它们地上部分生物量与地下部分生物量的差异程度较小。而从一年生植物的生物量组成看,地上部分生物量明显大于地下部分,其中当药、碱蓬的地上部分生物量与地下部分生物量之比高达 5∶1,这是由于一年生植物当年光合作用的产物绝大部分用于地上部分的营养生长和生殖生长,以获取最大的营养和生殖生长效益。

从假苇拂子茅群落生物量组成看,建群种假苇拂子茅生物量为 545.5kg/hm²,占总生物量的 73.17%,处于绝对优势地位。而优势种小香蒲、芦苇和稗的生物量共有 187.6kg/hm²,占群落总生物量的 25.17%,处于次优势地位。其他伴生成分的生物量仅有 12.3kg/hm²,占群落总生物量的 1.66%。这与上述关于假苇拂子茅群落组成的分析是完全一致的。由此说明,生物量可以作为了解和描述群落结构组成的重要指标之一[3,4]。

参考文献

[1] 杨朝飞.中国湿地现状及其保护对策[M].中国环境科学,1995,15(6):407~412.
[2] 陈克林等湿地保护与合理利用指南[M].北京:中国林业出版社,1994.

［3］上官铁梁、张峰.云顶山虎榛子灌丛群落学特征及生物量［J］.山西大学学报:自然科学版,1989,12
　　(4):347~352.

［4］张峰、上官铁梁.关帝山黄刺玫灌丛群落结构与生物量的研究［J］.武汉植物学研究,1991,9(3):
　　247~252.

芦芽山自然保护区种子植物
区系地理成分分析 [①]

上官铁梁 [1]　张　峰 [1]　邱富才 [2]　张　峰 [3]

(1. 山西大学　环境科学系,山西　太原　030006;
2. 山西芦芽山国家级自然保护区,山西　宁武　036707;
3. 山西大学　黄土高原研究所,山西　太原　030006)

芦芽山是著名的国家森林公园和山西省的旅游胜地之一,1997 年被列为国家级自然保护区,国家Ⅰ级保护动物、山西省省鸟褐马鸡 *Crossoptilon mantchuricum* 等在此集中分布。关于芦芽山种子植物区系的研究还未见报道,1995 年 5 月至 1998 年 6 月我们对芦芽山种子植物区系进行了实地调查。

1　自然地理环境

芦芽山自然保护区属于吕梁山脉的北端,位于宁武、五寨、岢岚等县的交汇处,111°50′00″~112°05′30″E,38°35′40″~38°45′00″N,主峰荷叶坪海拔 2787m。芦芽山自然保护区属暖温带大陆性季风气候。年均温 6~10℃,1 月均温 –12~–8℃,7 月均温 21~26℃,年均降水量 384~679mm。无霜期 130~170d。土壤呈明显的垂直分布,从山麓到山顶依次为褐土、灰褐土、山地褐土、山地淋溶褐土,山地棕色森林土、亚高山草甸土。

芦芽山森林植被是华北山地保存最完好的地区之一,主要有华北落叶松 *Larix principis-rupprechtii*、青杆 *Picea wilsonii* 林、白杆 *P. meyeri* 林、辽东栎 *Quercus wutaishanica* 林、油松 *Pinus tabuliformis* 林等。灌丛常见有虎榛子 *Ostryopsis davidiana* 灌丛、三裂绣线菊 *Spiraea trilobata* 灌丛、鬼箭锦鸡儿 *Caragana jubata* 灌丛、沙棘 *Hippophae rhamnoides* 灌丛、黄刺玫 *Rosa xanthina* 灌丛等,草本群落有蒿类 *Artemisia* spp. 草丛、薹草 *Carex* spp. 草甸、嵩草 *Kobresia* spp. 草甸等[1]。

---

①　本文原载于《武汉植物学研究》,1999,17(4):323~331.

2　植物区系的基本组成

2.1　科、属、种的统计

芦芽山有种子植物 914 种，分别隶属于 403 属 84 科。其中裸子植物 3 科 7 属 13 种；单子叶植物 8 科 61 属 116 种；双子叶植物 73 科 342 属 798 种。

种子植物科内属种的组成，各科含属、种数差异较大（表 1）。含 6 属以上的科共有 17 个，占总科数的 20.24%；属有 274，占总属数的 67.99%；种 614 种，占总种数的 67.18%，在区系中占主导地位。如菊科（55 属 : 127 种，下同）、禾本科（34 : 63）、豆科（23 : 62）、蔷薇科（17 : 67）、伞形科（17 : 26）、毛茛科（15 : 50）、唇形科（15 : 27），十字花科（13 : 23）等。含 6 属以下的科共有 67 科，占总科数的 79.76%，但其属数仅为 129，占总属数的 32.01%；种数 300 种，仅占总种数的 32.82%，在区系组成中处于从属地位。

属内种的组成见表 2。含种数较多的属有 30 个，占总属数的 7.44%；共 264 种，占总种数的 28.88%，其中 11 种以上的属有杨属 *Populus*、柳属 *Salix*、蓼属 *Polygonum*、委陵菜属 *Potentilla*、蒿属。其余 373 属，占总属数的 92.56%，共 650 种，占总种数的 71.11%。上述情况反映了芦芽山植物区系组成中优势属的突出地位。

表 1　芦芽山种子植物科内属、种的组成

科内属数	科数	属数	占总属数的比例（%）	种数	占总种数的比例（%）
>20	3	112	27.79	352	27.57
11~20	6	88	21.84	214	23.41
6~10	8	74	18.36	148	16.19
2~5	32	94	23.33	232	25.38
1	35	35	8.68	68	7.44
合计	84	400	100	914	100

表 2　芦芽山种子植物属内种的组成

科内属数	科数	属数	占总属数的比例（%）	种数	占总种数的比例（%）
1	61	218	54.09	218	23.85
2~5	91	155	38.46	432	47.26
5~10	20	25	5.20	186	20.35
11~20	5	5	1.24	78	8.53
合计	–	403	100	914	100

表 3　芦芽山种子植物科的分布区类型

分布区类型	科数	占总科数的比例（%）
世界分布	23	27.4
泛热带分布	29	34.5
热带亚洲至热带美洲间断分布	1	1.2
旧世界热带分布	1	1.2
温带分布	27	32.1
东亚和北美间断分布	2	2.4
旧世界温带分布	1	1.2
合计	81	100

2.2　科的地理成分统计

根据李锡文关于中国种子植物区系统计分析[2]，芦芽山种子植物科的分布区类型组成见表 3。由表 3 可知，芦芽山种子植物科主要是泛热带分布科（34.5%）、温带分布科（32.1%）和世界广布科（27.4%）。热带性质的科近代分布中心主要在热带、亚热带，分布在芦芽山的只是一些北延分布至温带的属种。

2.3　属的分布区类型

依吴征镒关于中国种子植物属的分布区类型及划分原则[3]，可将芦芽山种子植物属划分为 15 个分布区类型（表 4）。

表 4　10 个山地种子植区系属的分布区类型比较

类型	芦芽山	太白山	泰山	长白山	太岳山	关帝山	大别山	庐山	大洪山	金华山
1	51	66	51	60	60	44	76	73	58	68
2	37/10.5	70/11.8	68/19.1	36/8.2	60/12.3	20/6.9	113/18.1	138/20.7	83/18.0	98/21.8
3	13/3.7	13/3.7	4/0.7	1/0.2	12/2.5	1/0.3	7/1.1	12/1.8	8/1.7	9/2.0
4	4/1.1	15/2.5	7/2.0	6/1.4	6/1.3	3/1.0	28/4.5	35/5.2	21/4.6	28/6.2
5	4/1.1	11/1.9	9/2.5	6/1.4	6/1.3	3/1.0	23/3.7	27/4.0	16/3.5	16/3.6
6	8/2.3	14/2.4	9/2.5	5/1.1	7/1.5	1/0.3	17/2.7	18/2.7	14/3.0	16/3.6
7	2/0.6	16/2.7	5/1.4	5/1.1	5/1.0	2/0.7	26/4.2	55/8.2	23/5.0	24/5.3
8	152/43.2	193/32.7	123/34.5	207/47.0	172/36.0	148/50.9	156/25.0	133/19.9	119/25.9	106/23.6
9	16/4.6	48/8.1	23/6.5	44/10.0	36/7.5	18/6.2	54/8.7	61/9.1	448/10.4	31/6.9
10	56/15.9	77/13.0	51/14.3	65/14.8	66/13.8	49/16.8	62/10.0	49/7.3	40/8.7	35/7.8
11	18/5.1	21/3.6	13/3.6	17/3.9	23/4.8	15/5.2	14/2.3	9/1.3	6/1.3	6/1.3
12	15/4.3	7/1.2	5/1.4	4/0.9	21/4.4	7/2.4	5/0.8	4/0.6	1/0.2	3/0.7
13	7/2.0	5/0.8	3/0.9	2/0.5	9/1.9	8/2.8	4/0.6	4/0.6	0/0.0	0/0.0
14	17/4.8	85/14.4	36/10.1	39/8.9	40/8.3	12/4.1	94/15.1	106/15.9	68/14.8	68/15.1
15	3/0.9	85/4.2	36/10.1	39/8.9	40/8.3	12/4.1	94/15.1	106/15.9	68/14.8	68/15.1
合计	403/100	657/100	457/100	500/100	538/	335/100	699/100	741/100	460/100	519/100

(1) 世界分布属:有 51 属,其中有除非洲外广布于世界高山的龙胆属 *Gentiana* 以及银莲花属 *Anemone*、紫菀属 *Aster*、老鹳草属 *Geranium*、毛茛属 *Ranunculus*。此外还有千里光属 *Senecio*、茄属 *Solanum*、鼠李属 *Rhamnus*、悬钩子属 *Rubus* 等属。这一类型中有若干农田杂草,如苋属 *Amaranthus*、旋花属 *Convolvulus*、藜属 *Chenopodium* 等属;药用植物有黄耆属 *Astragalus*、远志属 *Polygala*、黄芩属 *Scutellaria* 等属。

世界广布属以温带起源的喜湿或中生草本为主,木本属很少,仅有槐、悬钩子、鼠李等属。

(2) 热带分布属(2~7):共 68 属,占总属数的 19.3%,其中泛热带分布型有 37 属,占总属数 10.51%;主要有马兜铃属 *Aristolochia*、白花菜属 *Cleome*、马齿苋属 *Portulaca*、卫矛属 *Euonymus* 等属。本类型分布于芦芽山的都不是典型的热带属。热带亚洲和热带美洲间断分布属有 13 属,占总属的 3.96%;大多为引种栽培属。旧世界热带分布属有 4 属,分别是百蕊草属 *Thesium*、桑寄生属 *Loranthus*、槲寄生属 *Viscum* 和天门冬属 *Asparagus*。热带亚洲至热带大洋分布属有臭椿属 *Ailanthus*、荛花属 *Wikstroemia* 等 4 属。热带亚洲至热带非洲分布型有 8 属,其中大豆属 *Glycine*、葫芦属 *Lagenaria*、黄瓜属 *Cucumis* 为主要栽培种。野生的有荩草属 *Arthraxon*、杠柳属 *Periploca*、蝎子草属 *Girardinia* 等。热带亚洲分布型有 2 属,它们是苦荬菜属 *Ixeris*、翅果菊属 *Pterocypsela*,且它们是该类型分布到温带的典型代表,典型的热带亚洲属在芦芽山并不存在。

(3) 温带分布属(8~14):各类属地理成分中温带地理成分占绝对优势,有 281 属,占总属数的 79.9%。其中北温带分布所含属数最多,有 152 属,是芦芽山植物区系属的主要成分,也是芦芽山植物群落的建群成分或优势成分。如云杉、松、落叶松等属是针叶林的建群成分;桦、栎、杨属等属是落叶阔叶林的建群成分;绣线菊属、黄栌属 *Cotinus*、忍冬属 *Lonicera*、蔷薇属、胡颓子属 *Eleaegnus* 等属是森林群落灌木层的常见植物或灌丛的优势种。草本植物中北温带成分更加丰富.许多是林下草本层的优势种或常见种,有的则是亚高山草甸或中、低山草丛的主要成分,如蒿属、风毛菊属 *Saussurea*、乌头属 *Aconitum*、金莲花属 *Trollius*、唐松草属 *Thalictrum* 等属。东亚和北美间断分布属有 16 属,主要有绣球属 *Hydrangea*、珍珠梅属 *Sorbaria* 等属。旧世界温带分布属有 56 属,如石竹属 *Dianthus*、沙棘属、麻花头属 *Serratula*、隐子草属 *Cleistogenes*、益母草属 *Leonurus* 等属。温带亚洲分布属有 18 属,其中木本属有锦鸡儿属、杭子梢属 *Campylotropis*、杏属 *Armeniaca* 等;草本属有大黄属 *Rheum*、米口袋属 *Gueldenstaedtia*、迷果芹属 *Sphallerocarpus* 等。地中海、西亚至中亚分布属有 15 属,如糖芥属 *Erysimum*、苍耳属 *Xanthium* 等属。中亚分布属有 7 属,有紫筒草属 *Stenosolenium*、角蒿属 *Incarvillea*、沙蓬属 *Agriophyllum* 等属。东亚分布属有 17 属,有侧柏属 *Platycladus*、鸡眼草属 *Kummerowia*、五加属 *Acanthopanax*、阴行草属 *Siphonostegia*、苍术属 *Atractylodes* 等属

(4) 中国特有属(15):本类型在芦芽山仅有虎榛子属、文冠果属 *Xanthoceras*、蚂蚱腿子属 *Myripnois* 等 3 属。

2.4　与有关山地属地理成分的比较

为了比较山西芦芽山与陕西太白山[4]、山东泰山[5]、吉林长白山[6]、山西太岳山[7]、关

帝山[8]、河南大别山[9]、江西庐山[9]、湖北大洪山[10]、浙江金华山[11]等山地属的地理成分的关系,分别用 PCA 排序、多样性指数以及相似性分析对其进行了研究。

2.4.1　主成分分析(PCA)排序

PCA 排序结果表明:前两个排序轴保留的信息量占总信息量的 79.7%。其中第 1 排序轴所占信息量达 57.0%,对第 1 排序的贡献主要包括旧世界热带分布(0.9803)、热带亚洲至热带大洋洲分布(0.9718)及泛热带分布(0.9549)等。热带区系地理成分占优势的庐山(42.6%)位于最右边,而热带成分较少的关帝山(10.3%)、芦芽山(19.3%)位于最左边。对第 2 排序轴的贡献主要是旧世界温带成分(0.8777)、北温带分布(0.728)、温带亚洲分布(0.7172)等。

2.4.2　多样性指数

用 N_1[13~14]来度量山西芦芽山及其他山地种子植物区系地理成分属的多样性,其定义如下:

$$N_1 = e^{H'} \tag{1}$$

式中:H' 为 Shannon Weaner 多样性指数。

庐山(9.2216)、大别山(8.9590)、金华山(8.7125)、大洪山(8.5382)属的多样性指数相对较高,实际上这与它们所处的地理位置及生态环境有较高的一致性。江西地处我国中亚热带,地带性植被是以栲属 Castanopsis 为主的常绿阔叶林,庐山境内种子植物区系成分明显具有热带的性质。河南全省大部分处于暖温带,其地带性植被为栎林,而河南东南部已有部分地区处于北亚热带边缘;因此大别山种子植物区系既带有明显的温带色彩,又有暖温带向亚热带的过渡性和相互渗透性,因此其属的多样性指数就较高[14]。湖北、浙江属北亚热带,同样其境内大洪山、金华山属的多样性指数较高

太白山(8.1609)、太岳山(8.0495)、泰山(7.1083)属的多样性较为相近,是由于均处于暖温带落叶阔叶林的南部,生态地理环境有利于温带区系地理成分的充分发展,热带性质的属也较多。芦芽山(6.8395)、长白山(5.7363)、关帝山(5.4700)属的多样性指数较相近,且相对较低,是因为均处于温带落叶阔叶林地带北部,温带成分占主导地位,热带性质属的分布受到了很大限制,属的多样性指数低就不足为奇了。

2.4.3　相似程度分析

将芦芽山与其他山地植物区系地理成分进行了相似性分析,结果见表5。由表5可知,大别山、庐山、大洪山、盘华山相似性高,而芦芽山与它们的相似性低;长白山、太岳山、关帝山相似性高,芦芽山与它们的相似性亦高。太白山、泰山相似性较高,芦芽山与它们的相似性居中,体现了大别山、庐山、大洪山、金华山具有热带性质,而芦芽山、长白山、太岳山、关帝山具有温带属性;证实了太白山、泰山由亚热带向暖温带过渡的性质,这一结果与PCA 排序和属的多样性指数的结果完全一致。

2.5　种子植物种分布区类型分析

芦芽山有种子植物 914 种,我们对野生的 879 种作了统计分析[15],可归入 14 个分布区类型(表 6),以温带亚洲分布、东亚分布和中国特有分布占优势。

表5　10个山地种子植物区系晨的分布区类型的相似系数

	LY	TB	TS	CHB	TY	GD	DB	LS	DH	JH
LY	1									
TB	0.9264	1								
TS	0.9361	0.9363	1							
CHB	0.9781	0.9625	0.9349	1						
TY	0.9848	0.9678	0.9703	0.9828	1					
GD	0.9904	0.9225	0.9090	0.9868	0.9733	1				
DB	0.8027	0.9415	0.9486	0.8454	0.8798	0.7763	1			
LS	0.6306	0.8183	0.8423	0.6845	0.7287	0.5949	0.9583	1		
DH	0.7936	0.9332	0.9354	0.8462	0.8710	0.7706	0.9947	0.9621	1	
	0.7222	0.8666	0.9034	0.7522	0.8023	0.6800	0.9792	0.9814	0.9760	1

表6　种子植物种的分布区类型统计

	分布区类型	种数	占总种数比例（%）
1	世界分布	14	
2	泛热带分布	3	0.35
3	热带亚洲至热带美洲间断分布	1	0.12
4	旧世界热带分布	1	0.12
5	热带亚洲至热带大洋洲分布	3	0.35
6	热带亚洲至热带非洲分布	1	0.12
7	热带亚洲分布	11	1.27
8	北温带分布	60	6.94
9	东亚至北美间断分布	7	0.81
10	旧世界温带分布	85	9.83
11	温带亚洲分布	273	31.56
13	中亚分布	2	0.23
14	东亚分布	118	13.64
15	中国特有分布	300	34.68
	合计	879	100

（1）世界分布种：含14种，隶属于10科13属，以水生植物、伴人植物和田间杂草为主，如芦苇 *Phragmites australis*、反枝苋 *Amaranthus retroflexus*、藜 *Chenopodium album* 和马唐 *Digitaria sanguinalis* 等。

（2）各类型热带分布种（2~7）：芦芽山各类热带分布类型的种共20种，占2.31%，在其区系和植被组成中不具重要作用。泛热带分布含3种，隶属3科3属，它们是尾穗苋 *Amaranthus caudatus*、马齿苋 *Portulaca oleracea* 和龙葵 *Solanum nigrum*；热带亚洲和热带美洲间断分布、旧世界热带分布和热带亚洲和热带非洲间断分布分别有 1 种,即鬼针草 *Bidens pilosa*、习见蓼 *P. plebeium*、播娘蒿 *Descurainia sophia*。热带亚洲和热带大洋洲分布也含 3 种,隶属 3 科 3 属,它们是茜草 *Rubia cordifolia*、泥胡菜 *Hemistepta lyrata* 和远志 *Polygala tenuifolia*。热带亚洲分布含 11 种,隶属 7 科 11 属,其中木本种类仅有牛奶子 *E. umbellata*,其余是草本种类,如打碗花 *Calystegia hederacea*、黄鹌菜 *Youngia japonica*、鼠麴草 *Gnaphalium affine*、牡蒿 *A. japonica* 等。

(3) 各类型温带分布种(8~14):各类型温带分布种共计 545 种,占总种数的 63.14%,占绝对优势,是区系和植被组成的主要成分。北温带分布型含 60 种,归 28 科 17 属,绝大多数是草本植物,代表种主要有路边青 *Geum aleppicum*、几种委陵菜 *Potentilla* spp.、金露梅 *P. fruticosa*、几种悬钩子 *Rubus* spp.、珠芽蓼 *P. viviparum*、广布野豌豆 *V. cracca*、荠 *Capsella bursa-pastoris*、葶苈 *Draba nemorosa*、黄花蒿 *A. annua*、高山紫菀 *A. alpinus*、水麦冬 *Triglochin palustre*、早熟禾 *Poa annua*、嵩草 *K. myosuroides*、沼兰 *Malaxis monophyllos* 等。东亚和北美间断分布包含 7 种,归于 7 科 7 属,全是草本植物,有铁苋菜 *Acalypha australis*、尖叶假龙胆 *Gentianella acuta*、舞鹤草 *Maianthemum bifolium*、紫点杓兰 *Cypripedium guttatum*、水葫芦苗 *Halerpestes cymbalaria* 等。旧世界温带分布含相近变型有 85 种,隶属 28 科 70 属,绝大多数是草本植物,如两栖蓼 *P. amphibium*、勿忘草 *Myosotis silvatica*、牛蒡 *Arctium lappa*、玉竹 *P. odoratum*、地榆 *Sanguisorba officinalis* 等;少数为木本,如枸杞 *Lycium chinense*、沙棘、沙枣 *E. angustifolia* 等。温带亚洲分布及相近变型有 273 种,归 48 科 167 属,是芦芽山第一位的温带地理成分,也是各类植被中的常见种类或群落的优势种和建群种。乔木有白桦、白杆,稠李 *Padus racemosa*、茶条槭 *Acer ginnala*、蒙椴 *Tilia monglica* 等;灌木有榛 *Corylus heterophylla*、灰栒子 *C. acutifolius*、几种绣线菊 *Spiraea* spp.、几种茶藨子 *Ribes* spp.、鬼箭锦鸡儿、银露梅、胡枝子 *Lespedeza bicolor*、刚毛忍冬 *L. hispida*、几种鼠李 *Rharnnus* spp. 等;草本植物有猪毛菜 *Salsola collina*、几种蓼 *Polygonum* spp.、多种委陵菜 *Potentilla* spp.、瞿麦 *Dianthus superbus*、升麻 *Cimicifuga foetida*、毛茛 *R. japonicus*、瓣蕊唐松草 *Th. petaloideum*、糙叶黄耆 *Astragalus scaberrimus*、几种棘豆 *Oxytropis* spp.、几种野豌豆 *Vicla* spp.、几种老鹳草 *Geranium* spp.、小龙胆 *Gentiana parvula*、附地菜 *Trigonotis peduncularis*、黄芩 *Scutellaria baicalensis*、益母草 *Leonurus artemisia*、几种沙参 *Adenophorn* spp.、小红菊 *Dendranthema chanetii*、阿尔泰狗娃花 *Heteropappus altaicus*、旋覆花 *Inula japonica*、几种风毛菊 *Saussurea* spp.、赖草 *Leymus secalinus*、矮生嵩草 *K. humilis*、二叶兜被兰 *Neottianthe cucullata* 等。中亚分布含 2 种,即大麻 *Cannabis sativa*、圆叶鹿蹄草 *Pyrola rotundifolia*。东亚分布及相近变型共计 118 种,是仅次于温带亚洲分布的温带地理成分,许多种类是本地植被中的常见种、优势种。其中东亚分布型有 8 种,如石竹 *D. chinensis*、毛樱桃 *Cerasus tomentosa*、甘菊 *Dendranthema lavandulifolium* 等;中国—喜马拉雅分布变型有 10 种,归 10 科 10 属,有皂柳 *S. wallichiana*、龙芽草 *Agrimonia pilosa*、铁杆蒿 *A. sacrorum*、马蔺 *Iris lactea* var. *chinensis*、密花香薷 *Elsholtzia densa* 等;中国—日本分布变型包含 100 种,代表种类有辽东栎、披针薹草 *C. lanceolata*、长芒草 *Stipa bungeana*、茵陈蒿 *A. capillaris*、几种忍冬 *Lonicera* spp.、虎尾草 *Lysimachia barystachys*、穗花马先蒿 *Pedicularis spicata*、石防风 *Peucedanum terebinthaceum*、几种堇菜 *Viola* spp.、达乌里胡枝子 *Lespedeza davurica*、牛迭肚 *R.*

crataegifolius、山杏 *Armeniaca sibirica*、皱叶酸模 *Rumex crispus*、毛榛 *Corylus mandshurica* 等。

（4）中国特有分布（15）：含 300 种，占总种数的 3.68%，是芦芽山第二优势地理成分，根据地理分布特点可划分为 10 个亚型（见表 7），分述如下。

表 7　芦芽山中国特有种的分布亚型

	分布区类型	种数	占总种数比例（%）
1	中国广布	12	
2	东北—华北	17	5.90
3	东北—华北—华东	7	2.43
4	西北—华北—东北	68	23.61
5	西南—西北—华北	57	19.79
6	西南—华中—华北	36	12.50
7	南方、西南—华北	8	2.78
8	华中—华北	14	4.86
9	南方—华北	1	0.35
10	华北特有	80	27.78
	合计	300	100

东北—华北分布亚型有 17 种，大部分为森林、灌丛的伴生种，主要代表如金莲花 *T. chinensis*、匍匐委陵菜 *P. reptans*、华北风毛菊 *S. mongolica*、羽茅 *Achnatherum sibiricum*、杓兰 *Cypripedium calceolus* 等。

东北—华东分布亚型有 7 种，如北京隐子草 *Cleisogenes hancei*、全叶延胡索 *Corydalis repens*、狭叶米口袋 *Gueldenstaedtia stenophylla*、返顾马先蒿 *Pedicularis resupinata* 等。

西北—华北—东北分布亚型有 68 种，主要有青杆、密齿柳 *S. characta*、野罂粟 *Papaver nudicaule*、美蔷薇 *R. bella*、花楸 *Sorbus* spp.、胭脂花 *Primula maximowiczii*、假报春 *Cortusa matthioli*、秦艽 *Gentiana macrophylla*、并头黄芩 *Scutellaria scordifolla*、细叶百合 *Lilium pumilum* 等。

西南—西北—华北分布亚型有 57 种，如红桦 *B. albo-sinensis*、青杨 *P. cathayana*、虎榛子、东陵绣球 *Hydrangea bretschneideri*、甘肃山楂 *Crataegus kansuensis*、白苞筋骨草 *Ajuga lupulina*、康滇荆芥 *Nepeta prattii*、紫苞风毛菊 *S. iodostegia* 等。

南方—华北分布亚型有 36 种，主要代表有钝叶蔷薇 *R. sertata*、疏毛绣线菊 *S. hirsuta*、本氏木蓝 *Indigofera bungeana*、河朔荛花 *Wikstroemia chamaedaphne*、沙梾 *Swida bretschneideri*、接骨木 *Sambucus williamsii*、糙苏 *Phlomis umbrosa*、中华花荵 *Polemo coeruleum* var. *chinense*、海州香薷 *Elsholtzia splendens*、裂叶荆芥 *Schizonepeta tenuifolia* 等。

西南、南方—华北分布亚型有 8 种，如旱柳 *S. matsudana*、西北枸子 *C. zabelii*、扁茎黄耆 *A. camplanatus*、毛蕊老鹳草 *Geranium platyanthum* 等。

华中—华北分布亚型有 14 种，如锦鸡儿 *C. sinica*、杭子梢 *Campylotropis macrocarpa*、乌头叶蛇葡萄 *Ampelopsis aconitifolia*、柳穿鱼 *Linaria vulgaris*、蝇子草 *Silene gallica*、京羽茅

Achnatherum pekinense 等。

3 结 论

基于对芦芽山自然保护区种子植物区系地理成分的统计、分析和研究,得出如下结论:

(1)芦芽山种子植物丰富多样,共 84 科 403 属 914 种,其中裸子植物 3 科 7 属 13 种;单子叶植物 8 科 61 属 116 种;双子叶植物有 73 科 342 属 798 种。

(2)芦芽山种子植物属的区系成分复杂多样,按照中国种子植物属的分布区类型及划分原则,可将芦芽山种子植物属划分为 15 个分布区类型。其中北温带 152 属,占总属的 43.18%,在植物区系中起重要作用。由 PCA 排序、多样性指数、相似性分析得出:大别山、庐山、大洪山、九华山的热带、亚热带性质较为明显;而芦芽山、长白山、关帝山的温带性质较为显著,而太白山、泰山和太岳山过渡性较强。

(3)芦芽山种子植物种的分布区类型中,温带和热带成分的种数分别为 545 和 20,分别占 63.17% 与 2.72%,温带成分占绝对优势,在温带成分中以温带亚洲分布型和东亚分布型最为显著,进一步显示出本区芦芽山温带性质的显著性。

(4)各温带地理成分的优势程度在属、种水平上表现出差异性。属组成中以北温带分布和旧世界温带分布占优势,种组成中以温带亚洲分布和东亚分布占优势;属组成中各类分布型占总属数百分比高低与种水平各类分布型占总种数百分比高低,没有明显的相关关系。

(5)从中国特有种分布特点看,以华北分布亚型为主,其次是西北—华北—东北分布亚型和西南—西北—华北,三者共 205 种,占中国特有种总数的 71.18%,这与其所处的地理位置是一致的。各亚型种数的多少能够反映该区系与相应区系的联系。

参考文献

[1] 张金屯. 芦芽山森林优势植物种群竞争与群落演替[J]. 山西大学学报:自然科学版,1987,10(2):83~87.

[2] 李锡文. 中国种子植物区系统计分析[J]. 云南植物研究,1996,18(4):363~384.

[3] 吴征镒. 中国种子植物属的分布区类型[J]. 云南植物研究,1991,增刊Ⅳ:1~139.

[4] 应俊生,李云峰,郭勤峰,等. 秦岭太白山地区的植物区系和植被[J]. 植物分类学报,1990,28(4):261~293.

[5] 臧得奎,刘玉峰,亓爱收,等. 山东泰山种子植物区系的研究[J]. 武汉植物学研究,1994,12(3),233~239.

[6] 傅沛云,李冀云,曹伟,等. 长白山种子植物区系研究[J]. 植物研究,1995,15(4):491~500.

[7] 李卓玉,张峰,上官铁梁,等. 太岳山种子植物区系的初步分析[J]. 山西大学学报:自然科学版,1993,16(1):101~106.

[8] 张峰,上官铁梁. 山西关帝山种子植物区系研究[J]. 植物研究,1998,18(1):20~27.

[9] 宋健中,李博. 鄂西木林子种子植物区系与邻近区系的比较研究[J]. 武汉植物学研究,1991,9(4):326~335.

［10］邓铭,王万贤,傅运生,等.湖北大洪山种子植物区系的研究［J］.武汉植物学研究,1996,14（2）:122~130.

［11］郭承良,刘鹏.浙江金华山植物区系地理的研究［J］.武汉植物学研究,1993,11（4）:307~314.

［12］张峰.山西油松林分布区气候因素排序研究［J］.山西大学学报:自然科学版,1989,11（1）:104~110.

［13］Jhon A.拉德维格,James F.蓝诺兹.统计生态学（李育中,王炜,裴浩译）［M］.呼和浩特:内蒙古大学出版社,1990.

［14］张峰,上官铁梁.山西木本植物区系地理成分的比较分析［J］.地理科学,1997,17（4）:297~303.

芦芽山自然保护区野生植物资源 [①]

上官铁梁[1]　张　峰[2]　邱富才[3]

（1. 山西大学　环境与资源学院,山西　太原　030006;
　2. 山西大学　黄土高原研究所,山西　太原　030006;
　3. 山西芦芽山国家级自然保护区,山西　宁武　036707)

芦芽山是著名的国家森林公园、山西省的旅游胜地之一,位于吕梁山北端、宁武、五寨、岢岚三县的交汇处,地理位置 111°50′~112°05′30″E,38°35′40″~38°45′00″N,主峰荷叶坪海拔 2787m。1997 年被列为国家级自然保护区,国家 I 级保护动物、山西省省鸟褐马鸡 *Crossoptilon mantchuricmn* 等在此集中分布。研究芦芽山的野生植物资源,不仅对保护珍稀野生动物具有重要的理论价值,同时对野生植物资源的科学利用和保育,及国民经济建设也具有重要的现实意义。

1　自然生态环境与植物区系组成

芦芽山自然区属暖温带大陆性季风气候。年均温 6~10℃,1 月均温 –12~–8℃,7 月均温 21~36℃。年降水量 384~679mm。无霜期 130~170d。土壤呈明显的垂直分布,从山麓到山顶依次为褐土、灰褐土、山地褐土、山地淋溶褐土,山地棕色森林土、亚高山草甸土。

芦芽山自然保护区有野生维管植物 834 种,分别隶属于 91 科 386 属。其中蕨类植物 8 科 10 属 17 种;裸子植物 3 科 5 属 7 种;单子叶植物 8 科 56 属 112 种;双子叶植物 73 科 315 属 698 种。

芦芽山维管植物中种属较多的科有菊科(55 属 127 种)、禾本科(34 属 63 种)、蔷薇科(17 属 67 种)、豆科(23 属 62 种)、毛茛科(15 属 60 种)、唇形科(1.5 属 27 神)、伞形科(17 属 26 种)、十字花科(13 属 23 种)、石竹科(8 属 19 种)、龙胆科(8 属 17 种)、杨柳科(2 屑 21 种)、藜科(4 属 19 种)等,上述科数仅占总科数的 13.2%,但属、种数分别占总属、种数的 54.7% 和 62.5%,在芦芽山野生植物资源组成上占主导地位。种类多,分布广,资源量大的属有委陵莱属 *Petentilla*(18 种)、柳属 *Salix*(18 种)、蒿属 *Artemisia*(17 种)、蓼属 *Polygonum*(13 种)、黄耆属 *Astragalus*(10 种)、马先蒿属 *Pedicularis*(10 种)、野豌豆属 *Vicia*(9 种)、早熟禾

①　本文原载于《山地研究》,2002,18(1):89~94。

属 Poa（8 种）、藜属 Chenopodium（8 种）、乌头属 Aconitum（7 种）、忍冬属 Lonicera（7 种）、唐松草属 Thalictrum（6 种）等。种子植物的分布区类型见表 1。从表 1 可以看出，芦芽山种子植物区系成分具有明显的温带性质，反映出芦芽山种子植物的分布与本地区所处的自然地理环境相适应。

表 1　芦芽山种子植物属种的分布区类型

分区类型	属数	占总属数的比例（%）	种数	占总种数的比例（%）
世界分布	51	–	142	–
温带分布 1)	233	69.55	568	82.08
热带分布 2)	61	12.21	64	9.25
中国特有	3	0.90	3	0.43
其他 3)	38	11.34	57	8.24
合计	368	100.00	834	100.00

1)包括温带分布、(旧)世界温带分布、温带亚洲分布和中亚分布；2)包括泛热带分布、热带亚洲至热带美洲间断分布、(旧)世界热带分布、热带亚洲至热带大洋洲分布、热带亚洲至热带非洲分布和热带亚洲分布；3)包括东亚和北美间断分布，地中海、西亚至中亚分布，中亚分布。

2　主要群落类型

芦芽山森林植被是华北山地保存最好的地区之一。按照《中国植被》的分类系统，芦芽山植被可分为 6 个植被类型，22 个群系。主要植被类型有华北落叶松 Larix principis-rupprechtii 林、青杆 Picea wilsonii 林、白杆 P. meyeri 林、辽东栎 Quercus wutaishanica 林、油松 Pinus tabuliformis 林、山杨 Populus davidiana 林、白桦 Betula platyphyla 林等；灌丛主要有虎榛子 Ostryopsis davidiana 灌丛、三裂绣线菊 Spiraea trilobata 灌丛、鬼箭锦鸡儿 Caragana jubata 灌丛、沙棘 Hippophae rhamnoides 灌丛、黄刺玫 Rosa xanthina 灌丛等；草本群落有蒿类 Artemisia spp. 草丛、薹草 Carex spp. 草甸、嵩草 Kobresia sp. 草甸等[2]。

3　资源植物的类型

依照植物资源的经济用途[3~9]，可将芦芽山野生资源植物分为下列 12 类：

3.1　药用植物

药用植物不仅种类多，分布广泛，而且蕴藏量大。共有 454 种，其中常用中草药有黄芩 Scutellaria baicalensis、车前 Plantago depressa、北柴胡 Bupleurum chinense、蒲公英 Taraxaxum spp.、秦艽 Gentiana macrophylla、大黄橐吾 Ligularia duciformis、远志 Polygala tenuifolia、牛蒡 Arctium lappa 等。根据中草药的主要功能和药理作用分为清热解毒类：射干 Belamcanda chinensis、黄芩、茵陈蒿 Artemisia capillaris、白头翁 Pulsatilla chinensis、拳参 Polygonum bistorta 等；滋补强壮药：黄耆 Astragalus membranaceus、刺五加 Acanthopanax senticosus、沙参 Adenophora spp.、列当 Orobanche coerulescens、黄花列当 O. pycnostachya、玉

竹 *Polygonatum odoratum*、黄精 *P. sibiricum* 等；止血活血药：地榆 *Sanguisorba officinalis*、茜草 *Rubia cordifolia*、地锦 *Euphorbia humifusa*、刺儿菜 *Cirsium setosum*、益母草 *Leonurus artemisia*、土三七 *Sedum aizoon*、木贼 *Equisetum hyemale*、委陵菜 *P. chinensis*、龙芽草 *Agrimonia pilosa* 等；逐水利尿药：车前、大车前 *P. major*、石竹 *Dianthus chinensis*、华北大黄 *Rheum franzenbachii*、秦艽等；镇痛安神药：天仙子 *Hyoscyamus niger*、漏芦 *Stemmacantha uniflora* 等；散发风寒药：防风 *Saposhnikovia divaricata*、薄荷 *Mentha haplocalyx*、艾蒿 *A. argyi*、北苍术 *Atractylodes lancea*、百里香 *Thymus mongolicus*、裂叶荆芥 *Schizonepeta tenuifolia* 等；抗癌药：龙葵 *Solanum nigrum*、瑞香狼毒 *Stellera chamaejasme*、狼毒大戟 *E. fischeriana*、大戟 *E. pekinensis* 等。

3.2　食用和饮料植物

饮料植物 19 种，如沙棘、东方草莓 *Fragaria orientalis*、刺梨 *Ribes burejense*、甘肃山楂 *Crataegus kansuensis*、山刺玫 *R. davurica*、黄刺玫、山杏 *Armeniaca sibirica*、毛建草 *Dracocephalum rupestre* 等。可作蔬菜食用的植物有 78 种，如欧洲蕨 *Pteridium aquilinum*、苦荬菜 *Ixeris polycephala*、山韭 *Allium senescens*、鹅绒委陵菜 *P. anserina*、细叶百合 *Lilium pumilum*、茖葱 *A. victorialis*、歪头菜 *Vicia unijuga*、甘草 *Glycyrrhiza uralensis*、播娘蒿 *Descurainia sophia*、荠 *Capsella bursa-pastoris*、双花堇菜 *Viola biflora*、蒲公英属多种植物、紫菀 *Aster tataricus*、牡蒿 *A. japonica*、黄鹌菜 *Youngia japonica* 等。芦芽山食用植物有报好开发利用前景，其加工简单，市场广阔，既可增加当地居民的经济收，又可出口创汇。

3.3　纤维植物

纤维植物 72 种，可用于造纸的有芦苇 *Phragmites australis*、射干、白羊草 *Bothriochloa ischaemum*、拂子茅 *Calamagrostis epigeios*、马蔺 *Iris lactea* var. *chinensis*、河朔荛花 *Wikstroemia chamaedaphne*、葎草 *Humulus scandens*、牛迭肚 *Rubus crataegifolius* 等；可用于工业织造原料的有狭叶荨麻 *Urtica angustifolia*、蝎子草 *Girardinia suborbiculata*、大火草 *Anemone tomentosa*、蒙椴 *Tilla mongolica*、黄瑞香 *Daphne giraldii*、河朔荛花、瑞香狼毒、荚蒾 *Viburnum* spp. 和鬼箭锦鸡儿等。可用于编织的有柳属、早熟禾 *Poa annua*、忍冬属 *Lonicera* spp. 和栒子属 *Cotoneaster* spp. 等多种植物。

3.4　淀粉植物

淀粉植物 63 种，主要有辽东栎、蕨、珠芽蓼 *Polygonum viviparum*、鹅绒委陵菜、玉竹、黄精、穿龙薯蓣 *Dioscorea nipponica*、毛榛 *Corylus mandshurica*、榛 *C. heterophylla*、沙蓬 *Agriophyllum squarrosum*、藜 *Ch.album*、狗尾草 *Setaria* spp.、轮叶沙参 *Adenophora tetraphylla*、柳叶沙参 *A. gmelinii* 等。

3.5　油脂植物

油脂植物 96 种，含油量在 30% 上的有青杆、白杆、油松、山杏、毛榛、榛、金银忍冬

L. maackii、播娘蒿、香薷 *Elsholtzia ciliata*、马蔺、苍耳 *Xanthium sibiricum* 等。含油量在 10%~30% 的有华北落叶松、榆 *Ulmus pumila*、地榆、天仙子、沙棘、山野豌豆 *Vicia amoena*、牛蒡、龙芽草、金花忍冬 *L. chrysantha*、射干等。含油量在 10% 以下的有虎棒子、白桦、藜、胡枝子 *Lespedeza bicolor* 等。

3.6 观赏植物

观赏植物 169 种,其中木本观赏植物 78 种,重要的有华北落叶松、青杆、白杆、油松、杨属和柳属的多种、蔷薇属、忍冬属、丁香属、绣线菊属、照山白 *Rhododendron micranthum*、太平花 *Philadelphus pekinensis*、东陵绣球 *Hydrangea bretschneideri*、甘肃山楂、山杏、珍珠梅 *Sorbaria sorbifolia* 等;草本观花植物有 64 种,重要的有野罂粟 *Papaver nudicaule*、细叶百合、石竹、马蔺、勿忘草 *Myosotis silvatica*、柳兰 *Epilobium angustifolium*、小红菊 *Dendranthema chanetii*、野菊 *D.indicum*、耧斗菜 *Aquilegia viridiflora*、胭脂花 *Primula maximowiczii*、假报春 *Cortusa matthioli*、花荵 *Polemonium coeruleum* 和紫菀等。

3.7 蜜源植物

蜜源植物 124 种,主要有蒙椴、百里香、白香草木樨 *Melilotus albus* 、胡枝子、密花香薷 *Elsholtzia densa*、蔷薇属的多种、金花忍冬、香青兰 *Dracocephalum moldavica*、裂叶荆芥 *Schizonepeta tenuifolia*、油松、白桦、山杏、葎草、黄刺玫等。

3.8 芳香油植物

芳香油植物 76 种,以菊科、蔷薇科和唇形科等为主。重要的有薄荷、香青兰、香薷、密花香薷、裂叶荆芥、百里香、铃兰 *Convallaria majalis*、零零香青 *Anaphalis hancockii*、蒿属多种、蔷薇属多种、黄香草木樨 *Melilotus officinalis*、北苍术、金莲花 *Trollius chinensis*、甘草、蒙古椴、暴马丁香 *Syringa reticulata*、黄芩、缬草 *Valeriana officinalis*、小红菊、野菊等。

3.9 树脂树胶植物

树脂树胶植物 64 种,重要的有辽东栎、卫矛属的几种、华北落叶松、山桃、青杆、白桦、油松、粗根老鹳草 *Geranium dahuricum*、毛蕊老鹳草 *G. platyanthum*、地榆、皱叶酸模 *Rumex crispus*、巴天酸模 *R. patientia*、山杨、山柳、虎榛子和山刺玫等。

3.10 有毒植物

有毒植物 42 种,主要有瑞香狼毒、狼毒大戟、天仙子、毛茛属多种、乌头属多种、白头翁、翠雀 *Delphinium grandiflorum*、野罂粟、铃兰、苍耳、藜芦 *Veratrum nigrum* 等。

3.11 饲用植物

饲用植物 187 种,主要为豆科、禾本科、莎草科、蓼科、藜科、苋科,饲用价值较高的有蓝花棘豆 *Oxytropis caerulea*、二色棘豆 *O. bicolor*、胡枝子属数种、草木樨属多种、糙隐子草 *Cleistogenes squarrosa*、披碱草 *Elymus dahuricus*、白羊草、长芒草 *Stipa bungeana*、多种早熟禾、多种薹草 Carex spp.、藜、珠芽蓼、扁蓄、歪头菜、直立黄耆 Astragalus adsurgens、无芒雀麦 Bromus inermis、蒲公英属和蒿属的种类等。

3.12　鞣料植物

芦芽山有鞣料植物 38 种,重要的有蕨、华北落叶松、青杆、白杆、油松、柳属的多种、小叶杨 P. simonii、白桦、茶条槭 Acer ginnala、毛榛、虎棒子、辽东栎、牻牛儿苗 Erodium stephanianum、地锦草、狭叶荨麻、酸模 Rumex acetosa、皱叶酸模、波叶大黄、拳参、柳兰、小丛红景天 Rhodiola dumulosa、展枝唐松草 Thalictrum squarrosum、土三七、龙芽草、牛迭肚、鼠掌老鹳草 Geranium sibiricum、粗根老鹳草、毛蕊老鹳草、蔷薇属和委陵菜属等多种。

4　主要资源植物的分布与储量

根据生物量估算法[10],对芦芽山主要资源植物的储量作了预测,并计算了它们在生态分布范围内的出现率(表 2)。

表 2　芦芽山主要资源植物的分布、出现率和储量[1)]

类型	种名	分布范围及面积(hm²)	出现率(%)	储量(万 kg)
药用植物	黄芩	海拔 1000~1700m 的草地,灌丛和林缘。40000hm²	7.60	3.8
	黄耆	海拔 1300~2400m 的山坡草地,灌丛中。20000hm²	2.97	3.3
	柴胡	广泛分布。84800hm²	24.93	5.1
	玉竹	海拔 1200~2600m 的林下、灌丛中。50000hm²	17.70	5.9
	黄精	1200m 以下的林地、灌丛和草丛。30000hm²	5.76	3.5
	苍术	海拔 1300~2400m 的林下、灌丛中和山坡草地。30000hm²	9.15	8.2
	蒲公英	亚高山草甸、林间草地、河边路边边沟谷及荒地等均有分布。20000hm²	10.08	7.7
	秦艽	海拔 1600~2700m 的草甸、林下、林缘和灌丛。40000hm²	7.84	5.0
食用和饮料植物	蕨菜	海拔 1600~2400m 的林下、林缘、灌丛中和沟边道旁。10000hm²	4.90	1.5
	沙棘(果)	海拔 1200~2500m 灌丛和林缘。30000hm²	15.60	18.7
	黄刺玫(果)	海拔 1000~2500m 的林下、林缘和灌丛。20000hm²	13.80	5.5
淀粉植物	辽东栎	海拔 1400~1700m 的落叶阔叶林和针叶阔叶混交林。10000hm²	8.40	5.8
	穿龙薯蓣	海拔 1100~2500m 的林下、林缘和灌丛。5000hm²	13.25	5.3
	细叶百合	海拔 1000~2500m 的山坡灌丛、灌草丛和草地。30000hm²	5.20	2.6

1) 出现率(%)=该资源出现的样方数 / 生态分布内的样方数;储量(kg)=单位面积生物量 / 该资源生态分总面积 × 出现率

5　合理利用与资源保护对策

5.1　物尽其用,注重植物资源的综合效益

应充分认识植物资源的多用性,全面分析植物的根、茎、叶、花、果实和种子的使用价值和商品价值,最大限度地提高其总体开发效益。如沙棘利用除果肉外,若能进一步加工利用种子、叶等,可大幅度提高经济效益。芦芽山有大面积的亚高山草甸、草丛和灌草丛,其建群种和优势种大多是优质牧草,具有发展畜牧业的良好条件,但尚未形成集约化经营的养殖业。因此,应充分利用当地牧草资源,有计划地适度发展养殖业,走集约化经济产业之路。

5.2　用其所长,发挥植物资源的特殊作用

芦芽山各类植物资源都有自身的特用性。从目前利用的情况看,被利用的只是材用和薪炭植物、药用和食用植物的少数种类,大部分处于自生自灭的状态,如药用、食用的饮料植物。应积极地有计划地组织当地居民采收、加工这些植物,既有利于当地经济发展,不失为山区人民脱贫致富的有效途径。结合森林的抚育更新,大力开发利用珍珠梅、黄刺玫、忍冬属、菊科和百合科等观赏植物,变废为宝,用于城市、游园、庭院和道路等美化绿化,从而提高林业产业的综合效益。

5.3　合理利用,提高植物资源的利用效果

植物资源的使用价值和商品价值优劣的时效性很强,掌握商品标准 + 适时采收,科学加工,才能较好地利用其有效成分,保证植物资源的利用效果。芦芽山的药用植物、芳香油植物和食用植物非常丰富,如柴胡、蒲公英、秦艽、薄荷、蕨菜等,掌握这些植物的采收器官部位、季节,不采收不合标准的植物,既可减少资源浪费,又可提高利用效果。

5.4　加强保护,以利植物资源的持续利用

植物资源利用应该考虑植物产品与植物的生产力要适应,利用强度要合理,以保护其天然更新和再生能力,达到永续利用的目的。芦芽山荒山坡面积还很大,应积极实行绿化,因地制宜,适地适树。在高中山以营造华北落叶松林、白杆林为主,在低中山营造油松林为主,不仅为野生动物营造了适宜的栖息生境,有利于种群的繁衍生息,同时增加了植物资源的储量,提高了植被的覆盖率,促进生态系统的良性循环和有利于植物资源的持续利用。

参考文献

[1] 吴征镒 . 中国植被[M].北京:科学出版社,1980.

[2] 张金屯 . 芦芽山森林优势植物种群竞争与群落演替[J].山西大学学报:自然科学版,1987,10(2):

83~87.

［3］王宗训.中国资源植物利用手册［M］.北京:中国科学技术出版社.

［4］王义凤.黄土高原地区植被资源及其合理利用［M］.北京:中国科学技术出版社,1991.

［5］李慧民,崔向东.山西省经济植物志［M］.北京:中国林业出版社,1987.

［6］贾慎修.中国饲用植物志(1)［M］.北京;农业出版社,1987.

［7］贾慎修.中国饲用植物志(2)［M］.北京:农业出版社,1989.

［8］中华人民共和国商业部土产废品局等.中国经济植物志(下册)［M］.北京:科学出版社,1961.

［9］刘胜祥.植物资源学［M］.武汉:武汉出版社,1992.

［10］Lieth H,Whittaker R H. Primary productivity of the biosphere［M］. Berlin,Heidelberg,New York:
　　　Springer-Verlag,1975.

芦芽山保护区大型真菌种类及利用①

郭建荣

（山西芦芽山国家级自然保护区，山西　宁武　036707）

　　自然保护区内蕴藏着十分丰富的自然资源，是生物物种的重要基因库。科学研究表明一些真菌具有很高的营养价值和药用价值。随着人们生活水平的不断提高，传统的营养观念发生了明显改变，对营养搭配有了新的要求，对高营养无污染的绿色食品需求日益增长，其中食用菌就是需求较大的绿色食品之一。芦芽山自然保护区具有十分丰富的大型野生真菌资源，对野生真菌种类进行调查，不仅可为菌类的引种和栽培提供种源，而且对自然资源的科学利用，增强人们对自然资源的保护意识都有重要意义。

1　自然概况

　　芦芽山国家级自然保护区位于山西省吕梁山脉北端，111°50′00″~112°05′30″E，38°35′40″~38°45′00″N，处于宁武、五寨、岢岚三县交界处，海拔最低1346m，最高2787m。总面积21453hm²。芦芽山是管涔山的主峰，也是三晋母亲河——汾河的发源地，是我国暖温带寒温性天然次生林分布集中且保存较完整的地区之一，素有"华北落叶松的故乡""云杉之家"的称誉。芦芽山保护区森林覆盖率36.1%。年平均气温4℃~7℃，年降水量500~600mm，无霜期90~120d。岩石主要以太古代片麻状花岗岩为主，部分区域有石灰岩分布。海拔1300~1600m为山地灰褐土，海拔1600~2600m为棕壤，部分阳坡有森林褐土，海拔2600m以上为亚高山草甸土。森林植被类型以华北落叶松 *Larix principis-rupprechtii* 林、云杉 *Picea* spp. 林、油松 *Pinus tabuliformis* 林等为主，其次为辽东栎 *Quercus wutaishanica* 林、杨 *Populus* spp. 林、白桦 *Betula platyphylla* 林等。

2　研究方法

　　每年5~10月，在芦芽山保护区内采集各种真菌，调查真菌种类，并制作成标本，进行种类鉴定。

---

①　本文原载于《山西林业科技》，2005，（3）：23~25，30.

3 真菌种类

目前已知芦芽山保护区有 9 目 26 科 75 种大型真菌,分属于 2 亚门 4 纲。

3.1 子囊菌亚门 ASCOMYCOTINA

3.1.1 核菌纲 Pyrenomyetes

球壳目,炭角菌科炭角菌属 炭团 *Hypoxlon muctiforme*,生于木头上。

3.1.2 盘菌纲(Discomycetes)

3.1.2.1 盘菌目

羊肚菌科羊肚菌属 羊肚菌 *Morchella esculenta*,生于地上,可食用。

火丝菌科盾盘菌属 红毛盘 *Scutellinia scutellata*,生于木头上。

3.1.2.2 柔膜菌目

地舌菌科地匙菌属 地勺 *Spathularia flavida*,生于木头上。

3.2 担子菌亚门 BASIDIOMYCOTINA

3.2.1 层菌纲 Hymenomycetes

3.2.1.1 银耳目

银耳科银耳属 金耳 *Tremella mesenttnica* 和茶耳 *T. foliacea*,均生于木头上,可食用和药用;焰耳属 焰耳 *Phlogiotis helvelloides*,生于木头上,可食用。

3.2.1.2 木耳目

木耳科木耳属 木耳 *Auricularia auricula*,生于木头上,可食用。

3.2.1.3 非褶菌目

鸡油菌科喇叭菌属 小喇叭菌 *Craterellus sinuosus*,生于地上,可食用。

伏革菌科 3 种:软韧革菌属 紫软韧革菌 *Chondrostereum purpureum*,生于木头上;隔孢伏革菌属 粉红隔孢伏革菌 *Peniophora ravenlii*,生于木头上;皱孔菌属 胶皱孔菌 *Merulius tremellosus*,生于木头上。

韧革菌科韧革菌属 扁韧革菌 *Stereum fasciatum*,生于木头上。

猴头菌科 2 种:猴头菌属 猴头 *Hericium erinaceus* 和珊瑚状猴头 *H. coralloides*,均生于木头上,可食用。

刺革菌科 2 种:木层孔菌属 松木层孔菌 *Phellinus pini*,生于木头上;隐皮孔菌属 茶藨子隐皮孔菌 *Cryptoderma ribis*,生于木头上和地上。

多孔菌科 16 种:棱孔菌属 宽鳞棱孔菌 *Favolus spuamosous*,生于木头上;多孔菌属 白多孔菌 *Polyporus albicans* 和小褐多孔菌 *P. blanchetianus*,均生于木头上,可食用;黑柄多孔菌 *P. melanopus*,生于木头上;奇果菌属 猪苓 *Grifola umbellata*,生于地上,可食用和药用;卧孔菌属 黄卧孔菌 *Poria xantha*,生于木头上;粘褶菌属 褐粘褶菌 *Gloeophyllum subferrugineum*,生于木头上;层孔菌属 日木蹄层孔菌 *Fomes fomentarius* 和粉肉层孔菌 *F. cajanderi*,均生于木头上;拟层孔菌属 松生拟层孔菌 *Fomitopsis pinicola*,生于木头上,可食用和药用;革裥菌属 亚白褶孔 *Lenzites heteromorpha*,生于木头上;囊孔菌属 囊孔菌 *Hirschioporus pargamenus*,生于木头上;棱囊孔菌属 北方棱囊孔菌 *Climacocystis borealis*,生于木头上;拟栓菌属 偏肿拟栓菌 *Pseudtrametes gibbosa*,生于木头上;薄孔菌属 薄皮菌 *Antrodia mollis*,生于木头上;粗毛盖菌属 粗毛盖菌 *Funalia gallica*,生于木头上。

3.2.1.4 伞菌目

牛肝菌科 4 种:乳牛肝菌属 褐环粘盖牛肝茵 *Suillus luteus* 和厚环粘盖牛肝菌 *S. grevillei*,均生于地上,可食用;黄粘盖牛肝菌 *S. flavus*,生于地上;疣柄牛肝菌属 褐疣柄牛肝菌 *Leccinum scabrum*,生于地上,可食用。

口蘑科 13 种:杯伞属 白雷蘑 *Clitocybe candida*、漏斗杯菌 *C. infundibuliformis* 和水彩蕈 *C. nebalaris*,均生于地上,可食用;灰杯伞 *C. cyecthifomis*,生于地上;口蘑属紫晶蘑 *Tricholoma sordidum*,生于地上;蒙古口蘑 *T. mongolicum*、棕灰口蘑 *T. terreum*、香杏口蘑 *T. gambosum* 和鳞盖口蘑 *T. imbricatum*,均生于地上,可食用;小火焰菌属 金针菇 *Flammulina velutipes*,生于地上,可食用;赭木菇 *F. picrea*,生于木头上;小皮伞属 毛腿皮伞 *Marasmius comfluens*,生于地上;毛皮伞属毛伞菌 *Crinipellis zonata*,生于地上。

毒伞菌科 2 种:毒伞属 小托柄菇 *Amanita forinosa*,生于地上;灰圈托柄菇 *A. inaurata*,生于地上,可食用。

光柄菇科 2 种:光柄菇属 灰光柄菇 *Pluteus cervinus*,生于地上,可食用;皱皮光柄菇 *P. caperata*,生于地上。

环柄菇科 2 种:小包脚菇属草菇 *Volvariella volvacea*,生于地上,可食用;环柄菇属白环柄菇 *Lepiota holoserica*,生于地上。

蘑菇科 2 种:蘑菇属 野蘑菇 *Agaricus arvensis* 和双孢蘑菇 *A. bisporus*,均生于地上,可食用。

粪伞菌科粪伞属 粪伞菌 *Bolbitius vitellinus*,生于地上。

球盖菇科侧木菇属 侧木菇 *Pleurofla mmula*,生于木头上。

鬼伞科 3 种:鳞伞属 金盖环绣伞 *Pholiota aurea*,生于地上,可食用;鬼伞属线鬼伞 *Coprinus lagopus*,生于地上;假鬼伞属 齿缘假鬼伞 *Pseudocoprinus crenatus*,生于地上。

丝膜菌科 3 种:丝膜菌属 紫色丝膜 *Cortinarius purpurascens*,生于地上;丝盖伞属毛锈伞 *Inocybe caesariata*,生于地上;茶褐丝盖伞 *J. umbrinella*,生于地上,有毒。

红菇科 4 种:红菇属 苦红菇 *Russula rosecea* 和罗梅红菇 *R. remllii*,均生于地上;乳白红菇 *R. lacteal*,生于地上,可食用;乳菇属 红汁乳菇 *Lactarius hatsudake* 生于地上,可食用。

3.2.2 腹菌纲 Gasteromycetes

3.2.2.1 鬼笔目

鬼笔科蛇头菌属 细蛇头菌 *Mutinus borneensis*,生于地上。

3.2.2.2 马勃目

地星科地星菌属 尖顶地星 *Geastrum triplex*,生于地上,可食用和药用。

马勃科 3 种:马勃属 网纹马勃 *Lycoperdon perlatum*,生于地上,可食用和药用;秃马勃属 紫色秃马勃 *Calvatia lilacina*,生于地上,可食用和药用;静灰球菌属 长根静灰球菌 *Bovistella radicata*,生于地上。

4　经济价值

4.1　食用价值

近年来许多国家都把食用菌当作主要蔬菜,当作食谱重要的食材,我国把它当作菜篮子工程中的重要建设项目,人们对食用菌的食用研究也愈来愈深入。食用菌的食用价值包括:

(1) 食用菌蛋白质含量高、脂肪含量低。有报道蘑菇、草菇等 12 种食用菌蛋白质含量平均为 3.69%,脂肪含量平均为 0.47%。

(2) 食用菌氨基酸和核酸含量高,有人体所必需的 9 种氨基酸。食用菌比一般的食物含核酸量高,蘑菇核酸含量 7.4%,香菇为 6.0%,草菇最高达到 8.8%,而鱼和肉的核酸含量只有 2.2%~5.7%。

(3) 食用菌含有多种糖类及丰富的硒元素,糖主要包括糖醇、单糖、二糖、低聚糖及多糖等。硒对重金属汞和镉有解毒作用,为人体所必需的微量元素,而且具有抗衰老、增强免疫力、抗肿瘤和防心血管病等作用。据测定,双孢蘑菇、猴头、黑木耳含硒量分别为:$(2.9537 \pm 0.1575) \times 10^{-6}$、$(0.1900 \pm 0.0040) \times 10^{-6}$ 和 $(0.0269 \pm 0.0090) \times 10^{-6}$。

(4) 食用菌含有人体必需的维生素。经测定食用菌含有人体需要的各种维生素,如 100g 鲜蘑菇中所含维生素 D,草菇为 0.4g、蘑菇为 0.23g、香菇为 0.2g。

4.2　药用价值

食用菌的药用价值在历代文献中亦有记载。约在 2500 年前,民间便知用"神曲"治疗"饮食停滞,胸膈满闷"。秦汉时《神农本草》中就准确地提到了芝草、茯苓、马勃、银耳及蝉花等菌类的性味、功能和主治范围等内容。明末李时珍的《本草纲目》多处阐述了食用菌的药用价值,"木耳主治:益气不饥,轻身强志、断谷治痔";若与它物混用,还可以治"眼流冷泪、血注脚疮、崩中漏下、新久泻痢、血痢下血"。

香菇药用价值在古医书中记载有"可托痘毒,大能益胃助食,及理小便不禁",香菇还含有抗病毒、降血压、降血脂、抗肿瘤、防病毒性感冒、防高血压和心血管病等物质。现代中医学认为,木耳性甘、平,有清肺益气、补血活血和镇静止痛等功能,能治疗痔疮出血、崩漏和产后虚弱等疾病。

蘑菇既是我国常见的食用菌,也是药用价值很高的药用菌。据医学临床证实,蘑菇能治疗高脂血症,蘑菇还含有一种抗癌的高分子多糖类物质。

食用菌食用和药用价值并无明显的界限,一些菌类食用后对疾病有一定的治疗和预防作用,只是功能和用途上有些主次之分。芦芽山保护区作为国家级自然保护区,又是生态旅游区,随着生态旅游业的日益兴旺发达,来参观旅游的人逐年增加,在加强资源保护的同时可以利用现有的自然资源进行开发,鼓励当地居民发展菌类种植业,这样不仅可以使自然资源得到保护和永续利用,还可以使当地的经济得到发展。

参考文献

［1］邵力平,沈瑞祥,张素轩,等 . 真菌分类学［M］. 北京:中国林业出版社,1992.

［2］杨祥 . 食用菌栽培学［M］. 长沙:湖南科学技术出版社,1993.

芦芽山阴坡华北落叶松—云杉天然次生林群落特征的海拔梯度格局 ①

武秀娟[1]　　常建国[2]　　于吉祥[12]　　安　雁[3]　　郭建荣[1]

（1. 山西省林学会,山西　太原　030012;

2. 中国林业科学研究院　华北分院,山西　太原　030012;

3. 山西大学,山西　太原　030006;

4. 山西芦芽山国家级自然保护区,山西　宁武　036707）

　　海拔影响山地物种分布的非生物条件如气候和土壤等因子,是影响山地物种组成和群落结构的重要因素[1,2],物种多样性随着海拔的升高而不断减少[3,4]。不同物种其分布区的主导因子不同,多样性的海拔分布格局也有所差异,研究生物多样性海拔梯度格局对于解释生物多样性环境梯度变化规律具有重要意义[5]。植物群落分类是植被研究基础问题之一。植被数量分析在过去几十年中已成为现在植物群落生态学研究中必不可少的手段,分类和排序结合使用更能客观地反映植物群落的生态关系,是研究植被格局、植被与环境间关系的重要手段[6]。

　　许多学者在芦芽山自然保护区做过多方面的研究工作,尤其是植被生态学方面的工作[7,8],这些研究的尺度都比较大,涉及的海拔跨度大,森林类型众多,未见华北落叶松—云杉天然次生林小尺度群落特征海拔格局的研究报道。本研究以华北落叶松 *Larix principis-rupprechtii*- 云杉 *Picea* spp. 天然次生林为对象,通过调查不同海拔梯度该林型群落的特征、各月份土壤体积含水量,研究物种多样性测度(多样性指数、均匀度指数和丰富度指数)和物种最宜生长海拔高度的关系,旨在了解不同海拔梯度的林分特征,灌草植物物种多样性海拔梯度格局及灌草植物分布及其与环境的关系。

1　研究区概况

　　研究地位于山西芦芽山国家级自然保护区,111°50′00″~112°05′30″E,38°35′40″~38°45′00″N。该区属暖温带半湿润区,具有明显的大陆性气候特点。年均温5℃,1月均

①　本文原载于《东北林业大学学报》,2010,38(11):10~14.

温 –9℃,7 月均温 20℃,年降水量 400mm,无霜期 130d。海拔 1850m 以上区域以华北落叶松和云杉属植物(白杆 *Picea meyeri*、青杆 *Picea wilsonii*)为建群种组成的寒温性针叶林占优势[7]。

2　材料与方法

2.1　群落调查

华北落叶松—云杉林群落调查采取样方法。2009 年 8 月在海拔 2000、2100、2200、2400 和 2600m 分别设置 4 个 25m×25m 的样地,每个样地内设 5 个 5m×5m 灌木样方和 5 个 2m×2m 草本样方。共计 20 个乔木样地,100 个灌草样方。记录每个样地的坡度、乔木物种、高度、胸径、第 1 活枝下高和最大冠幅;灌草样方中分别记录物种、高度、盖度与多度等查。在各样地内应用时域反射仪测定 0~10cm 的土壤体积含水量。自 2009 年 5 月份开始,每月 8 日、18 日、28 日测定,雨后加测,到 9 月末为止。

2.2　相关指数的计算方法

灌木和草本的数量指标用重要值度量,物种多样性选用物种丰富度指数、物种多样性指数(Shannon–Wiener 指数、Simpson 指数)和均匀度指数(Pielou 指数、Alatalo 指数)进行测度[9,10],物种最宜生长海拔使用各物种重要值的加权平均值表示,各指数计算公式如下:

$$灌木重要值 =(相对高度 + 相对盖度)/2 \tag{1}$$

$$草本重要值 = 相对盖度 \tag{2}$$

$$H' = \sum_{I=1}^{S} P_i \ln P_i \tag{3}$$

$$D = 1 - \sum_{I=1}^{S} P_i^2 \tag{4}$$

$$J_{s,w} = \left(1 - \sum_{I=1}^{S} P_i^2\right) \Big/ \left(1 - \frac{1}{S}\right) \tag{5}$$

$$J_{s,i} = \left(1 / \sum_{I=1}^{S} P_i^2 - 1\right) \left[\exp\left(-\sum_{I=1}^{S} P_i \ln P_i\right) - 1\right] \tag{6}$$

$$E_a = \sum_{I=1}^{S} H \times P_i \Big/ \sum_{I=1}^{S} P_i \tag{7}$$

式中,P_i 为种 i 的相对重要值;H' 为 Shannon–Wiener 指数;D 为 Simpson 指数;$J_{s,w}$、$J_{s,i}$ 均为 Pielou 指数;E_a 为 Alatalo 指数;S 为种 i 所在样方的种总数,即丰富度指数;W_A 为最宜生长海拔;H 为海拔。

2.3　数据分析

运用 SPSS 16.0 的 One-way ANOVA 对不同海拔梯度乔木层各参数进行方差分析,同时用最小显著差数法（LSD）进行多重比较。基于灌草植物重要值信息，应用 PC-ORD 5 的 TWINSPAN 进行群落分类，用 DCA 对样方和物种进行分析。根据植被生态学和数量生态学方法的要求，把频度≤5% 的物种剔除[18]，选出具有代表性的 41 个物种进行分析。

3 结果与分析

3.1 不同海拔的林分特征

随海拔升高，林分密度逐渐增加，海拔 2000m 处最小，为 800 株 /hm²；海拔 2600m 处最大，为 1952 株 /hm²；林分 DBH 随海拔升高，呈现波动增加的趋势，海拔 2000m 明显低于其他海拔；平均树高、平均 DBH 则随海拔升高，呈波动减少的趋势，说明随着海拔的升高，乔木变矮、变细；平均活枝下高随海拔升高上升，在海拔 2400m 及以上平均活枝下高明显高于低海拔；平均冠幅则随海拔升减小，表明沿海拔梯度上升，林分活冠层有变窄的趋势（表 1）。

表 1   不同海拔梯度林分及土壤水分特征

海拔 /m	林分密度（株 /hm²）	林分胸高断面积（m²/hm²）	树高（m）	胸径（cm）	活枝下高（m）	冠幅（m）	土壤体积含水量（%）
2000	800±5a	24.53±3.21a	13.4±0.3a	23.29±1.48a	2.0±0.4a	3.9±0.1a	33.6±3.8a
2100	1456±10b	49.45±3.54b	17.4±1.2b	25.40±1.63b	5.4±0.2a	3.3±0.4ab	34.3±4.6a
2200	1600±13b	40.08±1.89b	11.8±0.3a	19..38±1.03c	3.7±0.2a	3.4±0.3ab	32.8±3.8a
2400	1696±10b	50.26±1.94b	16.±0.6b	21.96±0.91a	8.5±0.8b	4.2±0.5b	31.3±9.7a
2600	1952±11c	48.77±1.72b	13.0±0.4a	21.37±0.82a	8.1±0.3b	2.7±0.1c	55.9±8.6b

注：表中数据为平均值 ± 标准差；土壤体积含水量为 5~9 月份的平均值；同一列数据后有相同字母者表示在 0.05 水平上的差异不显著。

3.2 不同海拔灌草群落物种多样性特征

表 2 为不同海拔灌木和草本群落的物种多样性。可以看出，灌木和草本层 Shannon-Wiener 指数（H'）和 Simpson 指数（D）变化趋势基本一致，几乎均表现草本层高于灌木层。灌木层 H' 值与 D 值随海拔增加，明显减小（$P<0.05$），草本层 H' 值与 D 随海拔增加出现波动，但变化不显著（$P>0.05$）。灌木层物种丰富度指数（S）随海拔升高而下降，草本层则增加，但两者都不显著（$P>0.05$），且该指数在草本层大于灌木层。由此可见，不同海拔灌草群落物种丰富度和物种多样性主要由草本层决定。

灌木层 3 个均匀度指数 $J_{s,w}$、$J_{s,i}$ 和 E_a 随海拔变化呈现出相似的趋势（表 2），即随海拔变化明显减小（$P<0.05$）；草本层 3 个指数则表现为随海拔升高，变化趋势均不显著（$P>0.05$）。除海拔 2100m 和 2600m 外，灌木层均匀度指数都高于草本层；海拔 2100m 处草本层均匀度虽高于灌木层，但差异较小，最大差值仅是其他海拔灌木层高于草本层的 1/2。海拔 2600m 处则无灌木分布。草本层的 1/2。海拔 2600m 处则无灌木分布。

表 2　不同海拔梯度灌草层植物的物种多样性

海拔 (m)	H'		D		$J_{s,w}$		$J_{s,i}$		E_a		S	
	灌木层	草木层	灌木层	草木层	灌木层	草木层	灌木层	草木层	灌木层	草木层	灌木层	草木层
2000	1.2466	1.5484	0.6797	0.6945	0.8992	0.6457	0.9063	0.7639	0.8564	0.6136	4	11
2100	1.0364	1.4671	0.5783	0.7333	0.7476	0.7539	0.7711	0.8556	0.7539	0.8242	4	7
2200	1.2	1.65	0.6574	0.6404	0.7456	0.5604	0.8218	0/6760	0.8272	0.4234	5	19
2400	0.7557	1.4099	0.4215	0.6205	0.6879	0/5085	0.6323	0/6619	0.6453	0.5282	3	16
2600	0	1.54	0	0.6861	0	0.6497	0	0.7685	0	0.6165	0	12

3.3　灌草群丛的类型、分布格局及与环境因子的关系

3.3.1　不同海拔的灌草群丛类型及特征

采用 TWINSPAN 对华北落叶松—云杉林林下灌草层样方进行分类,结果分为 25 组。按照中国植被分类原则及结合野外实际调查情况,对 TWINSPAN 分类结果进行合并,将 25 个组合并成 13 组,代表 13 个林下灌草群丛,这样能更客观地反映林下各群丛的组成情况,各群丛的主要特征见表 3。

从表 3 可看出,海拔 2000~2200m 主要优势灌木包括灰栒子、虎榛子、黄刺玫、金花忍冬和葱皮忍冬;海拔 2400m 这些灌木全部消失,被八宝茶所取代;海拔 2600m 处则无灌木分布。由此看来,海拔 2200~2400m 是灌木组成发生明显变化的关键区域。从调查结果推断,灌木分布上限在海拔 2400~2600m,其确切位置为海拔 2550m。优势草本中仅披针薹草在海拔 2000~2600m 分布,其他优势草本自海拔 2400m 始为苔藓取代。可见海拔 2200~2400m 优势草本组成也发生明显变化。

表 3　不同海拔梯度灌草群丛类型及特征

海拔 (m)	序号	群丛类型	灌木层		草本层
			高度(m)	盖度(%)	盖度(%)
2000	1	灰栒子 + 虎榛子 – 披针薹草 + 贝加尔唐松草(Ass. *Cotoneaster acutifolius+Ostryopsis davidiana–Carex lanceolata + Thalictrum baicalense*)	0.30~2.10	25~60	35~60
2100	2	灰栒子 + 黄刺玫 – 披针薹草 + 四叶葎(Ass. *Cotoneaster acutifolius+Rosa xanthina–Carex lanceolata + Galium bungei*)	0.30~1.70	25~35	35~55
	3	灰栒子 – 披针薹草 + 双花堇菜(Ass. *Cotoneaster acutifolius–Carex lanceolata+Viola biflora*)	0.20~2.30	25~30	30~55
	4	黄刺玫 – 披针薹草 + 双花堇菜(Ass. *Rosa xanthina–Carex lanceolata+ Viola biflora*)	0.20~2.80	20~25	30~60
2200	5	黄刺玫 – 披针薹草 + 双花堇菜(Ass. *Rosa xanthina–Carex lanceolata+Viola biflora*)	0.25~1.40	20~25	60~70
	6	灰栒子 + 金花忍冬 – 披针薹草(Ass. *Cotoneaster acutifolius+ Lonicera chrysantha– Carex lanceolata*)	0.20~0.70	15~20	60~80

续表

海拔 (m)	序号	群丛类型	灌木层		草本层
			高度(m)	盖度(%)	盖度(%)
2200	7	灰栒子 + 金花忍冬 – 披针薹草 + 华北风毛菊(Ass. *Cotoneaster acutifolius*+ *Lonicera chrysantha* – *Carex lanceolata* + *Saussurea mongolica*)	0.30~0.50	10~15	75~80
	8	金花忍冬 + 葱皮忍冬 – 披针薹草 + 东方草莓(Ass. *Lonicera chrysantha*+ *Lonicera ferdinandii*– *Carex lanceolata* + *Fragaria orientalis*)	0.25~0.45	10~15	40~65
	9	金花忍冬 + 葱皮忍冬 – 披针薹草(Ass. *Lonicera chrysantha* + *Lonicera ferdinandii* – *Carex lanceolata*)	0.15~0.40	10~15	50~55
2400	10	八宝茶 + 糖茶藨子 – 披针薹草 + 苔藓(Ass. *Euonymus przwalskii* +*Ribes himalense* – *Carex lanceolata* + *Conocephalum* sp.)	0.05~0.60	5~30	35~80
	11	八宝茶 – 披针薹草 + 苔藓(Ass. *Euonymus przwalskii* – *Carex lanceolata*+ *Conocephalum* sp.)	0.05~0.10	5~10	50~80
	12	八宝茶 + 刚毛忍冬 – 披针薹草 + 苔藓(Ass. *Euonymus przwalskii*+*Lonicera hispida* – *Carex lanceolata* + *Conocephalum* sp.)	0.05~0.10	5~20	60~80
2600	13	苔藓 + 披针薹草(Ass. *Conocephalum* sp. +*Carex lanceolata*)			50~90

3.3.2　灌草植物分布与环境的关系

图 1 是 100 个样方灌草植物的 DCA 二维排序图,DCA 分析表明前两个轴包含的信息较多,显示出重要的生态意义(第 1 排序轴的特征值为 0.737,第 2 排序轴的特征值为 0.443),较好地反映出灌草植物间以及与环境之间的关系。

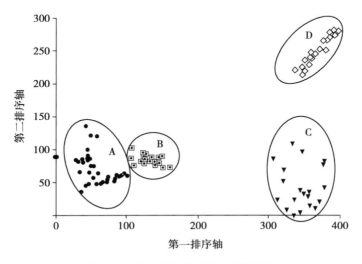

图 1　100 个样方的 DCA 二维排序

* 为 1~40 号样方,位于海拔 2000m 和 2100m;+ 为 41~60 号样方,位于海拔 2200m;
▼为 6~80 号样方,位于海拔 2400m;◇为 81~100 号样方,位于海拔 2600m。

从排序轴来看,第1排序轴基本上反映了灌草植物与海拔的关系,从A区到D区海拔由低到高(图1)。100个样方大致可划分成4个区,A区主要含群丛1~4,由海拔2000m和2100m的样方组成;B区主要含群丛5~9,由海拔2200m的样方组成;C区主要含群丛10~12,由海拔2400m的样方组成;D区主要含群丛13,由海拔2600m的样方组成。第2排序轴反映了灌草植物所在环境的水分梯度变化趋势,从下向上,水分逐渐增加(表1)。

图2是41个种DCA二维排序图,排序轴所反映的生态意义与图1基本相同。灰枸子、黄刺玫和虎榛子为海拔2000、2100m的优势灌木;金花忍冬和葱皮忍冬为海拔2200m的优势灌木;八宝茶为海拔2400m的优势灌木。草本植物也随着第1排序轴有所变化,小红菊和贝加尔唐松草位于第1排序轴的左边,即处于低海拔处;羽节蕨和藓类位于第1排序轴的右侧,即高海拔处。小红菊、贝加尔唐松草为中生草本,羽节蕨、藓类为湿中生草本,进一步说明了水分含量是影响灌草植物分布不可忽视的因子。

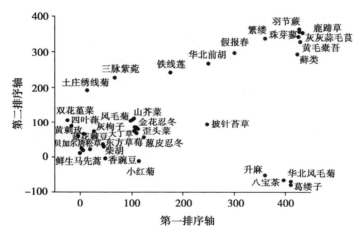

图2　41个种的DCA二维排序

各灌草植物最适宜分布的海拔见表4。从表4可看出,灌草植物的分布与图2第1排序轴反映的生态意义即海拔特征基本吻合,进一步说明海拔是限制林下灌草植物最适宜分布的重要因素。由表4还可看出,不同的海拔,适宜生长的种数变化不明显,但海拔2400m以上灌木种数明显减少,草本种数明显增加。

表4　灌草植物的最宜生长海拔(m)

海拔(H)	灌木种类	草本种类
2000≤H<2200	虎榛子、悬钩子、黄刺玫、灰枸子、土庄绣线菊	藓生马先蒿、贝加尔唐松草、香豌豆、蓝花棘豆、柴胡、四叶葎、东方草莓、小红菊、水杨梅、双花堇菜、三脉紫菀
2200≤H<2400	金花忍冬、葱皮忍冬、花楸、桃叶卫矛、铁线莲	风毛菊、山芥菜、大丁草、山尖子、舞鹤草、华北风毛菊、歪头菜、披针薹草、华北前胡、升麻、假报春

续表

海拔（H）	灌木种类	草本种类
2400≤H<2600	八宝茶、刚毛忍冬、糖茶藨子	葛缕子、窄翼风毛菊、问荆、缬草、乌头、辽藁本、白芷、禾本科 1 种、繁缕、藓类、黄毛囊吾、茴茴蒜、羽节蕨、珠芽蓼、鹿蹄草 1 种

注：悬钩子 *Rubus flosculosus*、土庄绣线菊 *Spiraea pubescens*、藓生马先蒿 *Pedicularis muscicola*、香豌豆 *Lathyrus odoratus*、蓝花棘豆 *Oxytropis coerulea*、柴胡 *Bupleurum chinense*、小红菊 *Dendranthema chanetii*、水杨梅 *Geum aleppicum*、三脉紫菀 *Aster ageratoides*、花楸 *Sorbus pohuashanensis*、白杜 *Euonymus meaackii*、风毛菊 *Saussurea japonica*、山芥菜 *Barbarea orthoceras*、大丁草 *Gerbera anandria*、山尖子 *Parasenecio hastatus*、舞鹤草 *Maianthemum bifolium*、歪头菜 *Vicia unijuga*、华北前胡（*Peucedanum harry-smithii*）、升麻 *Cimicifuga foetida*、长瓣铁线莲 *Clematis macropetala*、假报春 *Cortusa matthioli*、葛缕子 *Carum carvi*、窄翼风毛菊（*Saussurea frondosa*）、问荆（*Equisetum arvense*）、缬草 *Valeriana officinalis*、辽藁本 *Ligusticum jeholense*、白芷 *Angelica dahurica*、禾本科 1 种、繁缕 *Stellaria media*、黄毛囊吾 *Ligularia xanthotricha*、茴茴蒜 *Ranunculus chinensis*、羽节蕨 *Gymnocarpium jessoense*、珠芽蓼 *Polygonum viviparum*、鹿蹄草 *Pyrola* spp.，其他植物拉丁名同前。

4　讨论与结论

随海拔上升，乔木平均树高、平均 DBH 在波动中下降。这与沈泽昊等[11]研究结果一致，可能是中低山与亚高山影响林木生长的主导环境因子组成及各因子作用力的权重存在差异。此外，林木对资源的竞争也直接影响其生长。本研究发现，随海拔升高，林分密度增加，林木竞争加剧，树高与 DBH 下降。与多数研究类似[12,13]，灌木层多样性指数与均匀度指数均随海拔上升而减小，可能是环境能量（如年均温等）随海拔减小所致，符合多样性 – 环境能量假说。草本层多样性指数与均匀度指数沿海拔变化不明显，各海拔梯度乔木层郁闭度基本在 0.70 左右。

本研究将海拔 2000~2600m 的灌草植物划分为 13 类群丛，与张丽霞等[8]在该地海拔 2000~2600m 的分类结果（11 个）相近。海拔变化主要表现为气候变化[14]。DCA 排序将 13 类灌草群丛划为 4 个区，反映了海拔和土壤水分的梯度变化，可见气候与土壤水分是决定该区域灌草植物海拔分布格局的主要环境因子。

参考文献

[1] Austin M P，Pausas J G，Nicholls A O. Patterns of tree species richness in relation to environment in southeastern New SouthWales，Australia［J］. Austral Ecology，1996，21（2）：154–164.

[2] Austrheim G. Plant diversity patterns in seminatural grasslands a long an elevational gradient in southern Norway［J］. Plant Ecology，2002，161（2）：193~205.

[3] Lieberman D，Lieberman M，Peralta R，et al. Tropical forest structure and composition on a large scale altitude gradient in Costa Rica［J］. Journal of Ecology，1996，84：137~152.

[4] 郝占庆，于德永，杨晓明，等. 长白山北坡植物群落 α 多样性及其随海拔梯度的变化［J］.应用生态学报，2002，13（7）：785~789.

[5] 唐志尧，方精云. 植物物种多样性的垂直分布格局［J］.生物多样性，2004，12（1）：20~28.

[6] 张峰，张金屯. 我国植被数量分类和排序研究进展［J］.山西大学学报：自然科学版，2000，23（3）：

278~282.

［7］张丽霞,张峰,上官铁梁.芦芽山植物群落的多样性研究［J］.生物多样性,2000,8(4):361~369.

［8］张丽霞,张峰,上官铁梁.山西芦芽山植物群落的数量分类［J］.植物学通报,2001,18(2):231~239.

［9］马克平,刘玉明.生物群落多样性的测度方法Ⅰ:α多样性的测度方法(下)［J］.生物多样性,1994,2(4):231~239.

［10］Magurran A E. Ecological diversity and its measurements［M］. New Jersey:Princeton University Press,1988.

［11］沈泽昊,刘增力,方精云.贡嘎山海螺沟冷杉群落物种多样性与群落结构随海拔的变化［J］.生物多样性,2004,12(2):237~244.

［12］Ojeda F,Marainon and Airoyo J. Plant diversity patterns in the Aljibe Mountains (S. *Spain*):a comprehensive account［J］. Biodiversity and Conservation,2000,9(9):1323~1343.

［13］陈廷贵,张金屯.山西关帝山神尾沟植物群落物种多样性与环境关系的研究Ⅰ.丰富度、均匀度和物种多样性指数［J］.应用与环境生物学报,2000,6(5):406~411.

［14］刘鸿雁,曹艳丽,田军,等.山西五台山高山林线的植被景观［J］.植物生态学报,2003,27(2):263~269.

管涔山寒温性针叶林下灌草层
植物种间关系研究 [①]

赵冰清[1]　郭东罡[1]　刘卫华[1]　上官铁梁[1]　邱富才[2]

（1. 山西大学　环境与资源学院，山西　太原　030006；
2. 山西芦芽山国家级自然保护区，山西　宁武　036707）

管涔山地处北暖温带落叶阔叶林亚地带的北缘，寒温性针叶林主要分布于管涔山海拔 1750~2600m 处[1-3]，建群种是白杆 *Picea meyeri*、青杆 *P. wilsonii* 和华北落叶松 *Larix principis-rupprechtii*，或成纯林或者混交，也常与白桦 *Betula platyphylla*、红桦 *B. albo-sinensis*、山杨 *Populus davidiana* 等阔叶树种混生，形成针阔叶混交林。对管涔山寒温性针叶林更新研究认为，林冠覆盖度和结构对更新种群的数量和年龄结构有明显影响。林冠覆盖度越高，林下更新越差，异龄结构的林冠下更新种群数量充足且年龄构成合理[4]。芦芽山华北落叶松林不同龄级立木的大龄个体具有更为明显的集群分布特征[5]，但寒温性针叶林下灌草植物的直接关系研究鲜有报道。为此，笔者对管涔山寒温性针叶林下灌草植物的种间关系进行测定和生态分析，旨在揭示寒温性针叶林下灌草植物的分布和成层机理。

1　材料与方法

1.1　研究区概况

管涔山位于吕梁山脉北端，地理坐标：111°50′00″~112°05′30″E，38°35′40″~38°45′00″N。地处暖温带半湿润区，具有明显的大陆性气候特点，年均温 6.2℃，7 月均温 20.1℃，1 月均温 −9.9℃，无霜期 130~170d，年降水量 470~770mm。随海拔增加，土壤分布呈明显的垂直地带性，海拔由低向高依次为山地褐土、山地淋溶褐土、棕色森林土和亚高山草甸土。随海拔高度的增加，植被组成呈现有规律的更替，植被垂直带自下而上可划分为森林草原带（1300~1500m）、落叶阔叶林带（1350~1700m）、针阔叶混交林带（1700~1850m）、

① 本文原载于《安徽农业科学》，2011，39（30）：18668~18671.

寒温性针叶林带(1750~2600m)、亚高山灌丛草甸带(2450~2772m)[1-2]。

1.2　研究方法

1.2.1　取样方法

采用样方法进行野外调查。在管涔山海拔 1600~2600m,海拔每升高 100m 设置 1~3 个样地,共取样地 27 个,每个样地设置 1~4 个灌木层样方,共计 82 个样方。灌木层样方的面积为 4m×4m,并在每个样方内取 1m×1m 草本样方 2 个。调查记录内容包括植物种名、高度、盖度等,其中将乔木高度小于 3m 的幼树归入灌木,草本层的木本植物幼苗归入草本。同时,记录各群落综合特征和生境特征,如群落盖度、层间植物种类、活地被层、枯枝落叶层厚度、土壤类型、海拔、坡度、坡向及人类活动影响等。

1.2.2　数据处理

82 个样方共出现 153 种植物,选取频率≥5% 的 32 个种(表 1),分别获得 32×82 种 – 样方二元数据矩阵和 32×82 样方 – 种重要值数据矩阵。

表 1　灌木层与草本层植物

序号	种名	序号	种名
1	白杆幼苗 *Picea meyeri*	17	林地早熟禾 *Poa nemoralis*
2	土庄绣线菊 *Spiraea pubescens*	18	唐松草 *Thalictrum aquilegifolium* var. *sibiricum*
3	金花忍冬 *Lonicera chrysantha*	19	显脉拉拉藤 *Galium kinuta*
4	刚毛忍冬 *L. hispida*	20	河北假报春 *Cortusa matthioli* subsp. *pekinensis*
5	东北茶藨子 *Ribes mandshuricum*	21	卷耳 *Cerastium arvense*
6	毛榛 *Corylus mandshurica*	22	车前 *Plantago asiatica*
7	山刺玫 *Rosa davurica*	23	橐吾 *Ligularia sibirica*
8	六道木 *Abelia biflora*	24	窄翼风毛菊 *Saussurea frondosa*
9	刺梨 *Ribes burejense*	25	糙苏 *Phlomis umbrosa*
10	披针薹草 *Carex lanceolata*	26	问荆 *Equisetum arvense*
11	东方草莓 *Fragaria orientalis*	27	歪头菜 *Vicia unijuga*
12	毛茛 *Ranunculus japonicus*	28	舞鹤草 *Maianthemum bifolium*
13	小红菊 *Dendranthema chanetii*	29	缬草 *Valeriana officinalis*
14	葛缕子 *Carum carvi*	30	峨参 *Anthriscus sylvestris*
15	珠芽蓼 *Polygonum viviparum*	31	山野豌豆 *Vicia amoena*
16	华北耧斗菜 *Aquilegia yabeana*	32	猪殃殃 *Galium aparine* var. *tenerum*

用种 – 样方二元数据矩阵构建种对间的 2×2 列联表,用 χ^2 检验种间关联系数[6]:

$$\chi^2 = \frac{(ad-bc)^2 n}{(a+b)(a+c)(b+d)(c+d)} \tag{1}$$

式中,n 为取样总数,a 为两物种均出现的样方数,b、c 分别为仅有 1 个物种出现的样方数,d 为两物种均未出现的样方数。如果 2×2 列联表中任一小格期望值 <5,那么必须用 Yates 的连续校正系数[7]来纠正。Yates 系数矫正公式为:

$$\chi^2 = \frac{(|ad-bc|-0.5n)^2 n}{(a+b)(a+c)(b+d)(c+d)} \quad (2)$$

当 $ad>bc$,种对间为正关联;当 $ad<bc$ 时,种对间呈负关联。若 $\chi^2>3.841$($P<0.05$),则表示种对间关联性显著;若 $\chi^2>6.635$($P<0.01$),则表示种对间关联性极显著。

用物种的重要值作为 Pearson 积矩相关和 Spearman 秩相关分析的数量指标[8]。

Pearson 积矩相关系数(以下简称积矩相关系数):

$$r_{p(i,k)} = \frac{\sum\limits_{j=1}^{N}(x_{ij}-\overline{x_i})(x_{kj}-\overline{x_k})}{\sqrt{\sum\limits_{j=1}^{N}(x_{ij}-\overline{x_i})^2 \sum\limits_{j=1}^{N}(x_{kj}-\overline{x_k})^2}} \quad (3)$$

式中,X_{ij} 和 X_{kj} 分别为种 i、k 在样方 j 的重要值,$\overline{X_i}$ 和 $\overline{X_j}$ 分别是种 i、k 在所有样方中重要值的平均值。

Spearman 秩相关系数[9,10](以下简称秩相关系数):

$$r_{s(i,k)} = 1 - \frac{6\sum\limits_{j=1}^{N}d_j^2}{N^3-N} \quad (4)$$

式中,d_i 为每个种的秩,n 为样方数。

2　结果与分析

2.1　种间关联性分析

χ^2 检验结果表明(表 2),管涔山寒温性针叶林下灌草植物 32 个种共 496 个种对中正关联种对数为 242 对,负关联种对为 254 对;其中 22 个种对为极显著关联(17 正,5 负),17 个种对为显著关联(11 正,6 负),其余种对间的关联性不显著。

表 2　管涔山寒温性针叶林下 32 种灌草植物种间关系的 3 种检验结果

检验方法	层片	关联/相关极显著种对数($P<0.01$)		关联/相关显著种对数($0.01<P<0.05$)		关联/相关种对数($P>0.05$)	
		正关联/相关	负关联/相关	正关联/相关	负关联/相关	正关联/相关	负关联/相关
χ^2 检验	灌木层	1	3	2	0	16	14
	草本层	4	1	5	3	119	121
	灌木层与草本层	1	2	1	4	3	79

续表

检验方法	层片	关联/相关极显著种对数（$P<0.01$）		关联/相关显著种对数（$0.01<P<0.05$）		关联/相关种对数（$P>0.05$）	
		正关联/相关	负关联/相关	正关联/相关	负关联/相关	正关联/相关	负关联/相关
Pearson 相关分析	灌木层	0	2	0	4	7	23
	草本层	12	2	10	2	58	169
	灌木层与草本层	9	2	9	3	62	122
Spearman 秩相关分析	灌木层	2	3	2	5	14	10
	草本层	5	2	15	13	99	19
	灌木层与草本层	12	1	15	16	73	90

2.2　正负关联比与 χ^2 检验显著率

正负关联比是所有种对正关联数与负关联数的比值，其值越高，种间正联结性越强，反之亦然。χ^2 检验显著率为 χ^2 检验的显著（含极显著）种对数与所有种对数之比，二者都是用来衡量 χ^2 检验显著与否的重要指标[11]。

表 3 反映了管涔山寒温性针叶林下灌草植物灌木层、草本层以及灌木层与草本层间种对间 χ^2 检验的正负关联比和 χ^2 检验显著率。灌木层正关联种对数大于负关联种对数，正负关联比为 1.12；草本层正关联种对数稍大于负关联种对数，正负关联比为 1.022；灌木层与草本层间负关联种对数大于正关联种对数，正负关联比为 0.85。总体来看，群落负关联种对数大于正关联种对数，说明管涔山寒温性针叶林下灌草层植物的演替更新具有一定的动态性。

表 3　管涔山寒温性针叶林下灌草植物的正负关联比与 χ^2 检验显著率

种对	正负关联比	χ^2 检验显著率	
		正关联种对	负关联种对
灌木层	1.12	15.79	17.65
草本层	1.02	7.03	3.20
灌木层与草本层	0.85	16.84	3.57
总体	0.95	11.57	4.33

2.3　χ^2 检验、Pearson 相关检验和 Spearman 秩相关检验的关系

由表 2 可知，秩相关系数检验显著与极显著的种对数共有 91 对，显著率达 18.35%，而积矩相关系数检验显著与极显著的种对数仅 55 对，显著率为 11.09%，前者显著率比后者高 7.26%。因此，只对秩相关系数检验结果进行详细分析。

2.4 Spearman 秩相关系数检验结果

管涔山寒温性针叶林下灌草植物经秩相关系数检验结果表明,496 个种对中正相关种对数为 237 对,负相关种对数为 259 对,其中 25 个种对为极显著相关(19 正,6 负),66 个种对显著相关(32 正,34 负)。其中灌木层 9 个种共 36 个种对有 5 个种对极显著相关(2 正,3 负),7 个种对为显著相关(2 正,5 负);草本层 23 个种共 253 个种对中,有 7 个种对极显著相关(5 正,2 负),28 个种对显著相关(15 正,13 负)。灌木层与草本层间共 207 个种对有 13 个种对极显著相关(12 正,1 负),31 个种对显著相关(15 正,16 负)。

灌木层白杆幼苗与土庄绣线菊、毛榛以及山刺玫极显著负相关,白杆幼苗与金花忍冬、东北茶藨子以及刺梨显著负相关,这是因为白杆幼苗生长在白杆林下,乔木层盖度大,林内阴暗潮湿,林下除了白杆幼苗之外,其他灌木极少。因此,白杆幼苗与灌木层其他种大都呈显著甚至极显著负相关。刚毛忍冬与金花忍冬为显著负相关,可能是由于生态位重叠,彼此间竞争生存空间的结果。土庄绣线菊与毛榛极显著正相关,是由于二者均为中生植物,对环境具有相似的生态适应性所致。

草本层毛茛与珠芽蓼、卷耳与问荆均为极显著正相关,是因为它们均为耐阴喜湿植物,多分布在乔木层盖度较大的白杆林或白杆与青杆林,能够很好地适应较为阴暗潮湿的环境。披针薹草与东方草莓为极显著负相关,这是由于二者对环境具有不同的适应性所致。披针薹草分布于林下,为根状茎植物,无性系植株丛生,稠密的根系分布于浅表土层;而东方草莓具匍匐茎,无性系植株由根状茎和匍匐茎上的不定芽形成,不定根纤细分布于地表松软土层。披针薹草与小红菊为显著负相关,这与二者具有不同的生物学及生态学特性有关,披针薹草为寒温性针叶林下草本层的优势成分,而小红菊较为喜光,更适应于林缘环境。

灌木层和草本层间白杆幼苗与珠芽蓼、峨参均为极显著正相关,是由于它们均具有耐阴的生物学特征所致。毛榛与窄翼风毛菊极显著正相关,是由于二者均为中生植物,多分布在乔木层盖度较小、林下光线较好的华北落叶松下。白杆幼苗与糙苏为极显著负相关,是因为白杆幼苗与糙苏生境具有较大的差异,白杆幼苗生长在乔木层盖度较大、阴暗潮湿的白杆林下,而糙苏多生长在光线相对充足的华北落叶松林下。

综上所述,种间呈显著或极显著正相关是由于这些种间具有相似的生物学及生态学特性以及对环境具有相同的适应性所致,而物种间显著或极显著负相关是由于物种间具有不同的生态习性及对环境不同的生态适应性,或由于物种间生态位重叠,彼此间竞争生存空间的结果[14]。

3 结论与讨论

(1) 管涔山寒温性针叶林下灌草植物负关联种对数大于正关联种对数,说明林下植物的演替更新具有一定的动态性。

(2) Spearman 秩相关检验结果的显著率比积矩相关系数检验高 7.26%,这表明秩相关系数比积矩相关系数的灵敏度更高,在分析结果时应以 Spearman 秩相关检验结果为准。

（3）种对间的正关联或正相关,主要是由于种间具有相近的生物学特性、对生境具有相似的生态适应性和相互分离的生态位所致;而种对间负关联或负相关,则是由于种间具有不同的生物学特性、对生境具有不同的生态适应性和相互重叠的生态位所致[15,16]。

参考文献

[1] 傅子祯,李继瓒.山西各山地植被垂直带分析[J].山西林业科技,1976,(2):16~20,29.

[2] 张金屯.山西芦芽山植被垂直带的划分[J].地理科学,1989,9(4):346~353.

[3] 上官铁梁.山西主要植被类型及其分布的初步研究[J].山西大学学报:自然科学版,1985(1):72~82.

[4] 郭晋平,王石会,康日兰,等.管涔山青杆天然林年龄结构及其动态的研究[J].生态学报,1997,17(2):184~189.

[5] Zhang J T,Meng D P. Point pattern analysis of different age-classes of *Larix principis-rupprechtii* in Luya Mountain Reserve,Shanxi Province[J].Frontiers of Biology in China,2007(2):69~74.

[6] 张金屯.数量生态学[M].北京:中国科学技术出版社,2004.

[7] 王伯荪,彭少麟.南亚热带常绿阔叶林种间联结测定技术研究 I.种间联结测试的探讨与修正[J].植物生态学与地植物学丛刊,1985,9(4):274~285.

[8] 张峰,上官铁梁.山西翅果油树群落种间关系的数量分析[J].植物生态学报,2000,24(3):351~55.

[9] 张丽霞,张峰,上官铁梁.芦芽山植物群落种间关系的研究[J].西北植物学报,2001,21(6):1085~1091.

[10] 王孝安,郭华,肖娅萍.秦岭太白红杉群落种间关系的数量分析[J].西北植物学报,2003,23(6):906~910.

[11] 赵则海,祖元刚,杨逢建,等.东灵山辽东栎林木本植物种间联结取样技术的研究[J].植物生态学报,2003,27(3):396~403.

[12] 刘丽艳,张峰.山西桑干河流域湿地植被优势种群种间关系研究[J].生态环境,2006,15(6):1278~1283.

[13] 张桂萍,张峰,茹文明.旅游干扰对历山亚高山草甸种间相关性的影响[J].生态学报,2005,25(11):2868~2874.

[14] 张峰,乔利鹏,张桂萍,等.关帝山撂荒地植物群落种间关系数量分析[J].山西大学学报:自然科学版,2007,30(2):290~294.

[15] 上官铁梁,张峰.山西绵山植被优势种群的分布格局与种间关联的研究[J].武汉植物学研究,1988,6(4):357~364.

[16] 张思玉.莎罗群落内主要乔木种群的种间关联性[J].应用与环境生物学学报,2000,7(4):355~359.

第三编 >>>>

动物多样性

芦芽山自然保护区鸟类垂直分布 [①]

刘焕金 [1]　苏化龙 [1]　冯敬义 [1]　亢富德 [2]　邱富才 [3]　邱宠胤 [3]

（1. 山西省生物研究所，山西　太原　030006；

2. 山西管涔山国有林管理局，山西　宁武　036700；

3. 山西芦芽山自然保护区，山西　宁武　036707）

为了给保护和利用芦芽山自然保护区的鸟类资源提供科学依据，1980 年 7~9 月和 1984 年 3~9 月，我们对本区鸟类进行了初步调查，现将结果报道如下：

芦芽山自然保护区地处吕梁山脉北部，111°50′00″~112°05′30″E，38°35′40″~38°45′00″N。主峰芦芽山海拔 2772m。主要树种有云杉 *Picea* spp.、油松 *Pinus tabuliformis*、白桦 *Betula platyphylla*、华北落叶松 *Larix principis-ruprechtii* 及辽东栎 *Quercus wutaishanica* 等。年均温 3~5℃，1 月均温 –21~15℃，7 月均温 15℃。年降水量 500~700mm。无霜期 90~100d。

据中国鸟类地理区划，本区属古北界华北区黄土高原亚区。通过历年采集，共获得鸟类标本 541 号，搜集和观察各种鸟巢 84 号，鸟卵 57 窝。芦芽山自然保护区鸟类组成隶属于 15 目 36 科 147 种（表 1），褐马鸡为本区特有种。

表 1　芦芽山自然保护区鸟类垂直分布

种名	水域河漫滩带	低山带	中山带	中高山带	山顶带	居留期（月）
1. 小䴙䴘 *Podiceps ruficollis*	√					4、5、9、10
2. 苍鹭 *Ardea cinerea*		√				3~9
3. 黑鹳 *Ciconia nigra*						3~9
4. 赤颈鸭 *Anas penelope*	√					4、5、9、10
5. 斑嘴鸭 *Anas poecilorhyncha*						4~9
6. 绿翅鸭 *Anas crecca*						4、5、9、10
7. 鸳鸯 *Aix galericulata*						4、5、9、10
8. 鸢 *Accipiter gentiles*	√	√				1~12
9. 苍鹰 *Accipiter gentillis*						3、4、10、11

① 本文原载于《四川动物》，1986（1）：11~15.

续表

种名	水域河漫滩带	低山带	中山带	中高山带	山顶带	居留期（月）
10. 雀鹰 *Accipiter nisus*	√	√				1~12
11. 大鵟 *Buteo hemilasius*		√				3~11
12. 普通鵟 *Buteo buteo*						3、4、10、11
13. 金雕 *Aquila chrysatos*			√			1~12
14. 草原雕 *Aquila rapax*						3、4、10、11
15. 乌雕 *Aquila clanga*						3、4、10、11
16. 白尾鹞 *Circus cyaneus*						3、4、10、11
17. 猎隼 *Falco cherrug*						3、4、10、11
18. 游隼 *Falco peregrinus*						3、4、10、11
19. 燕隼 *Falco subbuteo*						3、4、10、11
20. 灰背隼 *Falco columbarius*						3、4、10、11
21. 红脚隼 *Falco vespertinus*	√					4~9
22. 红隼 *Falco tinnunculus*	√	√				1~12
23. 石鸡 *Alectoris graeca*	√	√				1~12
24. 鹌鹑 *Coturnix coturnix*						3、4、10、11
25. 斑翅山鹑 *Perdix dauuricae*		√				1~12
26. 褐马鸡 *Crossoptilon mantchuricum*			√	√		1~12
27. 雉鸡 *Phasianus colchicus*	√	√	√			1~12
28. 金眶鸻 *Charadrius dubius*	√					4~9
29. 环颈鸻 *Charadrius alexandrinus*						3、4、10、11
30. 小杓鹬 *Numenius minutes*						3、4、10、11
31. 红脚鹬 *Tringa tetanus*						3、4、10、11
32. 白腰草鹬 *Tringa ochropus*						5、5、9、10
33. 林鹬 *Tringa glareola*						3~5、9、10
34. 矶鹬 *Tringa hypoleucos*						3~5、9、10
35. 扇尾沙锥 *Capella gallinago*						3~5、9、10
36. 针尾沙锥 *Capella stenura*						3~5、9、10
37. 鹮嘴鹬 *Ibidorhyncha struthersii*	√					1~12
38. 棕头鸥 *Larus brunnicephalus*						3~5、9、10
39. 普通燕鸥 *Sterna hirundo*						3~5、9、10
40. 原鸽 *Columbas livia*	√	√				1~12
41. 岩鸽 *Columba rupestris*	√	√				1~12

续表

种名	水域河漫滩带	低山带	中山带	中高山带	山顶带	居留期（月）
42. 山斑鸠 *Strepto pelia orientalis*	√	√	√			1~12
43. 灰斑鸠 *Streptopelia decaocto*	√	√				1~12
44. 鹰鹃 *Cuculus sparverioides*			√	√		5~9
45. 大杜鹃 *Cuculus canorus*	√					5~9
46. 中杜鹃 *Cuculus saturatus*			√	√		5~9
47. 小杜鹃 *Cuculus poliocephalus*			√	√		5~9
48. 四声杜鹃 *Cuculus micropterus*			√	√		5~9
49. 雕鸮 *Bubo bubo*	√	√				1~12
50. 纵纹腹小鸮 *Athene noctua*	√	√	√			1~12
51. 长耳鸮 *Asio otus*						3~5、9~11
52. 夜鹰 *Caprimulgus indicus*			√	√		5~9
53. 针尾雨燕 *Hirundapus caudacutus*						3~5、9、10
54. 楼燕 *Apus apus*						4、9、10
55. 白腰雨燕 *Apus pacificus*	√	√				4~9
56. 普通翠鸟 *Alcedo atthis*	√					5~9
57. 蓝翡翠 *Halcyon pileata*	√					5~9
58. 戴胜 *Upupa epops*	√	√				5~10
59. 蚁䴕 *Jynx torquilla*						4~5、9、10
60. 黑啄木鸟 *Dryocopus martius*			√	√		1~12
61. 绿啄木鸟 *Picus canus*	√	√	√	√		1~12
62. 斑啄木鸟 *Dendrocopos major*	√	√	√	√		1~12
63. 星头啄木鸟 *Dendrocopos canicapillus*	√	√				1~12
64. 小沙百灵 *Calandrella rufescens*	√					1~12
65. 凤头百灵 *Galerida cristata*	√	√				1~12
66. 云雀 *Alauda arvensis*					√	1~12
67. 岩燕 *Ptyonoprogne rupestris*	√	√				4~9
68. 家燕 *Hiruudo rustica*	√					4~9
69. 金腰燕 *Hirnudo daurica*	√	√				4~9
70. 黄鹡鸰 *Motacilla flava*						4~5、9、10
71. 黄头鹡鸰 *Motacilla citreola*						4~5、9、10
72. 灰鹡鸰 *Motacilla cinerea*	√	√				4~10
73. 白鹡鸰 *Motacilla alba*	√	√				4~10

续表

种名	水域河漫滩带	低山带	中山带	中高山带	山顶带	居留期（月）
74. 田鹨 *Anthus novaeseelandiae*	√				√	4~10
75. 树鹨 *Anthus hodgsoni*					√	4~10
76. 水鹨 *Anthus spinoletta*						3、4、10、11
77. 长尾山椒鸟 *Pericrocotus ethologus*			√	√		4~9
78. 虎纹伯劳 *Lanius tigrinus*	√					5~10
79. 红尾伯劳 *Lanius cristatus*	√					5~10
80. 牛头伯劳 *Lanius bucephalus*		√				5~9
81. 楔尾伯劳 *Lanius sphenocercus*						1~3、10~12
82. 灰背伯劳 *Lanius tephronotus*						1~3、10~12
83. 黑枕黄鹂 *Oriolus chinensis*	√					5~9
84. 黑卷尾 *Dicrurus macrocercus*	√					5~9
85. 北椋鸟 *Sturnus sturninus*	√					4~10
86. 灰椋鸟 *Sturnus cineraceus*	√					4~10
87. 红嘴蓝鹊 *Cissa erythtothyncha*		√	√			1~12
88. 松鸦 *Garrulus glandarius*			√	√		1~12
89. 灰喜鹊 *Cyanopica cyana*	√	√				1~12
90. 喜鹊 *Pica pica*	√	√	√	√		1~12
91. 星鸦 *Nucifraga caryocatactes*		√	√	√		1~12
92. 红嘴山鸦 *Pyrrhocorax pyrrhocorax*	√	√	√	√		1~12
93. 寒鸦 *Corvus monedula*	√	√				1~12
94. 大嘴乌鸦 *Corvus macrorhynchos*			√	√		1~12
95. 鹪鹩 *Troglodytes troglodytes*			√	√		1~12
96. 棕眉山岩鹨 *Prunella montanella*						1~4、10~12
97. 红胁蓝尾鸲 *Tasiger cyanurus*			√	√		4~9
98. 贺兰山红尾鸲 *Phoenicurus alascharicus*						1~4、10~12
99. 北红尾鸲 *Phoenicurus auroreus*	√	√	√	√		4~9
100. 红腹红尾鸲 *Phoenicurus erythrogaster*						1~4、10~12
101. 红尾水鸲 *Phyacornis fuliginosus*	√	√	√	√		5~9
102. 短翅鸲 *Hodgsonius phoericuroides*			√	√		5~9
103. 黑喉石鸲 *Saxicola torquata*						4、5、9、10
104. 白顶䳭 *Oenanthe hispanica*						4~9
105. 穗䳭 *Oenanthe oenanthe*					√	4~9

续表

种名	水域河漫滩带	低山带	中山带	中高山带	山顶带	居留期（月）
106. 蓝矶鸫 *Monticola solitaries*	√	√				4~9
107. 紫啸鸫 *Myiophoneus caeruleus*		√	√			5~9
108. 白腹鸫 *Turdus pallidus*						4、5、9、10
109. 赤颈鸫 *Turdus ruficollis*						1~5、9~12
110. 斑鸫 *Turdus naumanni*						1~5、9~12
111. 棕头鸦雀 *Paradoxomis webbianus*		√	√	√		1~12
112. 山噪鹛 *Garrulax davidi*		√	√	√		1~12
113. 山鹛 *Rhopophilus pekinensis*		√	√	√		1~12
114. 异色树莺 *Cettia flavolivaceus*		√	√			5~10
115. 黄眉柳莺 *Phylloscopus inornatus*			√	√		5~10
116. 黄腰柳莺 *Phylloscopus proregulus*						4、5、9、10
117. 极北柳莺 *Phylloscopus borealis*						4、5、9、10
118. 黄眉姬鹟 *Ficedula zanthopygia*			√	√		5~9
119. 红喉姬鹟 *Ficedula parva*						4、5、9、10
120. 鸲姬鹟 *Ficedula mugimaki*			√	√		5~9
121. 乌鹟 *Muscicapa sibirica*						4、5、9、10
122. 大山雀 *Parus major*	√	√				1~12
123. 沼泽山雀 *Parus palustris*	√					1~12
124. 煤山雀 *Parus ater*			√	√		1~12
125. 褐头山雀 *Parus montanus*		√	√	√		1~12
126. 银喉长尾山雀 *Aegithalos caudatus*		√	√			1~12
127. 树麻雀 *Passer montanus*	√	√				1~12
128. 黑头䴓 *Sitta villosa*			√	√		1~12
129. 普通䴓 *Sitta europaea*			√	√		1~12
130. 红翅旋壁雀 *Tichodroma muraria*		√	√			1~12
131. 旋木雀 *Certhia familiaris*			√	√		1~12
132. 燕雀 *Fringilla montifringilla*						1~5、10~12
133. 金翅雀 *Carduelis sinica*	√	√				1~12
134. 普通朱雀 *Carpodacus erythrinus*			√	√		1~12
135. 北朱雀 *Carpodacus roseus*						3、4、10、11
136. 红交嘴雀 *Loxia curviroatra*						1~4、10~12
137. 长尾雀 *Uragus sibiricus*			√			1~12

续表

种名	水域河漫滩带	低山带	中山带	中高山带	山顶带	居留期（月）
138. 黑砂蜡嘴雀 *Eophona personata*						3、4、10、11
139. 锡嘴雀 *Coccothraustes coccothraustes*						1~4、10~12
140. 白头鹀 *Emberiza leucocephala*						1~4、10~12
141. 黄胸鹀 *Emberiza aureola*						4、5、9、10
142. 黄喉鹀 *Emberiza elegans*						3、4、10、11
143. 灰头鹀 *Emberiza spodocephala*						3、4、10、11
144. 田鹀 *Emberiza rustica*						3、4、10、11
145. 灰眉岩鹀 *Emberiza cia*		√	√	√		1~12
146. 三道眉草鹀 *Emberiza cioides*	√	√				1~12
147. 小鹀 *Emberiza pusilla*						4、5、9、10

1　鸟类优势种动态分析

根据 347h,694km 路线调查结果,将鸟类数量划分为 3 级:平均遇见率 >5 只 /km 为优势种,1~5 只 /km 为常见种,<1 只 /km 以下者为稀有种。

1.1　留鸟优势种

留鸟有 49 种,占总种数 33%。优势种 6 种,即树麻雀、寒鸦、喜鹊、岩鸽、褐头山雀及三道眉草鹀。由于季节不同,食物及隐蔽条件的变化,不同生境具有水平和垂直迁移的生物学特性。因此,各生境种群数量有所波动。低山地带的农垦区,因与人类经济活动关系较密切,常保持较高而相对稳定的种群数量。

1.2　夏候鸟优势种

夏候鸟有 43 种,占总种数 29%。优势种:金腰燕、白鹡鸰、黄眉柳莺和鸲姬鹟。前 2 种 4 月上旬迁入;鸲姬鹟 5 月中旬到达,居留期为 170~190d。黄眉柳莺在森林的种群密度较高。

1.3　冬候鸟优势种

冬候鸟有 11 种,占总种数 8%。优势种有白头鹀、赤颈鸫及棕眉山岩鹨。9 月 28 日赤颈鸫迁来,白头鹀和棕眉山岩鹨在 10 月中旬到达。越冬期间虽然是优势种,但地面复雪、食物匮乏时,种群数量有所下降。这些鸟类的越冬期一般为 190~210d。

1.4　旅鸟优势种

旅鸟有 44 种,占总种数 30%。优势种有 3 种:黄腰柳莺、红喉姬鹟及小鹀,分别在

4~5 月由南向北迁徙,9~10 月从北向南飞迁,途经本区时为优势种。旅鸟仅在 3~5 月和 9~11 月成为本区鸟类区系的成分。

2　垂直分布

把繁殖鸟(留鸟和夏候鸟)夏期分布高度(取营巢位置的高度)作为划带的依据,并结合植被类型,将芦芽山自然保护区划分为 5 个不同的鸟类垂直分布带。

2.1　水域河漫滩带

海拔 1100~1300m。包括南至石家庄,北达荫屯关的汾河及其支流流域、河漫滩两岸耕作区。田边地头及公路两侧有杨 *Populus* spp.、柳 *Salix* spp.、榆 *Ulmus* spp. 等。繁殖鸟类达 51 种(留鸟 26 种、夏候鸟 25 种),占全区繁殖鸟总数(91 种)的 56%。代表种有斑嘴鸭、金眶鸻、鹦嘴鹬、蓝翡翠、黑枕黄鹂及黑卷尾。

2.2　低山带

海拔 1300~1600m。有一定的山丘耕地面积及前山岩坡。植被以油松、杨、桦、沙棘 *Hippophae rhamnoides*、黄刺玫 *Rosa xanthina* 及绣线菊等为建群种。繁殖鸟 46 种(留鸟 33 种、夏候鸟 13 种),占全区繁殖鸟总种数的 51%。代表种为三道眉草鹀、岩鸽、红嘴山鸦、石鸡等。

2.3　中山带

海拔 1600~2000m。山地森林灌丛景观,植被以云杉、油松、辽东栎、沙棘、山杨、山柳及黄刺玫等为建群种。繁殖鸟类 43 种(留鸟 28 种、夏候鸟 15 种),占繁殖鸟总种数的 47%。代表种有黑啄木鸟、鸲姬鹟、黄眉姬鹟、黑头鹀、褐马鸡及褐头山雀。褐马鸡主要分布在本带上限附近。

2.4　高中山带

海拔 2000~2600m。山地针叶林景观,主要植被类型有云杉林、华北落叶松林、沙棘灌丛、黄刺玫灌丛等。繁殖鸟 35 种(留鸟 21 种、夏候鸟 14 种),占繁殖鸟总种数的 38%。代表种有普通旋木雀、煤山雀、星鸦及黄眉柳莺等。

2.5　山顶带

海拔 2600~2787m。亚高山灌丛草甸带。由于该带海拔较高、气候恶劣、环境单纯、植被低矮,鸟类仅有 4 种(留鸟 1 种、夏候鸟 3 种),占全区繁殖鸟总种数的 4%。代表种为云雀。

芦芽山自然保护区雀鹰繁殖习性[①]

萧　文[1]　李运生[2]

(1. 山西芦芽山国家级自然保护区,山西　宁武　036707;
2. 山西管涔山国有林管理局,山西　宁武　036700)

雀鹰 *Aciputer nisus* 是我国Ⅱ级重点保护野生动物。我们于 1992~1994 年 3~10 月在山西芦芽山自然保护区对雀鹰的繁殖习性进行了观察。本区地处山西省宁武、五寨、岢岚 3 县交界,位于吕梁山脉北端,地理坐标:38°35′40″~38°45′00″N,111°50′00″~112°05′30″E。

1　种群密度

雀鹰在本区为留鸟,种群密度调查选定屹洞—西马坊的居民区、灌丛、林缘及山涧溪流等生境,速度 2km/h,左右视距各 50m。调查结果见表 1。由表 1 可知,雀鹰在繁殖前后(3 月和 8 月),种群密度为 0.08 和 0.10 只/km,繁殖后(8 月)比繁殖前(3 月)种群密度增长 12.50%。

表 1　雀鹰种群密度

年份	调查时数 (h)	调查里程 (km)	繁殖前(3月)		繁殖后(8月)	
			遇见数 (只)	密度 (只/km)	遇见数 (只)	密度 (只/km)
1992	12	24	2	0.08	3	0.12
1993	12	24	3	0.12	2	0.08
1994	12	24	1	0.04	2	0.08
合计	36	72	6	0.24	7	0.28
均值	12	24	2	0.08	2.33	0.10

2　巢前期

3 月雌雄鸟开始鸣叫,雄鸟叫声为"jiang,……",雌鸟叫声为"jia-jia"。此时多在林

---

① 本文原载于《四川动物》,1996,15(1):28~29.

间穿行,多栖于树冠中、上部,活动比较隐蔽,较少在开阔地活动。巢前期成对活动较少。

3　筑巢期

4 月中下旬开始巢筑。据 3 个巢观察,2 号巢筑于云杉树冠叉枝,1 号巢位于悬崖峭壁洞隙,均较隐蔽,不易发现。筑巢期 8~13d,雌雄鸟均参加筑巢,以雌鸟为主。巢呈浅盘状,底较厚,达 9~13cm。巢材以华北落叶松干细枝梢多见,长度 5~54cm,还有少量的白桦、茶条械等小枝。筑巢树胸径 28cm 和 36cm,树高 15~19m,巢距地面 12m 和 14m。巢外径 41(35~46)cm×46(41~51)cm,内径 20(18~23)cm×23(20~25)cm,巢高 18(16~21)cm,巢深 8(7~13)cm。

4　产卵及孵卵

雀鹰 5 月上、中旬产卵,最早产卵于 5 月 2 日。日产 1 枚,年产 1 窝。每窝卵数 3~4枚。卵形椭圆,近淡青灰色,无斑点。卵重($n=9$)14(12~6)g,卵大小 28(26~29)mm×33(31~35)mm。产第 2 枚卵后,雌鸟边孵卵边产卵。孵卵期间雄鸟叼食喂雌鸟,并衔细树枝增加巢底铺垫物。孵卵期 23~25d。

5　雏和育雏

雏鸟出壳的先后与产卵的早晚密切相关。刚出壳的雏鸟头大颈细,双目紧闭,腹部如球,勉强摇头,全身胎绒羽白黄色,具黑眼圈、嘴黑,上嘴中部有圆点状的白色卵齿。蜡膜淡黄色,跗趾肉红色,爪肉黄色,爪尖浅灰色,体重 9~11g。雏鸟 4 日龄眼睛睁开,较活跃并发出细小的尖叫声。7 日龄能爬行和坐立,卵齿尚存,蜡膜变黄。10 日龄,舌尖灰色,腹部白黄色,爪灰色,飞羽出鞘,胎羽绒尚未脱落,体重 91~107g。16 日龄,瞳孔深蓝色,用喙啄人,飞羽和尾羽鞘多数放缨,凶猛行为出现,可啄、抓人。22 日龄,头顶、背、飞羽和尾羽灰色,胸腹部玉米黄白色,贯以黑褐色横斑,全身羽毛丰满。此时雏鸟离巢。

雀鹰育雏 20~30d。雌雄鸟均参与育雏,以雌鸟为主,雄鸟多承担保卫工作,当发现同种靠近即猛力驱赶。食物多从巢区附近捕获猎物,然后衔到巢中,由雏鸟自由啄食。每日衔食 7~11 次。双亲在育雏期内,护雏行为极为强烈;当工作人员接近巢 15~30cm 时,双双极快飞回并高声鸣叫。

6　食　物

通过亲鸟衔回巢内的食物统计,计有鸟类、鼠类、蛙类和昆虫等。累积观察到食物 84次,其中鸟类 39 次,鼠类 16 次,蛙类 13 次,昆虫 12 次、其他种类 4 次,分别占 46.63%、19.05%、15.48%、14.29% 和 4.76%,这表明雀鹰育雏期间其食物以鸟类为主,其次为鼠类和蛙类。

芦芽山自然保护区雕鸮的生态 ①

马生祥[1]　郭青文[2]

（1. 山西芦芽山国家级自然保护区,山西　宁武　036707;
2. 山西管涔山国有林管理局　马家庄林场,山西　宁武　036704）

雕鸮俗称信呼,为我国Ⅱ级重点保护野生动物,为典型的昼伏夜出鸟类。关于该鸟的生态研究仅有少量报道[1,2]。为了利于科学保护和合理利用鸟类资源,我们于1993~1995年在山西省芦芽山自然保护区对雕鸮的种群数量及繁殖习性进行了调查研究,现报道如下:

1　研究区概况及方法

研究区位于山西省吕梁山脉北段,地处宁武,五寨、岢岚三县交界,115°50′00″~112°05′30″E,38°35′40″~38°45′00″N。总面积21453hm²。主峰芦芽山海拔2772m。主要树种有华北落叶松 *Larix principis-rupprechtii*、云杉 *Picea* spp.、油松 *Pinu stabuliformis*、白桦 *Betula platyphylla*、辽东栎 *Quercus wutaishanica* 等,灌木由沙棘 *Hippophae rhammoides*、黄刺玫 *Rosa xanthina*、胡枝子 *Lespedeza bicolor*、忍冬 *Lonicera* spp. 等组成。

本区为大陆性季风型气候,其特点是夏季炎热多雨、冬季寒冷干燥、盛行西北风、平均气温4~5℃,一月气温 –15~21℃,7月气温15℃,年降水量700~800mm,无霜期90~100d。主要农作物为马铃薯、莜麦、蚕豆、豌豆等。

根据全区自然生境特点,选定红沙地、馒头山、细腰、圪洞、北沟滩,高崖底、夥和沟,逐月统计该鸟的种群数量。调查采用路线统计法,野外工作主要在太阳落山前、后进行,速度2km/h,左右视距各50m,统计地面、路旁、高崖土丘、树冠、电杆、电线、河滩巨石等停留、空中飞翔和听到其鸣声的雕鸮,种群数量以遇见数(只/km)。

繁殖季节每隔5d在雕鸮营巢洞内和地面拾取其呕吐出的食丸,放在温水内泡散检视,以兽毛、鸟羽、骨骼等确定其食物种类。同时,在洞穴窝旁将收集到的鸟类、兽类的骨骼或尸体统计、分析其食性。

---

①　本文原载于《动物学杂志》,1997,32(2):29~31.

2　结果与分析

2.1　栖息地

雕鸮栖息地主要为山地多岩石的疏林灌丛,开阔的河谷、丘陵冲沟等生境。居民区及农田的高大树冠、水泥电杆、高压电线、高大墙壁是该鸟短暂停息的地方,其栖息地生境利用类型见表1。

表1　雕鸮栖息地生境利用类型

栖息地类型	植物群落	生境利用	利用季节
居民区	杨＋柳＋榆＋槐	觅食、停息、嬉戏	春秋冬
山地疏林灌丛	油松＋云杉＋栎＋沙棘＋黄刺玫	栖息、觅食、游荡	全年
开阔丘陵农田	杨＋柳＋桦＋油松＋云杉	觅食、飞翔、停留	春夏秋
林间悬崖峭壁	华北落叶松＋油松＋桦＋栎	营巢、繁殖、停息	春夏秋
丘陵冲沟	沙棘＋杠柳＋杨	繁殖、夜宿	夏秋

2.2　种群密度

雕鸮的种群密度较低,3年(1993~1995年)调查结果见表2。

表2　雕鸮种群密度

年份	里程(km)	调查时数(h)	繁殖前(3月)		繁殖后(8月)	
			遇见数(只)	密度(只/km)	遇见数(只)	密度(只/km)
1993	16	8	8	0.50	9	0.56
1994	16	8	6	0.38	10	0.63
1995	16	8	8	0.50	11	0.69
合计		24	22	–	30	–

3　繁　殖

雕鸮繁殖期在每年3~6月。3月初开始发情配对,表现为黄昏和拂晓时鸣声增多、活动增强、相互追逐、嬉戏,时而飞往林间枯树,时而停落水泥电杆、河谷巨石、农田土丘;更多则是雄鸟伸颈耸羽、注视雌鸟;嗣后,夜间的活动范围扩大,雌雄鸟共同的选定巢区、确定筑巢位点,在白昼则于林间或营巢洞穴旁休息。

雕鸮巢筑在山地悬崖峭壁缝隙或洞穴,对3个雕鸮巢的观测表明,洞穴内均不铺垫植物性巢材,仅有沙土、小片石子等物形成低凹小坑,长32(30~34)cm、宽23(20~24)cm、深5(4~6)cm。

雕鸮最早产卵见于 3 月 28 日,每隔 2~3d 产卵 1 枚,每窝卵数 2~4 枚(n=3),卵白色,椭圆,无斑纹。雕鸮 1 窝卵的测量结果见表 3。

表 3　雕鸮卵测定结果

年份	卵数(枚)	卵重(g)	长径(mm)	短径(mm)
1993	2	56(53~59)	58(57~59)	45(44~46)
1994	3	53(52~54)	58(57~59)	43(42~44)
1995	4	52(51~53)	53.5(51~54)	42.5(41~44)

雕鸮产第 1 枚卵即开始孵化。由雌雄鸟轮换孵卵,孵化期 39~40d。雏鸟出壳先后,与产卵顺序相一致,9 枚卵共孵出 8 只雏鸟,孵化率为 88.89%。

刚出壳的雏鸟头大颈细,两眼紧闭,侧身躺卧,勉强摇头,全身长满雪白色胎绒羽。亲鸟衔食物于窝内喂雏,育雏 70d 后雏鸟离巢。离巢后的幼鸟并不能独立生活,而是掩藏在巢周围灌丛间,待黄昏后至拂晓前,以其"嘎叭"鸣声为信号向亲鸟索食。亲鸟需在巢外继续育幼 15d,这些幼鸟方能独立生活。

4　食物组成

对雕鸮食丸 102 个的测定结果见表 4。

表 4　雕鸮食丸测定结果

形状	数量(个)	重量(g)	长径(mm)	短径(mm)	频度(%)
椭圆形	27	9.82	5.71	3.20	26.47
球形	20	7.86	4.92	2.93	19.61
棒形	8	10.54	5.74	3.60	7.84
柱形	6	8.32	5.65	3.22	5.88
桃形	8	4.9	4.19	2.59	7.84
不定形	10	2.62	3.29	2.19	9.80
麻花形	23	6.6	4.7	3.1	22.55
合计	102	50.66	–	–	100

在 102 个食丸中,以农林敌害为主,计有大仓鼠 *Cricetulus triton*、子午沙鼠 *Meriones meridianus*、黑线仓鼠 *C. barabensis*、长尾仓鼠 *C. longicandatus*、中华鼢鼠 *Myospalax fontanier*、棕背䶄 *Clethrionomys rufocanus*、达乌尔鼠兔 *Ochotona daurica*、社鼠 *Rattus niviventer*、黑线姬鼠 *Apondemus agrarius*、褐家鼠 *Rattus norvegicus*、小家鼠 *Mus musculus*。叼回洞穴内喂给雏鸟的食物计有草兔 *Lepus capensis*、雉鸡 *Phasianus colchicus*、石鸡 *Alectoris graeca*、红嘴山鸦 *Pyrrhocorax pyrrhocorax* 等。

参考文献

［1］韩桂彪.雕鸮种群密度及繁殖的研究［J］.山西农业大学学报,1993,13(4):330~333.

［2］安文山,薛恩祥,刘焕金.庞泉沟猛禽研究［M］.北京:中国林业出版社,1993.

山西省芦芽山自然保护区鸟类补遗

杜爱英

（山西芦芽山国家级自然保护区,山西　宁武　036007）

　　刘焕金、张俊等 1982 年对山西省芦芽山自然保护区鸟类曾作过专项调查,共记录鸟类 12 目 32 科 116 种。刘焕金等 1986 年对该地区鸟类垂直分布进行了研究,报道本区鸟类有 17 目 35 科 148 种。1994 年 10 月至 1995 年 8 月,我们对芦芽山保护区的鸟类资源进行了补充调查。调查重点为以往工作涉及较少的水禽。主要在天池(海拔 1850m,高山湖泊,属水域湿地环境)、坝门口(海拔 1450m,水域湿地环境)、西马坊(海拔 1500m,农耕区及居民住地环境)、梅洞(海拔 1760m,疏林灌丛环境)、圪洞(海拔 1760m,疏林灌丛环境)、冰口洼(海拔 2200~2772m,森林环境)等地。

　　通过调查,新发现分布在本区的鸟类 40 种,名录(包括种名,学名,采集或遇见地,获见月日,居留类型及保护级别,Ⅱ是国家Ⅱ级重点保护动物,X 是山西省重点保护动物,●是中日候鸟保护协定中保护的鸟类,○是中澳候鸟保护协定中保护的鸟类。)如下:

1. 凤头鸊鷉 *Podiceps cristatus*,天池,04.24,旅鸟,●○
2. 池鹭 *Ardeola bacchus*,天池,06.01,夏候鸟,X
3. 黄斑苇鳽 *Ixobrychus sinensis*,天池,08.10,夏候鸟,X
4. 栗苇鳽 *lxobrychus cinnamomeus*,天池,08.01,夏候鸟
5. 大麻鳽 *Botaurus stellaris*,天池,07.15,旅鸟,●
6. 针尾鸭 *Anas acuta*,天池,04.24,旅鸟,●
7. 花脸鸭 *A. formosa*,天池,04.24,旅鸟,●
8. 绿头鸭 *A. platyrhynchos*,天池,10.17,旅鸟,●
9. 琵嘴鸭 *A. clypeata*,天池,04.24,旅鸟,●○
10. 红头潜鸭 *Aythya ferina*,天池,10.17,旅鸟,●
11. 凤头潜鸭 *A. fuligula*,天池,10.17,旅鸟,●
12. 鹊鸭 *Bucephala clangula*,天池,10.17,旅鸟,●
13. 斑头秋沙鸭 *Mergus albellus*,天池,11.19,旅鸟,●
14. 普通秋沙鸭 *M. merganser*,天池,111.09,旅鸟,●

---

① 本文原载于《四川动物》,1997(4):22~26.

15. 松雀鹰 *Accipiter virgatus*，梅洞，10.11，夏候鸟，Ⅱ

16. 白头鹞 *Circus aeruginosus*，天池，10.19，旅鸟，Ⅱ

17. 黄脚三趾鹑 *Tunix tanki*，西马坊，08.10，夏候鸟，○

18. 灰鹤 *Grus grus*，天池，10.16，旅鸟，Ⅱ

19. 蓑羽鹤 *Anthropoides virgo*，天池，04.24，旅鸟，Ⅱ

20. 黑水鸡 *Gallinula chloropus*，坝门口，05.23，夏候鸟，●

21. 白骨顶 *Fulica atra*，屹洞，09.18，旅鸟

22. 彩鹬 *Rostratula benghalensis*，西马坊，08.10，夏候鸟，●○

23. 凤头麦鸡 *Vanellus vanellus*，天池，04.23，旅鸟，●

24. 灰头麦鸡 *Vanellus cinereus*，天池，04.23，旅鸟

25. 金斑鸻 *Pluvialis dominica*，西马坊，04.30，旅鸟，●○

26. 蒙古沙鸻 *Charadrius mongolus*，西马坊，04.24，旅鸟，●○

27. 反嘴鹬 *Recurvirostra avosetta*，西马坊，04.28，旅鸟，●

28. 普通燕鸻 *Glareola maldivarum*，西马坊，09.14，夏候鸟，●

29. 红嘴鸥 *Larus ridibundus*，天池，04.23，旅鸟，●

30. 珠颈斑鸠 *Streptopelia chinensis*，西马坊，03.20，留鸟

31. 红角鸮 *Otus scops*，梅洞，05.29，夏候鸟，Ⅱ

32. 短耳鸮 *Asio flammeus* 坝门口，12.02，不完全冬候鸟遇下大雪即迁走，Ⅱ，●

33. (亚洲)短趾百灵 *Calandrella cheleensis*，西马坊，04.07，旅鸟

34. 褐河乌 *Cinclus pallasii*，坝门口，04.08，夏候鸟，X

35. 白顶溪鸲 *Chaimarrornis leucoephalus*，西马坊，05.20，夏候鸟，X

36. 树莺 *Cettia diphone*，屹洞，06.02，夏候鸟

37. 棕眉柳莺 *Phylloscopus armandii*，西马坊，05.23，夏候鸟

38. 暗绿柳莺 *P. trochiloides*，梅洞，06.11 夏候鸟

39. 黄腹山雀 *Parus venustulus*，圪洞，06.29，夏候鸟

40. 旋木雀 *Certhia familaris*，冰口洼，10.14，留鸟

由此看出，新增加的 40 种鸟类中有国家重点保护动物 6 种；山西省重点保护动物 3 种；中日候鸟保护协定中保护的鸟类 23 种；中澳候鸟保护协定中保护的鸟类 6 种。至此，芦芽山自然保护区鸟类有 17 目 41 科 188 种，占山西省现有鸟类 320 种的 58.8%。

长耳鸮冬季生态的观察 [①]

马生祥　萧　文

（山西芦芽山国家级自然保护区，山西　宁武　036007）

长耳鸮 *Asio otus* 是昼伏夜出、以啮齿动物为主要食物的猛禽，素有"灭鼠能手"之称。我们于 1992~1994 年 10 月至翌年 4 月，在山西芦芽山自然保护区对长耳鸮冬季生态进行了观察，现经整理报道如下。

1　研究区概况

工作区位于山西芦芽山自然保护区，111°50′00″~112°05′30″E，38°35′40″~38°45′00″N。主峰芦芽山海拔 2772m。气候属温带大陆性季风性气候。年均温 5.5℃，1 月均温为 −11℃，7 月均温 18℃。年降水量 600~800mm，年无霜期 120~130d。本区山峦重叠，沟谷交错，森林密布，水资源丰富，高层林木由华北落叶松、云杉、油松、辽东栎及白桦等组成；中层灌木沙棘、绣线菊、忍冬等为优势种类；低层草本植物有针茅、早熟禾、蓝花棘豆等；主要农作物有马铃薯、莜麦、豌豆、蚕豆、亚麻等。土壤基带土壤东坡为淡褐色土，西坡为灰褐色土。

2　研究方法

每年 10 月和翌年 4 月每隔 1d，分别观察长耳鸮最早迁来和最晚迁离的时间，每隔 15d 对白昼栖息地的长耳鸮进行 1 次数量统计，以均值作为越冬期每月种群数量。在白昼栖息地树下寻捡长耳鸮吐出的食丸数及种类。以兽类的上颌骨、鸟类的上嘴分别计算兽和鸟的数量，用兽类头骨及牙齿确定种类。

---

① 　本文原载于《四川动物》，1995，15（2）：78~79.

3　结果与分析

3.1　季节迁徙

长耳鸮迁徙时间见表1。由表1看出,长耳鸮迁徙时间相对稳定。

表1　长耳鸮季节迁徙时间

年份	最早迁来日期	最晚迁走日期	越冬天数(d)
1992	10月8日	4月12日	187
1993	10月3日	4月19日	199
1994	10月6日	4月15日	192

3.2　越冬习性

长耳鸮越冬活动通常在日落后25~35min开始,以4~7只的小群离开栖息地,飞向各方,个别落到树上。多数飞至灌丛与农田接壤的疏林树冠停留观望,有的飞至居民区,山涧溪流,荒地草坡,少数则停息于高压电线、电杆上伺机觅食。在太阳出山前,三三两两陆续返回白昼栖息地。长耳鸮白天多停落云杉上,缩颈闭目呈休息状态。早晨刚飞回栖息地常发生争斗,并发出"ji-ji-ji……"的鸣声。排出的粪便多数为白色液体,近似石灰水。在白昼栖息地85%的食物残块(即食丸),吐出时间在13:00以后到傍晚飞离栖息地之前。白昼的栖息地当受到严重干扰时,有重选栖息地的自我保护行为。

3.3　数量波动

从迁来的10月开始,长耳鸮种群数量上升,由10月最初5只逐渐增加到10月下旬的36只。11月~12月数量趋于稳定。从1月到3月数量渐趋减少,由36只降低到4只;直至4月中旬最后仅遇见2只。影响数量波动的原因有:①由原栖息地迁出,向其他地区扩散;②种群内老弱病残者自然死亡;③种群内强者排斥弱者;④食物匮乏;⑤天敌危害;⑥最主要的还是人类经济开发活动的影响。

3.4　食性分析

对越冬期收集的179个食丸分析表明,每个直径5~7cm,含有啮齿动物2.7只和小型鸟类0.08只,分别各占食物组成的97.12%和2.8%,这表明长耳鸮食物以啮齿动物为主,鸟类为辅。食丸多数呈灰黑色。食物组成由大仓鼠 *Cricetulus triton*、长尾仓鼠 *C. longicandatus*、黑线仓鼠 *C. barabensis*、黑线姬鼠 *Apondemus agrarius*、褐家鼠 *Rattus norvegicus*、小家鼠 *Mus musculus*、子午沙鼠 *Meriones meridianus*、草兔 *Lepus capensis*、中华鼢鼠 *Myospalax fontanier*、棕色田鼠 *Microtus mandarinus* 等兽类和三道眉草鹀 *Emberiza cioodas*、灰眉岩鹀 *E. cia*、赤颈鸫 *Turdus ruficollis* 等鸟类的羽毛、头骨、肢骨、椎骨、胸骨及鸟的肌胃革质层等组成,表面由黏液形成一层膜。另有一些莜麦、谷粒等作物,为长耳鸮间接摄入。食丸测定结果见表2。

表2　长耳鸮冬季食丸测定结果

形状	数量(个)	长径(cm)	短径(cm)	重量(g)	占总重的比例(%)
麻花形	98	3.91(2~6.5)	1.95(1.2~3.2)	3.03(0.8~8.2)	18.3
球形	311	2.16(0.8~5)	1.90(1.1~2.8)	1.75(0.7~4)	5.78
不定形	391	2.27(1.2~5)	1.77(0.5~3)	1.32(0.3~5)	4.6
馒头形	92	2.33(1.5~4.4)	1.92(1.1~2.8)	1.9(0.5~4.5)	19.5
锥形	218	3.06(1.5~6.7)	1.87(1.1~5.0)	1.98(0.6~8.0)	7.93
三角形	101	2.06(2.0~2.2)	1.76(1.6~2.0)	1.05(0~1.5)	17.9
棒形	58	3.64(1.8~6)	1.91(1.2~7.8)	2.85(0.4~9.6)	11.39
桃形	231	2.5(1.5~4.5)	1.91(0.9~3.2)	1.96(0.4~4.5)	7.79
椭圆形	290	3.02(0.8~6.94)	1.88(0.6~3.2)	2.23(0.4~6.0)	6.2
合计	1799	—	—	—	100.00

参考文献

[1] 刘焕金,苏化龙,冯敬义,等.芦芽山自然保护区鸟类垂直分布[J].四川动物,1986,5(1):11~15.
[2] 刘焕金,苏化龙,卢欣,等.太原市南郊长耳鸮越冬期间种群数量动态[J].野生动物,1987,(6):18~19.
[3] 张健旭,曹玉萍.长耳鸮在越冬期的习性、数量及食性[J].动物学杂志,1995,30(1):21~22.

山西省宁武天池水禽调查 [①]

赵柒保

（山西芦芽山国家级自然保护区 山西 宁武 036007）

1 天池自然概况

天池（马营海）位于山西省宁武县，地处 112°12′~112°14′E，38°51′~38°53′N，海拔 1850m，是山西著名的高山淡水湖泊，由鸭子海、琵琶海组成。面积 80 余 hm²，水深 7~13m，蓄水 800 万 m³。年均温 6~7℃，1 月均温 −11℃左右，7 月均温 20~21℃，平均降水量 450~500mm。据《读史方舆纪要》《山西通志》《山关志》和《宁武府志》等记载，天池水"阴霖不溢，阳旱不涸，澄清如镜"。

天池蕴藏着丰富的动植物资源，鱼类有鲤 *Cyprinus carpio*、鲫 *Carassius auratus*、鲢 *Hypophthalmichthys molitrix*、鲇鱼 *Silurus asotus* 等。周围乔木由杨、柳、槐、华北落叶松、云杉、油松等组成；灌木优势种有黄刺玫、沙棘、绣线菊等。由于天池地处偏僻，常年不涸，无污染，食物丰富，隐蔽条件好，干扰少，为水禽理想的栖息地。

2 研究方法

调查依据国际水禽和湿地研究总局（IWRB）、亚洲湿地局（AWB）和中国湿地研究协作网（WCRN）所确定的鸟类为调查对象。

每次调查分 2 组，每组 2~3 人，沿天池周围相背而行，于指定的地点汇合，各组不走"回头路"，不高声呼唤，避免水禽受惊飞走，设法靠近目标，或蹲于隐蔽处，用 8×30 和 15×150 望远镜，直接查明水禽种类。另外，乘橡皮船或租用当地小船划向天池中心水禽多的地方，一人划船，两人观察记录，填写调查表格。

水禽数量统计在种类调查的基础上同步进行。优势种类和雌雄异色的种，一般选择风和日丽，水面平稳无波浪，背太阳光线，上午从东向西，下午由西至东，统计优势种类的数量。每人负责统计 1 种水禽，手持望远镜，记录其数量。稀有种和不易区分的种类，通常由识别鸟类经验丰富的工作人员进行观察和记录，力求种类、数量相对准确。

① 本文原载于《动物学杂志》，1996，31（4）：41~44.

每种水禽的频度计算公式 =B/A（%）。其中，A 为所有水禽遇见的总种数；B 为每种水禽的遇见数。频度大于或等于 6% 以上的种定为优势种；1%~5% 的定为常见种；在 1% 以下的定为稀有种。

水禽鉴定是每种水禽采集 5~10 只（重点保护种除外），参考郑作新《中国鸟类检索》和《中国鸟类分布名录》进行鉴定，其中难以鉴定的种，送交山西省生物研究所请刘焕金先生鉴定。

3　研究结果

经室内鉴定标本以及查阅以往文献资料，已知天池水禽 5 目 12 科 47 种（标本分别藏于山西生物研究所和山西省芦芽山自然保护区）（表 1）。

表 1　宁武天池水禽名录

种名	采集地点			采集时间（月）	居留型	频数	频度（%）
	马营海	琵琶海	鸭子池				
1. 小䴙䴘 *Podiceps ruficollis*		√		4,6~8	夏	42	4.39
2. 凤头䴙䴘 *P. ruficollis*	○	√		4,9,10	旅	8	0.84
3. 苍鹭 *Ardea cinerea*	●	√	√	4~10	夏	38	3.97
4. 池鹭 *Ardeola bacchus*	●	√		5~9	夏	18	1.88
5. 黄嘴白鹭 *Egretta eulophotes*	II	√	√	4,9,10	旅	8	0.84
6. 黄斑苇鳽 *Ixobrychus sinensis*	○	√		5~8	夏	22	2.30
7. 栗苇鳽 *I. cinnamomeu s*		√	√	5~8	夏	24	2.51
8. 大麻鳽 *Botaurus stellaris*	○	√	√	4,9,10	旅	5	0.52
9. 黑鹳 *Ciconia nigra*	I	√		4~10	夏	24	2.51
10. 针尾鸭 *Anas acuta*	○	√	√	3,4,10	旅	18	1.88
11. 绿翅鸭 *A. crecca*	○	√	√	3,4,10,11	旅	66	6.90
12. 绿头鸭 *A. platyrhynchos*	○	√	√	3,4,10,11	旅	50	5.22
13. 斑嘴鸭 *A. poecilorhyncha*		√	√	3,4,10	夏	140	14.63
14. 琵嘴鸭 *A. clypeata*	○△	√	√	4,5,10	旅	46	4.81
15. 红头潜鸭 *Aythya ferina*	○	√		9,10,11	旅	3	0.31
16. 凤头潜鸭 *A. fuligula*	○	√	√	9,10,11	旅	5	0.52
17. 鸳鸯 *Aix galericulata*	II	*记载		4,9,10	旅	8	0.84
18. 鹊鸭 *Bucephala clangula*	○	√	√	9,10	旅	11	1.15
19. 斑头秋沙鸭 *Mergus albellus*	○	√	√	9,10,11	旅	20	2.09
20. 普通秋沙鸭 *M. merganser*	○	√	√	9,10,11	旅	28	2.93
21. 黄脚三趾鹑 *Turnix tanki*	●		√	5,8	夏	8	0.84

续表

种名		采集地点			采集时间(月)	居留型	频数	频度(%)
		马营海	琵琶海	鸭子池				
22. 灰鹤 *Grus grus*	Ⅱ	√			9,10	旅	12	1.25
23. 蓑羽鹤 *Grus virgo*	Ⅱ	√			4,5	旅	8	0.84
24. 小田鸡 *Porzana pusilla*	○		√		4,9	旅	6	0.63
25. 红胸田鸡 *P. fusca*	○	√			4,9	旅	8	0.84
26. 黑水鸡 *Gallinula chloropus*	○	√	√		5~9	夏	21	2.19
27. 白骨顶 *Fulica atra*			√	√	4,9,10	旅	87	9.09
28. 白胸苦恶鸟 *Amaurornis phoenicurus*				√	4,5,9	旅	11	1.15
29. 彩鹬 *Rostratula benghalensis*	○△	√			4,9	旅	4	0.42
30. 凤头麦鸡 *Vanellus vanellus*	○		√		4,9	旅	8	0.84
31. 灰头麦鸡 *V. cinereus*		√	√		4,9	旅	6	0.63
32. 金斑鸻 *Pluvialis dominica*	○△			√	4,9	旅	4	0.42
33. 剑鸻 *Charadrius hiaticula*	△			√	4,9	旅	8	0.84
34. 金眶鸻 *C. dubius*	△			√	4~8	夏	18	1.88
35. 环颈鸻 *C. alexandrinus*			√		4,9	旅	4	0.42
36. 白腰草鹬 *Tringa ochropus*	○			√	5~8	旅	12	1.25
37. 林鹬 *T. glareola*	○△			√	4,9	旅	14	1.46
38. 矶鹬 *Actitis hypoleucos*	○△			√	4,9	旅	18	1.88
39. 针尾沙锥 *Capella stemura*	△		√		4,9	旅	14	1.46
40. 扇尾沙锥 *C. gallinago*	○		√		4,9	旅	6	0.63
41. 丘鹬 *Scolopax rusticola*	○	√	√	√	4,9	旅	6	0.63
42. 鹮嘴鹬 *Ibidorhyncha struthersii*		√	√	√	5~8	夏	8	0.84
43. 反嘴鹬 *Recurvirostra avosetta*	○			√	4,9	旅	18	1.88
44. 普通燕鸻 *Glareola maldivarum*	○△		√		4,9	旅	10	1.04
45. 黑尾鸥 *Larus crassirostris*		√			4,9	旅	10	1.04
46. 红嘴鸥 *L. ridibundus*	○				4,9	旅	12	1.25
47. 普通燕鸥 *Sterna hirundo*	○	√			3,4,9	旅	32	3.34

注:学名后标注Ⅰ、Ⅱ的分别是国家Ⅰ级和Ⅱ级重点保护动物,●是山西省重点保护区动物,○和△分别是列入中日和中澳候鸟保护协定的鸟类

由表1看出,天池水禽组成中旅鸟较多,达36种,占76.6%,它们仅在北迁的4、5月和南迁的9、10、11月可见到;有繁殖鸟11种(夏候鸟),占23.40%,在3~9月可见。苍鹭,黑鹳迁来最早(3月中旬),迁离最晚(10月底);黄斑苇鳽、栗苇鳽迁来最晚(5月上、中旬),而迁离时则最早(8月下旬)。由于本区纬度偏北,海拔较高,气温较低(3月均温 −4~−3℃)。

3月天池结冰尚未融化,每年春季鸭类迁来即走,从不久留停息,进入4月仅见三三两两鸭类。每年秋季南迁时,较大的群体有斑嘴鸭、绿翅鸭、绿头鸭、琵嘴鸭和白骨顶等,这些水禽秋季迁来后,直至11月天池结冰不化时,才飞离天池。

天池水禽中有国家重点Ⅰ级保护鸟类1种,Ⅱ级的4种;山西省重点保护鸟类4种;中日和中澳候鸟保护协定中保护的鸟类分别为27种和9种。

11种繁殖鸟,计有小鸊鷉、黑鹳、黄斑苇鳽、栗苇鳽、池鹭、苍鹭、斑嘴鸭、黄脚三趾鹑、黑水鸡、金眶鸻、鹦嘴鹬。

参考文献

[1] 刘焕金.苏化龙.山西省天池黑鹳种群数量及其保护[J].国土与自然资源研究,1990,(4):63~65.

山西省芦芽山自然保护区猛禽调查研究 [①]

邱富才[1] 亢富德[2] 郭世俊[2]

(1. 山西芦芽山国家级自然保护区,山西 宁武 036707;
2. 山西管涔山国有林管理局,山西 宁武 036700)

猛禽通常是指隼形目和鸮形目的鸟类,均属国家重点保护的野生动物,在生态系统和食物链中处于顶极位置,起着十分重要的作用。对猛禽的研究是鸟类研究的热点和难点之一。为此,我们于 1993~1995 年每年 3~10 月,在芦芽山自然保护区对该区猛禽的种类、迁徙、种群密度、繁殖生态等进行了研究,目的在于为科学保护、合理利用提供可靠的依据。

1 研究区概况及方法

1.1 研究区概况

芦芽山自然保护区位于山西省吕梁山脉北段,宁武、五寨、岢岚三县交界处,111°50′00″~112°05′30″E,38°35′40″~38°45′00″N。本区属暖温带大陆性季风气候。年均温 4~7℃,1 月均温 –11~–9℃,7 月均温 16~18℃,年降水量 500~600mm。无霜期 90~135d。境内山峦重叠,生境多样,森林繁茂,灌木丛生,水源丰富,高层乔木有云杉、华北落叶松、油松、白桦等,中层灌木有沙棘、黄刺梅、灰栒子、胡枝子、虎榛子和鬼箭锦鸡儿等。农作物主要以耐寒抗旱的莜麦、马铃薯、蚕豆等为主。

1.2 研究方法

1.2.1 访问调查

选定坝门口、西马坊、梅洞、吴家沟、圪洞和吉家坪等 6 个自然村,每月向各老猎户访问 1 次,了解猛禽的种类、栖息地、密度和繁殖情况。

1.2.2 路线调查

根据猛禽的生物学特性,在海拔最低(1340m)至最高(2787m)处,选定河流、农田、居

---

① 本文原载于《山西林业科技》,1997(4):22~26.

民区、悬崖峭壁、灌丛、阔叶混交林、针叶混交林和亚高山草甸等生境,共计 60km 调查路线。行程 2km/h,左右视距各 50m,统计空中飞翔和在电杆、树冠、巨石、悬崖等处的猛禽。

1.2.3　标图法

调查中凡能找到营巢繁殖的猛禽,全部标入保护区的平面图上,进行统一分析,力求确定其相对准确的活动区域。

1.2.4　季节迁徙观察

对西马坊—吴家沟、坝门口 9km 调查路线,3~5 月和 9~11 月,每隔 2d 调查最早迁来和最晚迁离的猛禽,以确定居留类型和时间。

2　研究结果

2.1　猛禽组成

据野外调查和查阅文献所知,芦芽山自然保护区有猛禽 28 种,其中留鸟 6 种,夏候鸟 6 种,冬候鸟 4 种,旅鸟 11 种,其中胡兀鹫为文献记载种,未确定居留类型。比刘焕金等[1]调查结果增加了 10 种,占本区现有鸟类(147 种)的 19.05%,其中国家 I 级重点保护野生动物 2 种,国家 II 级重点保护野生动物 26 种,并有 8 种为中日候鸟保护协定中保护的鸟类(表 1)。

表 1　芦芽山自然保护区猛禽调查结果

种名	遇见月份及地点		文献记载	保护级别	调查时数(h)	调查路程(km)	遇见数(只)	密度(只/km)	占总数的比例(%)	居留类型
鸢 *Milvus korschun*	5 月	汾河滩	–	II	30	60	2	0.03	1.02	A
苍鹰 *Accipiter gentilis*	2 月	西马坊	–	II	30	60	6	0.10	3.41	G
雀鹰 *A. nisus*	6~7 月	细腰	–	II	30	60	11	0.18	6.14	A
松雀鹰 *A. virgatus*	4 月	吴家沟	–	II	30	60	5	0.08	2.70	G
大鵟 *Buteo hemilasius*	3 月	吉家坪	–	II	30	60	9	0.15	5.12	B
普通鵟 *B. buteo*	3 月	梅洞	–	II	30	60	7	0.12	4.10	G
毛脚鵟 *B. lagopus*	4 月	坝门口	–	II	30	60	10	0.17	5.80	C
金雕 *Aquila chrysaetos*	10 月	馒头山	–	I	30	60	6	0.10	3.41	A
草原雕 *A. rapax*	3 月	冰口洼	–	II	30	60	4	0.07	2.39	G
乌雕 *A. clanga*	11 月	汾河	–	II	30	60	5	0.08	2.70	C
秃鹫 *Aegypius monachus*	10 月	十里桥	–	II	30	60	1	0.02	0.68	G
胡兀鹫 *Gypaetus barbatus*	–		√	I	–	–	–	–	–	–
白尾鹞 *Circus cyaneus*	3 月	营房沟	–	II	30	60	8	0.13	4.44	G
鹊鹞 *C. melanoleucos*	4 月	西马坊	–	II	30	60	5	0.08	2.70	G
白头鹞 *C. aeruginosus*	10 月	天池	–	II	30	60	3	0.05	1.71	G
猎隼 *Falco cherrug*	6 月	坝门口	–	II	30	60	9	0.15	5.12	B

续表

种名	遇见月份及地点		文献记载	保护级别	调查时数（h）	调查路程（km）	遇见数（只）	密度（只/km）	占总数的比例（%）	居留类型
游隼 *F. peregrinus*	3月	圪洞	–	Ⅱ	30	60	6	0.10	3.41	G
燕隼 *F. subbuteo*	6月	细腰	–	Ⅱ	30	60	5	0.08	2.70	B
灰背隼 *F. columbarius*	10月	斜坡	–	Ⅱ	30	60	3	0.05	1.71	C
红脚隼 *F. vespertinus*	7月	十里桥	–	Ⅱ	30	60	6	0.10	3.41	B
黄爪隼 *F. naumannis*	4月	西马坊	–	Ⅱ	30	60	3	0.05	1.71	G
红隼 *F. tinnunculus*	7月	细腰 –	–	Ⅱ	30	60	10	0.17	5.80	A
红角鸮 *Otus scops*	6月	冰口洼	–	Ⅱ	30	60	4	0.07	2.39	B
领角鸮 *Outs bakkamoena*	7月	圪洞	–	Ⅱ	30	60	5	0.08	2.70	B
雕鸮 *Bubo bubo*	5月	西马坊	–	Ⅱ	30	60	12	0.20	6.83	A
纵纹腹小鸮 *Athene noctua*	6月	砖场	–	Ⅱ	30	60	10	0.17	5.80	A
长耳鸮 *Asio otus*	12月	吴家沟	–	Ⅱ	30	60	14	0.23	7.85	C
短耳鸮 *A. flammeus*	11月	吴家沟	–	Ⅱ	30	60	7	0.12	4.10	G
均值					30	60	6.52	0.11	2.57	–

注：A、B、C、G 分别表示留鸟、夏候鸟、冬候鸟和旅鸟。

2.2　季节迁徙

芦芽山保护区猛禽夏候鸟和冬候鸟迁徙动态见表2。由表2可知，最早迁来的夏候鸟为猎隼（3月16日），最晚迁来的为红角鸮（4月30日）；最早迁离的为燕隼（9月30日），最晚迁离的为猎隼（10月31日）；居留期最长的为猎隼（229d），最短的为燕隼（139d）。冬候鸟的迁来、迁离、居留期均较相近。这表明猛禽候鸟的迁徙过程有较为稳定的规律：迁来得早，则迁离得晚，其居留期则长；迁来得晚，则迁离得早，其居留期则短。

表2　芦芽山自然保护区猛禽迁徙动态

居留型	种名	最早迁来日期	最晚迁离日期	居留期（d）
夏候鸟	猎隼	3月16日	10月31日	229
	燕隼	5月4日	9月30日	139
	红脚隼	4月24日	10月2日	162
	红角隼	4月30日	10月5日	159
	领角隼	4月27日	10月2日	159
	大鵟	3月21日	10月15日	209
冬候鸟	毛脚鵟	10月6日	3月21日	157
	乌雕	10月6日	3月21日	157
	灰背隼	10月6日	3月6日	153
	长耳鸮	10月9日	3月16日	149

2.3　繁殖生态特性

由表3和表4看出,繁殖的猛禽有11种,特性为:①营巢于悬崖峭壁、树冠及土壁洞穴等,这是猛禽处在食物链顶端所具有的生态特性;②多具有利用旧巢的习性,筑巢和修补旧巢8~13d完成,巢的结构简陋,产卵期多在3~5月,窝卵数2~6枚,卵重9~150g;孵化期多为20~39d;巢内育雏期与猛禽个体大小成正相关,即个体大,巢内育雏期长,个体小,则巢内育雏期短。

表3　芦芽山自然保护区猛禽繁殖特性

种名	营巢生境	巢形	繁殖开始时间	终止时间	持续天数(d)	取食生境
鸢	大云杉和高杨树	半球形	3月	6月	122	田野、山地、水边、沙滩、草坡
雀鹰	云杉树冠	半球形	4月	7月	122	林间、灌丛、草丛、居民区、农田
金雕	悬崖峭壁	盘形	3月	7月	153	农田、疏林灌丛、河边、路边
猎隼	悬崖绝壁	盘形	4月	7月	122	疏林灌丛、水边、居民区、路边田间
燕隼	针阔叶树冠	半球形	5月	8月	123	疏林灌丛、水边、居民区、路边田间
红脚隼	针阔叶树冠	半球形	5月	8月	123	疏林灌丛、水边、居民区、路边田间
红隼	悬崖峭壁	盘形	4月	7月	122	林缘灌丛、河边、田间、路边、居民区
红角鸮	杨、柳、桦树洞	不规则	5月	8月	123	林间空地、公路、火烧迹地
领角鸮	杨、柳、桦树洞	不规则	5月	8月	123	疏林、灌丛、草地、山溪、木材堆积处
雕鸮	悬崖峭壁	不规则	3月	6月	122	农田、居民区、山坡、林间、灌丛
纵纹腹小鸮	水冲沟土壁洞穴	不规则	3月	6月	122	路边、农田、住宅、草丛、灌丛、河边

表4　芦芽山自然保护区猛禽繁殖结果

种名	筑巢天数(d)	产卵始期	窝卵数(枚)	卵重(g)	长径(mm)	短径(mm)	孵化期(d)	巢内育雏(d)	巢外育雏(d)	孵化率(%)	繁殖力(只/只)	文献记载及营巢地点
鸢	8	4月	2~3	–	55~59	45~47	28~30	32~34	15~20	91.67	1.10	安文山等,1993
雀鹰	8~13	5月上旬	3~4	12~16	31~35	26~29	23~25	20~23	–	88.89	–	肖文等,待发表
金雕	利用旧巢	3月中旬	2~3	141~150	71~78	59~62	35	76~85	–	91.30	–	大南滩
猎隼	悬崖峭壁	3月下旬	2~6	57~69	51~60	40~51	30	30~32	–	90.91	–	坝门口
燕隼	–	5月下旬	–	18~20	37~39	36~37	26~27	28~29	–	92.86	1.63	细腰
红脚隼	利用旧巢	5月21日	3~4	14~16	36~38	25~27	28~30	35~40	–	90.48	1.58	梅洞
红隼	利用旧巢	5月15日	3~6	18~22	37~39	28~31	28~29	29~30	–	92.31	–	馒头山
红角鸮	利用啄木鸟洞	5月29日	2~5	10~13	28~31	25~27	22~23	25	–	85.71	–	芦芽山

续表

种名	筑巢天数(d)	产卵始期	窝卵数(枚)	卵重(g)	长径(mm)	短径(mm)	孵化期(d)	巢内育雏(d)	巢外育雏(d)	孵化率(%)	繁殖力(只/只)	文献记载及营巢地点
领角鸮	利用啄木鸟洞	5月27日	3~4	9~12	26~30	26~28	22~24	27	–	–	–	冰口洼
雕鸮	利用旧洞	4月上旬	2~3	54~61	57~61	46~50	38~39	70~75	–	90.91	–	圪洞
纵纹腹小鸮	利用旧穴	4月中旬	3~5	11~13	19~21	16~19	20~22	20~22	22~15	91.30	–	西马坊

3　保护措施

为加强对芦芽山自然保护区猛禽保护,提出以下保护措施。

3.1　栖息地保护

按照国家法律、法规的规定,禁止森林的偷砍乱伐和环境的破坏、污染,确保猛禽栖息地的质量,确保猛禽繁殖、栖息、觅食环境的安全。

3.2　加大执法力度

每年冬季有个别不法分子用农药浸泡玉米、莜麦等种子,撒在野生动物的觅食地来毒杀雉鸡类,往往引起猛禽类二次中毒死亡。极少数不法分子用绳索捕套猛禽,用以驯养和出售。主管部门应加大执法力度,坚决打击这些违法行为。

3.3　广泛开展宣传教育活动

当地一些群众错误地认为猫头鹰类为"鬼鸟、夭鸟、怪鸟",形丑恶、头长角、鸣声难听、面如猫头,十有九恨,凡遇猫头鹰必打死。要针对性地开展宣传教育,破除迷信,消除怀疑,保护鸮类。

致谢:在本文撰写过程中,刘焕金、张龙胜先生给以指导,并提供部分资料,特此致谢。

参考文献

[1] 刘焕金,苏化龙,邱宠胤.芦芽山自然保护区鸟类垂直分布[J].四川动物,1986,(1):11~15.

芦芽山猫头鹰考察①

刘焕金¹　邱富才²　温　毅²　谢德环²

(1. 山西省生物研究所,山西　太原　030006;
2. 山西芦芽山国家级自然保护区,山西　宁武　036707)

山西芦芽山自然保护区位于吕梁山脉北端,地处宁武、五寨、苛岚三县交界处。境内森林繁茂,灌木丛生,水资源丰富。主峰芦芽山海拔2772m。总面积21453hm²。气候属大陆性气候,其特点夏季炎热,雨季集中在7、8两月;冬季寒冷,盛行西北风。我们于1995~1997年对芦芽山自然保护区猫头鹰进行了考察,现将结果报告如下。

采用以下方法进行考察:

选定垂直带:根据猫头鹰活动规律、分布现状和生物学特性及植被类型、海拔高度等,选定4个垂直带:①坝门口农耕灌丛带,海拔1470~1750m;②梅洞沟疏林灌丛带,海拔1750~2000m;③冰口洼针叶林带,海拔2000~2500m;④荷叶坪亚高山草甸带,海拔2787m,全面调查猫头鹰种类、季节迁徙、栖息环境、种群密度、食物组成及繁殖情况。

季节迁徙考察:5月和9月每隔1d调查夏候鸟迁来和迁离时间。10月和翌年3月调查冬候鸟迁来和迁离时间;同时,统计迁来后的居留期和迁离后的间隔期。

种群密度考察:拂晓前进行调查,工作人员步行2km/h左右,能听到鸣声和看到其形影为止。每次调查的时间、路线、人员基本一致,以免产生差错。

标图:野外种群密度考察中,凡能确定猫头鹰种类且在调查中多次遇见的,标在平面图上,以备统一归纳全区猫头鹰的区域分布和种群数量分布现状。

定位生态考察:4个垂直带每年各月考察猫头鹰生态和繁殖生物学,考察行程1830km。

通过考察和查阅文献及鉴定标本,发现猫头鹰共有6种:红角鸮、领角鸮、普通雕鸮、纵纹腹小鸮、长耳鸮和短耳鸮,均为国家Ⅱ级重点保护动物,属于留鸟、夏候鸟、冬候鸟、旅鸟等不同的居留型。

留鸟:普通雕鸮和纵纹腹小鸮。冬春季节多在低山居民区活动,时有遭受杀害;夏秋季节则迁飞到深山老林进行繁殖。

夏候鸟:红角鸮和领角鸮。多数在5月迁来,9月迁离。迁来后急急忙忙选择巢区,

① 本文原载于《大自然》,1998,(3):21~22。

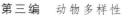

占领巢穴,进行二年一度的繁殖活动。当幼鸟能独立生活时,迁回南方。迁离后的间隔期210d 左右。

冬候鸟:仅长耳鸮 1 种。通常 10 月迁来本区越冬,翌年 3 月迁走,季节迁徙十分稳定。多在山麓、山谷、河谷活动,有时飞翔于居民区觅食。食物为啮齿动物,多见长尾仓鼠、大林姬鼠等,发现老弱病残者被饿死或病死及冻死。

旅鸟:仅短耳鸮 1 种。每年 3~4 月北迁,10 月至次年 1 月南迁,短暂停留休息数天。

栖息地环境:猫头鹰栖息地环境形形色色,归纳起来有营巢繁殖地、寻觅食物地、短时间停留地、白天休息地,但并不截然分开而是融为一体。

种群密度:芦芽山猫头鹰种群密度(4~6 月):与 3 年前相比,红角鸮下降为 61.87%,领角鸮下降为 57.84%,普通雕鸮下降为 89.43%,纵纹腹小鸮下降为 79.94%,长耳鸮下降为7.39%。原因可能是人类经济开发活动、森林被砍伐、荒山草地被开垦,使鸮类丧失了栖息繁衍场所。

4 种鸮繁殖参数见表 1。

表 1　芦芽山保护区 4 种鸮类繁殖参数

种	窝数	产卵日期	窝卵数(枚)	共产卵(枚)	孵卵天数(d)	无受精卵(枚)	孵出巢内(只)	巢内育雏(d)	巢外育幼(d)	成活幼鸟(只)	成活率(%)
红角鸮	3	5.17–25	3~5	12	22	0	12	16	15	12	100.0
领角鸮	2	5.25–31	4~5	9	22	0	9	16	14	9	100.0
普通雕鸮	4	5.25~30	3~4	14	30	2	12	30	25	10	83.3
纵纹腹小鸮	5	4.5~6.2	4~6	24	22	3	21	15	12	18	85.7

雏鸟生长:猫头鹰初出壳的雏鸟全身披白色绒毛,头大颈细,双目紧闭,腹部如球,勉强摇头。出壳 2d 内亲鸟不从巢外衔食育雏,卧巢内保暖。待雏鸟啄食有食欲时(2d),亲鸟夜间捕捉回鼠类,用喙噬碎喂雏。当雏鸟有了自行取食行为,亲鸟整夜往巢内送食,有时也不能满足雏鸟们的食欲。雏鸟在巢内 1 个月左右离巢生活。

食性分析:采集每种猫头鹰 2 只,共计 6 种 12 只(雄性 6 只,雌体 6 只)进行食性分析,结果发现:食物以鼠类为主,占这 12 只猫头鹰 68 次捕食活动中的 47 次,为 69.12%,其中小家鼠被捕食 7 次、长尾仓鼠 7 次、大仓鼠 6 次、大林姬鼠 6 次、黑线姬鼠 6 次、子午沙鼠 6 次、鼠兔 5 次、黑线仓鼠 5 次;鸟类是猫头鹰捕食的第二对象,占总捕食次数中的 11次,为 16.18%,其中大山雀 3 次、三道眉草鹀 3 次、灰眉岩鹀 3 次、树麻雀 2 次;昆虫被捕食 6 次,占 8.82%,其中鞘翅目昆虫 3 次、鳞翅目昆虫 3 次;爬行动物被捕食 4 次,占 5.88%,其中丽斑麻蜥 2 次、山地麻蜥 2 次。从食物重量看,以上 68 次捕食总重量为 1627g,其中鼠类为 1423g,占 87.46%;鸟类 170g,占 10.45%;昆虫 2g,占 0.12%;爬行动物 32g,占1.97%。

破除迷信,保护猫头鹰:芦芽山地区个别农民存有迷信思想,称猫头鹰为"鬼鸟、恶鸟、怪鸟、信狐、秃丝怪"等。猫头鹰为灭鼠能手,是消灭农林害虫的勇士,能有效地控制农林鼠害动物。猫头鹰是人民的朋友,应该予以积极保护。

芦芽山自然保护区红嘴山鸦的
种群结构及食物组成①

邱富才　谢德环　温　毅

（山西芦芽山国家级自然保护区，山西　宁武　036707）

　　红嘴山鸦 *Pyrrhocorax pyrrhocorax* 在山西是留鸟。1994~1996 年，我们在山西芦芽山自然保护区，对其种群结构及食物组成作了考查检验，结果如下。

1　研究区概况与方法

　　山西芦芽山自然保护区位于吕梁山北部，111°50′00″~112°05′30″E，38°35′40″~38°45′00″N。主峰芦芽山海拔 2772m。本区山峦重叠，森林密布，灌木丛生，水资源丰富。主要林木有华北落叶松 *Larix principis-rupprechtii*、云杉 *Picea* spp.、油松 *Pinus tabuliformis*、辽东栎 *Quercus wutaishanica* 等；灌木有沙棘 *Hippophae rhamnoides*、黄刺玫 *Rosa xanthina* 等。年均温 4~ 5℃，1 月均温为 −21~−15℃，7 月均温 15℃左右。年降水 700~800mm，无霜期 90~100d。主要农作物有马铃薯、莜麦、豌豆、黍子等。

　　将本区划为 5 个植被垂直带：①水域河滩带（海拔 1100~1300m）为耕作区，村庄分布其间，地形开阔，公路两侧有杨、柳、榆、槐等。河岸土壁洞穴常有红嘴山鸦活动。②低山带（海拔 1300~1600m）以疏林灌丛为主，森林由油松、杨、桦等组成。红嘴山鸦分布较多。③中山带（海拔 1600~2000m）为山地森林灌丛带，森林由云杉、落叶松、油松等组成，灌木常见的有沙棘、刺梨 *Ribes burejense*、灰栒子 *Cotoneaster acutifolia* 等。红嘴山鸦数量不及低山带。④高中山带（海拔 2000~2600m）为山地针叶林带，森林、灌丛与中山带近似，但郁闭度明显大于中山带。⑤亚高山草甸带（海拔 2600~2787m），气候恶劣，植被低矮，常见有蓝花棘豆 *Oxytropis coerulea* 等，在向阳缓坡的地段，生长有鬼箭锦鸡儿 *Caragana jubata* 等。

　　每年 1、3、5、7、9 和 11 月，在各带采 1~2 只红嘴山鸦，区分雌雄、成鸟和幼鸟，鉴定食物种类。

---

①　本文原载于《四川动物》，1998，17（3）：118~119。

2 种群结构

2.1 成、幼鸟之比

3 年采集到红嘴山鸦 128 只,其中成鸟 60 只,幼鸟 68 只,分别占 46.88% 和 53.12%,成、幼鸟之比为 1:1.13,成鸟少于幼鸟(表 1)。

表 1 红嘴山鸦成幼鸟之组成

年份	1 月		3 月		5 月		7 月		9 月		11 月		合计		成幼比
	成	幼	成	幼	成	幼	成	幼	成	幼	成	幼	成	幼	
1994	4	6	3	4	4	5	2	4	2	6	3	5	18	30	1:1.67
1995	3	4	4	5	3	4	2	2	3	4	3	3	18	22	1:1.22
1996	5	4	4	4	4	2	4	0	4	4	3	2	24	16	1:0.67
合计	12	12	11	13	11	11	8	6	9	14	9	10	60	68	1:1.13

2.2 雄、雌鸟之比

128 只红嘴山鸦中有雄鸟 56 只,雌鸟 72 只,分别占 43.75% 和 56.25%,雄雌鸟比例 1:1.29,雄鸟少于雌鸟(表 2)。通过对红嘴山鸦种群结构 3 年的初步观察,红嘴山鸦成、幼体结构合理,雌、雄性比适当,可以认为红嘴山鸦在本区扩展型种群。

表 2 红嘴山鸦雄雌之比

年份	1 月		3 月		5 月		7 月		9 月		11 月		合计		成幼比
	♂	♀	♂	♀	♂	♀	♂	♀	♂	♀	♂	♀	♂	♀	
1994	3	7	4	3	5	4	3	3	4	4	3	5	22	26	1:1.18
1995	4	3	3	6	3	4	1	3	3	4	3	3	17	23	1:1.35
1996	3	6	3	5	3	2	2	4	4	4	2	3	17	23	1:1.35
合计	11	16	10	14	11	10	6	10	11	12	8	11	56	72	1:1.29

3 食物组成

解剖 128 只红嘴山鸦的胃,观察食物组成(表 3)。由表 3 可见,红嘴山鸦的食物主要为农作物和植物种子,亦食少量昆虫。

表3　红嘴山鸦的食物组成

食性	类别	食物种类	啄食部位	出现频次	出现频率（%）	重量（g）	占总食物量比例（%）	各类别占总食物量比例（%）
植物性	农作物	莜麦	种子	62	10.63	30	11.54	63.83
		豌豆	种子	51	8.75	20	7.69	
		胡麻	种子	45	7.72	15	5.77	
		亚麻	种子	40	6.86	15	5.77	
		黍子	种子	35	6.00	15	5.77	
		红小豆	种子	29	4.97	15	5.77	
		红豆	种子	28	4.80	14	5.38	
		油菜	叶	25	4.29	14	5.38	
		谷子	种子	17	2.92	14	5.38	
		玉米	种子	16	2.74	14	5.38	
	灌木	酸枣	种子	15	2.57	10	3.85	13.86
		沙棘	种子	15	2.57	10	3.85	
		黄刺玫	种子	14	2.40	8	3.08	
		甘肃山楂	种子	14	2.40	8	3.08	
	草本	苍耳	种子	14	2.40	7	2.69	7.69
		狗尾草	种子	10	1.72	7	2.69	
		茜草	种子	10	1.72	6	2.31	
动物性	昆虫	鞘翅目	残渣碎片	9	1.54	5	1.92	8.46
		直翅目	残渣碎片	9	1.54	4	1.54	
		膜翅目	残渣碎片	9	1.54	4	1.54	
		鳞翅目	残渣碎片	8	1.37	4	1.54	
		半翅目	残渣碎片	8	1.37	5	1.92	
沙性	砂	黑沙	粒	52	8.92	9	3.46	6.15
		紫红砂	粒	48	8.92	7	2.69	
	合计			583	100.00	200	100.00	100.00

山西芦芽山自然保护区金眶鸻繁殖生态①

杜爱英　邱富才

（山西芦芽山国家级自然保护区，山西　宁武　036707）

金眶鸻 *Charadrius dubius* 是山西省重点保护野生动物，有关该鸟的形态和生物学习性已有报道[1]，但其繁殖生态资料尚缺。我们于 1992~1995 年 4~9 月，在山西芦芽山自然保护区对金眶鸻的繁殖生态进行了研究，现报道如下。

1　研究方法

山西芦芽自然保护区位于山西吕梁山北端，坐落于宁武县西南，与五寨、岢岚两县相邻，地处 111°50′00″~112°05′30″E，38°35′40″~38°45′00″N 总面积 214.53km^2。

在芦芽山保护区选定 2 条 6km 的调查路线：①西冰线（西马坊—冰口洼），圪洞河下游地段。海拔 1600m，河水水质清澈，沿岸为主要农田。乔木多为杨、柳、杏且为人工栽培。②宁虸线（宁化—虸蚄庙），汾河上游，海拔 1350m。每年 4 月和 9 月，每隔 1d，在选定的调查路线上。观察金眶鸻的季节迁徙，并在 5 月和 7 月中旬，选择晴天采用路线统计法，每小时行程 2h，左右视区 30m，统计其种群数量，计算公式为：

$$D=\frac{N}{L} \tag{1}$$

式中，D 为平均种群数量，N 为金眶鸻个体数，L 为调查路线长度（km）。

2　结果与分析

2.1　迁徙动态

金眶鸻每年 4 月迁来，9 月迁离，为繁殖鸟，迁徙结果见表 1。由表 1 可知，金眶鸻 4 月 7~12 日迁来，9 月 7~10 日迁离，居留期 152~156d，表明该鸟迁徙季节相对稳定。

---

① 本文原载于《四川动物》，1998，17（1）：41~42.

表 1   金眶鸻季节迁徙动态

年份	首见日期	终见日期	居留期（d）
1992	4 月 12 日	9 月 10 日	152
1993	4 月 9 日	9 月 7 日	153
1994	4 月 7 日	9 月 9 日	155
1995	4 月 8 日	9 月 10 日	156

2.2   栖息地选择

共发现 9 个金眶鸻巢，其中 4 个营建于卵石滩，3 个建于河心沙洲，2 个建于岸边粗砂地，分别占总巢数的 44.44%、33.33% 和 22.22%。觅食地选择较广，83 次观察中位于岸边粗砂地 24 次（28.92%），水边砂土地 29 次（34.94%），卵石间 19 次（22.89%），浅水处 11 次（13.25%）。短暂停息时常见于河滩巨石 12 次（15.79%），河心砂洲 18 次（23.68%），水库边 9 次（11.84%），水池边 7 次（9.21%），沼泽 12 次（15.79%）。夜栖地河心砂洲 41 次（45.56%），卵石间 37 次（41.11%），河滩乱石间 12 次（13.33%）。

2.3   种群数量

金眶鸻种群数量调查结果见表 2。从表 2 看出，共计调查 16 次，总计路线长 96km，发现金眶鸻 30 只，平均遇见 0.31 只 /km，其中，西冰线和宁豗线分别为 0.27 只 /km 和 0.38 只 /km，前者比后者少 17%。

表 2   金眶鸻种群数量调查结果

地点	年份	时间	频数	路线长（km）	遇见数（只）	密度（只 /km）
西冰线	1992	5~7 月	2	12	3	0.25
	1993	5~7 月	2	12	2	0.17
	1994	5~7 月	2	12	4	0.33
	1995	5~7 月	2	12	4	0.33
宁豗线	1992	5~7 月	2	12	5	0.42
	1993	5~7 月	2	12	4	0.33
	1994	5~7 月	2	12	6	0.50
	1995	5~7 月	2	12	3	0.38
	合计		16	96	30	–
	均值					0.31

2.4   繁殖习性

金眶鸻 4 月初迁来后，多在其栖息地单独或 2~3 只一起活动觅食。体色与环境色极相近，不易被人发现；当有人接近时，立即起飞于空中，距地面高 15~22m，发出单调尖锐而重复的"嘀—嘀—嘀"的鸣声,有时在深夜也能听到。5月上旬成对的金眶鸻开始寻觅巢区,占领巢位。5月中下旬开始营巢,记录的9个巢中河心砂洲3个,卵石间4个,岸边粗砂地2个。巢距水源18~33m。巢呈椭圆形浅盘状,由细砂和小碎片、小卵石组成。巢内无羽毛、兽毛等铺垫物。经测定,9个巢大小平均为12.9cm×11.0cm,窝深3.1cm。5月下旬开始产卵,6月上旬为产卵高峰,每窝产卵3~4枚,日产1枚,产卵多在6:00~7:00。卵梨形,长径26~30mm,短径20~23mm,卵重5~6g。卵为鸭蛋蓝色或沙绿色,具暗绿色斑点,多集中于钝端。卵孵化期18~19d。雏鸟为早成性。待全身羽毛干燥后便能站立,翌日便随亲鸟开始觅食活动。

2.5 食物组成

通过对18只(10♂,8♀)标本剖胃分析和野外观察,得到金眶鸻食物组成(表3)。由表3可知,金眶鸻食物主要有昆虫、蠕虫、甲壳类和蜘蛛等。

表3 金眶鸻食物组成

食物	出现频次	出现频率(%)	食物量(g)
螺类	14	9.21	4
水生蠕虫	10	6.58	3
水生甲虫	9	5.92	2
小鱼	9	5.92	2
蝌蚪	10	6.58	3
水蝇	8	5.26	2
家蝇	10	6.58	2
胡蜂	8	5.26	4
金针虫	7	4.61	3
象鼻虫	7	4.61	1
七星瓢虫	14	9.21	2
牛虻	7	4.61	3
长脚蚊	6	3.95	1
蚂蚁	13	8.55	2
螟蛾	6	3.95	2
水蛾	6	3.95	2
蜘蛛	8	5.26	2
合计	152	100	41

参考文献

[1] 王海昌,邓明鲁.金眶鸻繁殖习性的观察[J].动物学杂志,1966,8(3):123~124.
[2] 刘焕金,苏化龙,冯敬义.芦芽山自然保护区鸟类垂直分布[J].四川动物,1986,5(1):11~15.

芦芽山自然保护区兽类调查①

邱富才　杜爱英　王建萍　郭建荣

（山西芦芽山国家级自然保护区，山西　宁武　036707）

山西芦芽山自然保护区 1980 年初曾对兽类进行了调查，共采得兽类标本 105 号，经鉴定有 36 种（未报道）。1996~1997 年，我们又对芦芽山自然保护区兽类进行了较系统的调查，目的在于进一步查清兽类资源本底，为制定合理的保护、管理措施提供科学依据。

1　研究区概况及方法

1.1　研究区概况

芦芽山自然保护区位于宁武、五寨、岢岚三县交界处，111°50′00″~112°05′30″E，38°35′40″~38°45′00″N。森林繁茂，灌木丛生，水源丰富，生境多样。乔木以云杉、华北落叶松等为主；灌木有沙棘、黄刺玫、胡枝子和鬼箭锦鸡儿等；草本植物约有 600 余种。该区气候寒冷，年均气温 4℃~7℃，1 月均温 –11~–9℃，7 月均温 16~18℃，年降水量 500~600mm。无霜期 90~135d。农作物主要以莜麦、马铃薯、蚕豆为主。

本区兽类区系属古北界华北区黄土高原亚区。

1.2　研究方法

根据生境类型，选定 4 个调查区域，即农耕带以坝门口为主，针阔混交林带以梅洞为主，针叶林带以冰口洼为主，亚高山草甸以荷叶坪为主。

1.2.1　大、中型兽类调查方法

采用定位观测、标图法和雪后跟踪调查法确定种类，记录其生态习性。采用路线调查法确定其数量。一些难以确认的种类用猎枪采获后进行鉴定。

1.2.2　啮齿动物调查方法

采用挖洞法、鼠夹捕获法获取实体鉴别种类，并根据捕获率和洞口计数判别数量。

---

① 本文原载于《山西林业科技》，1998（1）：24~27，31

2　研究结果

2.1　区系组成

共采集标本 351 号。经鉴定并结合文献信息,芦芽山兽类有 6 目 15 科 45 种。从动物地理区划看,古北界种类 27 种、东洋界种类 5 种,广泛分布于古北界和东洋界两界的 13 种,分别占总种数的 60.00%、11.11% 和 28.89%(表 1)。

表 1　芦芽山自然保护区兽类调查结果

目	科		种	文献记载	保护级别	区系地理成分	坝门口 1400~1720m		梅洞 1720~2000m		冰口洼 2000~2500m		荷叶坪 2500~2772m	
							(1)	(2)	(1)	(2)	(1)	(2)	(1)	(2)
食虫目	鼹科	1	鼹鼠 *Scaptochirus moschatus*			古	+	+	+	+				
	鼩鼱科	2	小麝鼩 *Crocidura suaveolens*		●	古	+							
		3	水鼩 *Chimarrogale platycephala*	√		东								
翼手目	蝙蝠科	4	普通伏翼 *Pipistrellus abramus*			广	+							
		5	晚棕蝠 *Eptesicus serotinus*			广	+							
		6	普通蝙蝠 *Vespertilio murinus*			广	+							
		7	大鼠耳蝠 *Myotis myotis*			广		+						
	犬科	8	狼 *Cani s lupus*			广	+							
		9	豺 *Cuon alpinus*	√		古								
		10	赤狐 *Vulpes vulpes*			广		+						
食肉目	鼬科	11	石貂 *Martes foina*	√	II	古								
		12	青鼬 *M. flavigula*		II	古			+	+				
		13	猪獾 *Arctonyx collaris*			东	+	++	+	++	+			
		14	狗獾 *Meles meles*			古		+			+	+	+	
		15	艾虎 *Mustela putorius*			古	+			++	+			
		16	黄鼬 *M. sibirica*			古	+	++	+	++	+	++		
		17	香鼬 *M. altaica*			古				+	++			
	灵猫科	18	果子狸 *Paguma laruata*			东			+	+	+	+		
	猫科	19	豹猫 *Felisben bengalensis*			古		+	+	+	+			
		20	金钱豹 *Panthere pardus*		I	广			+					
偶蹄目	猪科	21	野猪 *Sus scrofa*			广			+	+	+	+		
	麝科	22	原麝 *Moschus moschiferus*		II	古					+			+
	鹿科	23	狍 *Capreolus capreolus*			古			+	+	+	+		+

续表

目	科		种	文献记载	保护级别	区系地理成分	坝门口 1400~1720m (1)	(2)	梅洞 1720~2000m (1)	(2)	冰口洼 2000~2500m (1)	(2)	荷叶坪 2500~2772m (1)	(2)
兔形目	鼠兔科	24	藏鼠兔 *Ochotona thibetana*			古							+	+
		25	达乌尔鼠兔 *O. daurica*			古		+						
	兔科	26	草兔 *Lepus capensis*			古	+	+	+	+	+	+	+	+
啮齿目	松鼠科	27	岩松鼠 *Sciurotamias davidianus*			古	+	+	+	+	+	+	+	+
		28	豹鼠 *Tamiops swinhoe*		●	广						+		
		29	花鼠 *Eutamias sibiricus*			古	+	+	+		++		+	
		30	飞鼠 *Pteromys volans*		●	广						+	+	
		31	复齿鼯鼠 *Trogopterus xanthipes*		●	东						+	+	
	仓鼠科	32	大仓鼠 *Cricetulus triton*			古	+	+						
		33	黑线仓鼠 *C. barabensis*			古		+						
		34	长尾仓鼠 *C. longicandatus*			古	+	+++	+	+++	+	+++	+	++
		35	中华鼢鼠 *Myospalax fontanieri*			古	+	+					+	+
		36	棕背䶄 *Clethrionomys rufocanus*			古							+	+
		37	岢岚绒鼠 *Eothenomys inez*			古							+	+
		38	棕色田鼠 *Mcrotus mandarinus*			古			+					
		39	子午沙鼠 *Meriones meridianus*			古	+		+					
		40	长爪沙鼠 *M. unguiculatus*			古		+						
	鼠科	41	小家鼠 *Mus musculus*			广	+	+++	+	+++	+	+++	+	+++
		42	大林姬鼠 *Apodemus peninsulae*			古			+		+	+		+++
		43	社鼠 *Rattus niviventer*			东			++					
		44	褐家鼠 *R. norvegicus*			广	+	+						
		45	黑线姬鼠 *Apondemus agrarius*			广	+	++	+	++				

注:(1)和(2)分别表示第 1 次和第 2 次兽类调查;古、东、广分别表示古北界、东洋界、广布两界种类;"+、++、++"分别表示稀有、常见、优势种类;"√"表示有文献记载;Ⅰ、Ⅱ分别表示国家重点保护动物Ⅰ、Ⅱ级;"●"表示山西省重点保护动物

2.2　区系成分类型

芦芽山自然保护区兽类区系成分可划分为 5 个类型:

(1) 北方型:棕背䶄、艾虎、香鼬、原麝、大林姬鼠、狗獾、狍、花鼠等。

(2) 青藏高原型:藏鼠兔。

(3) 华北区特有或主要分布类型:中华鼢鼠、鼹鼠、大仓鼠、长尾仓鼠、草兔、岩松鼠、

子午沙鼠、黑线姬鼠等。

（4）南方型：小麝、猪獾、果子狸、社鼠、复齿鼯鼠。

（5）广布型：金钱豹、豹猫、赤狐、青鼬、狼、野猪、褐家鼠、小家鼠、伏翼等。

2.3 兽类垂直分布

兽类垂直分布由高到低分析划分如下：

2.3.1 荷叶坪亚高山草甸

海拔 2500~2787m。年均温 2℃~3℃。植被低矮，牧草资源渐趋减少。主要植被有蓝花棘豆、披碱草等。对动物来说，这里的食物条件和隐蔽条件都很差。适应于此带生活的兽类种类极为贫乏，数量亦少。常见种有藏鼠兔、中华鼢鼠、棕背䶄、岢岚绒鼠、长尾仓鼠，稀有种为花鼠。1980 年在此曾采集到褐家鼠，本次调查未采到，但采集到长爪沙鼠。此外，曾发现狍子和原麝的新鲜粪便。

2.3.2 高中山针叶林带

海拔 2000~2500m。年均温 3℃~4℃。华北落叶松林、云杉林等集中分布，生长茂盛，隐蔽条件较好，人畜干扰较少。动物种类和数量，占比重较大。啮齿类中大林姬鼠、长尾仓鼠、小家鼠占优势。草兔、岩松鼠、花鼠等常见。食肉动物青鼬、艾虎、狗獾、黄鼬、香鼬、豹猫等为常见种。金钱豹、狍子等数量稀少，但仍是它们适宜的生境。

2.3.3 低中山针阔混交林带

海拔 1700~2200m。年均温 4℃~5℃。属典型的针阔混交林带，有华北落叶松、油松、辽东栎等。由于距村庄较近，人为活动频繁，对森林影响较为明显。大型兽类一般不在活动，仅有少数中型兽类，包括青鼬、艾虎、狗獾、猪獾、果子狸、豹猫等，草兔、岩松鼠、花鼠、飞鼠、豹鼠等较为常见。

2.3.4 低山农作灌丛带

海拔 1400~1720m。年均温 5℃~6℃。林木稀少，植被盖度较低，人类活动影响较大，坝门口—五寨公路从东边穿过，村庄较多。灌木有沙棘、黄刺玫、虎榛子等。啮齿动物种类较多，如长尾仓鼠、岩松鼠、花鼠、达乌尔鼠兔、大仓鼠、黑线姬鼠、子午沙鼠、小家鼠、中华鼢鼠等。其次，食虫目的小麝和鼹鼠亦常见活动，夏天翼手目种类飞翔觅食且仅分布于此带。草兔最常见。据文献记载，本带还有水䶄，1995 年曾采集到棕色田鼠。

1997 年在全区共设置鼠夹 2773 个（次），捕鼠 291 只，捕获率为 10.5%。全区啮齿动物的捕获情况见表 2。

表 2 1997 年捕鼠结果

种类	捕鼠数（只）	捕获率（%）
达乌尔鼠兔	5	1.7
长尾仓鼠	212	72.8
子午沙鼠	7	2.4
大林姬鼠	29	10.0
小家鼠	9	3.1

续表

种类	捕鼠数（只）	捕获率（%）
花鼠	2	0.7
大仓鼠	2	0.7
褐家鼠	3	1.0
社鼠	1	0.3
黑线姬鼠	8	2.1
长爪沙鼠	12	4.1
棕背䶄	1	0.3
合计	291	100.0

3　结　论

芦芽山自然保护区有国家Ⅰ级重点保护动物金钱豹,Ⅱ级重点保护动物有原麝、青鼬、石貂等。近年来,少数村民用金属绳索偷捕,使原麝、青鼬、石貂等数量明显减少。交通运输业的发展、群众采集、生产经营活动增多,对兽类栖息环境的干扰增大,影响了它们的生存。此外,农药市场的混乱和农药的滥用常导致兽类直接中毒或二次性中毒,一些食肉兽类无法生活而迁居它处。尽管自然保护区对金钱豹采取了一定的保护措施,但其种群数量仍由18年前的17只,减少到现有的13只,充分表明兽类的区系组成和分布与环境息息相关。

致谢:本文承蒙张龙胜先生审阅修改。刘焕金先生提供部分资料,并帮助鉴定标本。参加野外工作的还有马生祥、郭青文、吴丽荣同志。

参考文献

[1] 刘焕金,苏化龙,高尚文,等.庞泉沟自然保护区兽类垂直分布特征[J].山西林业科技,1987,(4):10~13.
[2] 郎淑婷,魏玉芬.山西阳曲县啮齿动物的调查[J].四川动物,1996,15(2):85.

芦芽山自然保护区金雕的繁殖习性 [①]

邱富才[1]　　张龙胜[2]　　刘焕金[3]

（1. 山西芦芽山国家级自然保护区,山西　宁武　036707;
2. 山西省自然保护区管理站　山西　太原　030012;
3. 山西省生物研究所,山西　太原　030006）

金雕 *Aquila chrysaetos* 为我国Ⅰ级重点保护野生动物,大型猛禽。1995~1997 年每年的 3~9 月,我们在山西芦芽山自然保护区对金雕的繁殖习性进行了研究,以便为保护和合理利用鸟类资源及环境监测提供依据。

1　研究区概况与方法

芦芽山自然保护区位于吕梁山脉北端的宁武、五寨、岢岚三县交界处,111°50′00″~112°05′30″E,38°35′40″~38°45′00″N,总面积 214.53km²。境内森林繁茂,灌木丛生,水资源丰富,高山峻岭、悬崖峭壁林立,为金雕的繁殖提供了必要条件。

根据金雕的生活习性及活动规律,选定梅洞、红砂地及宁化等 3 个调查点,在每个点每小时行程 2km,左右视距各 100m,统计金雕的种群数量(包括河滩地面停的、高空飞的、树上、电线杆上及高山上停留的)。每年 9 月在每个点统计 2 次,每次统计 8km 的遇见数。

2　栖息地特征

调查表明,金雕栖息地由营巢繁殖地、啄食场所、觅食地、短暂停落休息地及夜间栖息地等 4 部分组成,但不是截然分割,而是互有交错。

营巢繁殖地位于悬崖峭壁的平台或凹陷处。环境偏僻安定,如不遭受严重干扰,可连年延用,一般较固定。巢址周围山体高大险峻,多为岩石结构,向阳背风,光照时间长,森林稀疏,郁闭度差。在悬崖峭壁的中部或偏上部天然形成的平台、凹处或浅洞穴是适宜金雕营巢的好地方,又是它们(幼体、亚成体、成体)夜间栖宿的最佳栖息地。

觅食地亦是金雕栖息地的主要组成部分。一般距营巢繁殖地和夜宿地较远,少则

---

①　本文原载于《山西林业科技》,1998(2):17~19.

五六千米,多则五六十千米。林隙、林缘灌丛、山地草坡、山间溪谷、裸岩山地、湿地滩涂等自然生境适合金雕进行捕食活动,是金雕觅食的栖息地。冬季除上述生境外,向阳草坡、沟谷路边、农田地带、山区村镇边缘,也是金雕捕食的好地方。

短暂停息地包括山峁、山顶、山峰、凸岩、高大树冠、高压电杆、峭壁顶端等栖息位点,是金雕白昼活动稍事停息和审视环境安全与否的"瞭望台",亦是幼鸟离巢练飞和成鸟求偶炫耀的活动场所。

繁殖季节夜间栖宿地多位于悬崖峭壁或附近的巨石,非繁殖季节多在森林高大的树冠。

3　数量统计

由表 1 可以看出,芦芽山自然保护区的金雕,遇见率 0.181 只 /km,宁化地段最多,红砂地地段较少。

表 1　金雕数量统计(1995~1997 年)

地点	路程(km)	遇见数(只)	密度(只 /km)
梅　洞	48	9	0.188
红砂地	48	6	0.125
宁　化	48	11	0.229
总　计	144	26	0.181

4　繁殖习性

金雕繁殖较早,每年冬季就有成对活动的个体,属一雄一雌的单配制。观察了 5 个巢址位置,均位于悬崖峭壁的平台或凹陷处。巢位距地面 12~17m,距峭壁顶端 9~23m(个别 2~3m),距居民点 700~3500m。巢间距离 5~9km。

金雕一旦占领巢位就有了领域行为。在巢区内以巢位为中心,半径 0.5~1.0km 的范围内,是一对金雕独有的活动领域,雄性全力保卫,不允许同种个体入侵。

4.1　筑　巢

金雕选定巢址后通常是两性共同营巢。巢材取自巢址附近 300~500m 地段的油松、华北落叶松、桦树、山杏等的树枝,铺垫物由黄刺梅、沙棘、绣线菊等的柔软细枝条组成。巢形呈扁盘状(个别巢由于地势险峻,多年积累、巢材堆积很厚),5 个巢的测定结果见表 2。

表 2　金雕 5 个巢测定结果

测定项目	结果(cm)	测定项目	结果(cm×cm)
巢高	60.19(40~98)	内径	52.00(39~91)×31.20
巢深	16.25(13~22.5)	外径	154(140~161)×99(85~129)

4.2 产卵与孵卵

金雕产卵期在3月中旬,每3~4d产卵1枚,每窝卵数1~3枚,多数为2枚,产卵期环境气温昼夜波动幅度为 −9~12℃。卵污白色带有棕褐色不规则斑纹,偶见纯白色。6枚卵的测定结果为:卵重平均149(140~152)g,长径平均76(71~79)mm,短径平均60(57~63)mm。金雕从产出第1枚卵时,即开始孵卵,雌雄鸟共同孵卵,但以雌鸟为主。雄鸟接替雌鸟孵卵大多在中午或午后。孵卵期间,雄鸟有向雌鸟提供食物的习性,食物有雉鸡和野兔。记录5窝12枚卵的孵化情况,孵卵期35d,孵化率为83.33%(未受精卵2枚)。

4.3 雏鸟与生长

刚孵出的金雕雏鸟全身披白色胎羽,头大颈细,两眼紧闭,腹部如球,侧身躺卧。体重约85(83~92)g。雏鸟在巢中啄食亲鸟叼回的食物,22~80d后飞出巢,离巢后的雏鸟仍需亲鸟在巢外抚育相当长的时间,才能独立生活。雏鸟生长变化测定结果见表3。

表3 金雕雏鸟生长变化测定结果

项目	日龄											
	1	4	7	11	16	21	30	37	52	69	76	85
体重(g)	90	293	395	530	765	1100	2290	2900	3540	3900	4010	4440
体长(mm)	158	211	217	264	311	331	469	529	657	750	789	791
尾长(mm)	14	16	16	24	29	36	99	130	221	251	270	300
翼长(mm)	24	33	34	52	60	70	191	222	341	400	480	510
跗跖(mm)	17	37	42	47	51	70	100	110	123	130	131	135
嘴峰(mm)	12	13	15	17	20	23	28	30	33	45	45	45

5 雏鸟相残

雏鸟同胞相残在金雕繁殖期容易见到。因金雕产第1枚卵即开始孵卵,必然导致雏鸟出壳有先后,彼此日龄乃至身体生长发育参差不齐,因而在食物不足的年份中弱小者首先被淘汰,留下种群中的强壮个体去完成延续种族的使命。一般金雕出壳10日龄后,即能自行撕啄食物,不须亲鸟帮助。这时如果巢中没有食物,大雏就啄食小雏的背部,啄下的羽毛和肉全部吞食,小雏无自卫能力,只能任其啄食。

由于人类活动的干扰,金雕的生活环境遭到破坏,其生存受到严重威胁,加之金雕雏鸟有相残现象,这些都不利于该种族的延续,自然保护者们应加以关注。

参考文献

[1] 刘焕金,苏化龙,邱宠胤.芦芽山自然保护区鸟类垂直分布[J].四川动物,1986,(1):11~15.
[2] 邱富财,亢富德,郭世俊.山西省芦芽山自然保护区猛禽调查研究[J].山西林业科技,1997,(4):22~26.
[3] 安文山,薛恩祥,刘焕金,等.庞泉沟猛禽研究[M].北京:中国林业出版社,1993.

芦芽山自然保护区蓝矶鸫繁殖生物学的研究[①]

邱富才　温　毅　谢德环

（山西芦芽山国家级自然保护区，山西　宁武　036707）

　　蓝矶鸫 *Monticola solitarius* 为悬崖峭壁多岩石山地鸟类，其栖息环境非常险峻，故在以往研究甚少，仅见罗时有[1]和诸葛阳[2]等报道。1995~1997 年的 4~9 月，我们在山西芦芽山自然保护区，对蓝矶鸫的繁殖生物学进行了研究，其目的在于为科学保护鸟类资源和环境监测提供科学依据。

1　研究区概况及方法

　　山西芦芽山自然保护区位于吕梁山脉北端，地处宁武、五寨、岢岚三县交界，$111°50'00''$~$112°05'30''$E，$38°35'40''$~$38°45'00''$N。总面积 214.53km²。主峰芦芽山海拔 2772m。保护区年均气温 4~7℃，年降水量 500~600mm，无霜期 90~135d。

　　根据蓝矶鸫的种群数量稀少和生境利用稳定的特点，选定 3 条调查路线，即高崖底、红砂地和坝门口。观察其季节迁徙，收集其繁殖资料，采用 2km/h 的步行速度，记录蓝矶鸫繁殖前（4 月）和繁殖后（8 月）的种群密度（包括树枝上，巨石上、水边饮水、高声鸣叫的蓝矶鸫）。每年 4~9 月采集蓝矶鸫部分标本分析其食物组成。

2　季节迁徙

　　蓝矶鸫在山西为夏候鸟，一年一度存在季节迁徙（表 1）。由表 1 可看出，每年迁来时间为 4 月 18~21 日，每年迁离时间为 9 月 17~21 日。居留时间 152~154d。这表明季节迁徙相对稳定。

表 1　蓝矶鸫季节迁徙

年份	最早迁来日期	最晚迁离日期	居留日期（d）	迁离后间隔日期（d）
1995	4 月 20 日	9 月 21 日	154	211
1996	4 月 21 日	9 月 20 日	152	213
1997	4 月 18 日	9 月 17 日	152	213

①　本文原载于《山西大学学报：自然科学版》，1998，21（3）：286~290.

3　栖息环境及种群密度

　　蓝矶鸫栖息环境多在海拔 1300~1750m，巢址多选择疏林灌丛带、悬崖峭壁缝隙、多岩石高崖山坡洞穴、陡峭的山地巨石凹陷处，且环境依山傍水临近村庄。蓝矶鸫繁殖前(4月)和繁殖后(8月)种群密度见表 2。

表 2　蓝矶鸫种群密度(4月和8月)

年份	调查路线长(km)	调查时数(h)	4月		8月		繁殖后比繁殖前增长(%)
			遇见数(只)	密度(只/km)	遇见数(只)	密度(只/km)	
1995	16	8	19	1.19	31	1.94	63.03
1996	16	8	22	1.38	35	2.19	58.70
1997	16	8	24	1.50	37	2.31	54.00
合计	48	24	65	4.07	103	6.44	58.23
均值	16	8	21.67	1.36	34.33	2.15	58.23

　　由表 2 可知，蓝矶鸫的种群密度在繁殖前的 4 月平均为 1.36(1.19~1.50) 只/km，繁殖后的 8 月平均为 2.15(1.94~2.31) 只/km，繁殖后比繁殖前平均增长 58.23%(54.00%~63.03%)。

4　繁殖生物学

　　蓝矶鸫 4 月中旬迁来便进入繁殖期，每日成对活动，占领巢区，十分活跃，常听到雄鸟高声鸣叫"笛的、笛笛笛"或"居里、居里"，略带颤音，婉转动听，鸣叫时伴有低头、翘尾，弓腰，屈腿等动作。4 月 24 日发现雄鸟数次追逐雌鸟。在停息时小步靠近雌鸟，或在雌鸟头前垂尾，低头，弓腰，直至 4 月 25 日，首次发现交尾，连续 3 次。

4.1　营　巢

　　4 月 26 日雌雄鸟共同衔材营巢。巢材衔于巢区半径 74m~156m 区域内，营巢环境见表 3。由表 3 可以看出，3 年共记录 6 个巢，巢形碗状，外壁用细树枝、苔藓、薹草、枯草叶等筑成，内垫细草根和须根等。6 个巢的均值：外径 229(220~240) mm，内径 101(94~109) mm，巢高 98(99~103) mm，巢深 61(59~67) mm。巢口居高开阔。营巢期 6~9d。营巢期发现雌雄交尾，交尾时间多在 6:00~7:15。

表3 蓝矶鸫不同年度繁殖信息

年度	繁殖区	营巢环境	巢数（个）	窝卵数（枚） 4	窝卵数（枚） 5	窝卵数（枚） 6	产卵日期	孵化期（d）	无受精卵（枚）	孵化率（%）	巢内育雏（d）	巢外育雏（d）	卵的测定 卵重（g）	卵的测定 长径×短径（mm×mm）
1995~1997	高崖底	多岩石、依山傍水、靠近村庄、高崖洞穴	2		2		5月8日 5月13日	14	0	100	14	6	4.4 (4.2~4.8)	25.2×19.2 (25.0~25.7)× (19.0~19.9)
	红砂地	悬崖峭壁、巨石缝隙、傍水	2				4月29日 5月9日	14	1	92.86	14	8	4.3 (4.1~4.4)	24.0×18.0 (22.3~24.9)× (17.6~19.0)
	坝门口	高崖、多岩石、立陡山地、岩石缝隙	2	1	1		4月27日 5月4日	14	1	92.86	14	7	4.7 (4.5~4.9)	24.3×19.0 (23.0~25..0)× (18.2~19..5)
均值								14	–	93.10	14	7	4.7 (4.3~4.7)	24.5×18.8 (23.43~25.0)× (18.2~19.5)

4.2 产卵与孵卵

蓝矶鸫最早产卵为5月4日，日产1枚，每年繁殖1次。观察6窝产卵期和测定29枚卵的孵化结果见表3。由表3可知，窝卵数4~6枚，卵为淡蓝色，光滑无斑，个别卵钝端略具褐色小点。孵化期14d，孵化率为93.10%。1995年5月3日，对2号巢第4天孵卵情况进行了全白日（6:00~18:00）观察，结果表明：雌鸟全白天进出巢8次。全天卧巢孵卵717min，最长卧巢孵卵104min，最短卧巢8min。全天晾巢123min，晾巢最长时间37min，最短11min。孵卵期间雌雄鸟恋巢性增强，如有同种鸟进入巢区，便奋力驱逐。

4.3 雏鸟生长发育

刚出壳的雏鸟体重4g，头大颈细，两眼紧闭，不能站立，勉强摇头，腹部如球。全身除背中央腹侧有少许白色胎羽外，余部裸露。4日龄雏鸟体重19g，头、背、臀侧、肋等长出羽鞘，翅长6mm；6日龄眼睁开，全身羽区明显，羽鞘放缨；8日龄翅羽和背、腰羽几乎遮盖上体，下体被羽覆盖3/4，体羽羽片显出斑纹；10日龄至离巢前羽毛覆盖全身。3号巢4只雏鸟1~15日龄体重、体长及外部器官生长发育信息见表4。由表4可以看出，雏鸟体重、体长及各部位增长情况自1日龄始至离巢前为逐日增加，但8日龄之前增长速度较快。

表 4　蓝矶鸫雏鸟体重、体长及各器官增长动态

日龄	体重 (g)	体重相对增长(%)	体长 (mm)	体长相对增长(%)	嘴峰 (mm)	嘴峰相对增长(%)	翅长 (mm)	翅长相对增长(%)	尾长 (mm)	尾长相对增长(%)	跗跖 (mm)	跗跖相对增长(%)
1	5	–	40	–	8	–	–	–	–	–	10	–
4	19	28.00	66	65.00	10	25.00	20	–	2	–	14	40
8	24	26.38	84	272.27	12	20.00	50	150.00	10	400.00	22	57.74
12	26	8.33	109.2	30.00	16	33.33	94	88.00	14	40.00	26	18.18
15	29	11.54	119.0	8.97	17	6.25	112	19.15	25	78.57	28	7.69

5　食物组成

共采集 24~26 只蓝矶鸫成体,雌雄各半,分析其食物组成(表5)。由表5可知,蓝矶鸫的食物组成多为对农林业有害的昆虫,应加强保护。

表 5　蓝矶鸫食物组成

种名	出现频次	出现频率(%)	食物重量(g)	占总食物的比例(%)
蝗虫类	25	10.50	9	15.25
螽斯	23	9.66	6	10.17
叶跳蝉	21	8.82	5	8.47
蚜虫	21	8.82	2	3.39
花蝽象	20	8.4	4	6.78
臭蝽象	20	8.4	4	6.78
象甲	15	6.3	5	8.47
天牛	15	6.30	7	11.86
步行虫	13	5.46	4	6.787
行军虫	13	5.46	2	3.38
蜂类	12	5.04	3	5.08
蝇类	12	5.04	2	3.38
虻类	10	4.20	2	3.38
蝶类	10	4.20	2	3.38
蛾类	8	3.36	2	3.38
合计	238	100.00	59	100.00

参考文献

[1] 罗时有.蓝矶鸫的生态观察[J].四川动物,1989,8(3):22~23.

[2] 诸葛阳.浙江动物志鸟类[M].杭州:浙江科学技术出版社,1990.

[3] 郑作新.中国鸟类分布名录(第二版)[M].北京:科学出版社,1976.

山西芦芽山自然保护区褐马鸡繁殖力的研究[①]

邱富才[1]　杨凤英[2]

（1. 山西芦芽山国家级自然保护区，山西　宁武　036707；
2. 山西省自然保护区管理站　山西　太原　030012）

褐马鸡 Crossoptilon mantchuricum 为我国特产珍禽，属国家Ⅰ级重点保护野生动物，为世界濒危物种，属《国际濒危物种公约》附录 1 种类。有关褐马鸡的生态和生物学研究已有报道，对该鸟的地理分布、繁殖与生长、人工饲养、疾病和史料记载、种群结构、种群数量[1,2]等均有论及，但关于褐马鸡繁殖力的研究未见报道。鉴于褐马鸡繁殖力在濒危物种保护中的特殊意义，我们于 1995~1997 年 3~7 月，在山西芦芽山自然保护区对褐马鸡的繁殖力进行了研究，以期为褐马鸡的科学保护提供科学依据。

1　研究区概况

研究区位于吕梁山北端的宁武、五寨、岢岚三县交界，111°50′00″~112°05′30″E，38°35′40″~38°45′00″N。本区属大陆性季风气候。平均气温 4~7℃，1 月均温 −11~−9℃，7 月均温 16~18℃，年降水量 500~600mm，无霜期 90~135d。境内山峦重叠，生境多样，森林茂密，灌木丛生，水源丰富。主要树种有云杉 Picea spp.、华北落叶松 Larix principis-rupprechtii、油松 Pinus tabuliformis、红桦 Betula albo-sinensis 等。灌木有沙棘 Hippophae rhamnoides、黄刺玫 Rosa xanthina、灰栒子 Cotoneaster aculifolius、虎榛子 Ostryopsis davidiana、胡枝子 Lespedeza bicolor、鬼箭锦鸡儿 Caragana jubata 等。种植的农作物有莜麦、马铃薯、蚕豆等。

2　研究方法

依据褐马鸡的生物学特征，考虑森林植被和海拔高度，选定 5 块样地，每块样地 20hm²，以当地山沟山坡名称命名，海拔 1950~2750m，由低到高为：大南滩样地、圪洞样地、斜坡样地、梅洞样地、冰口洼样地。每年 3~7 月，观察褐马鸡的繁殖活动。以 5 人为 1 组

① 本文原载于《山西大学学报：自然科学版》，1998，21（4）：374~378.

在褐马鸡繁殖地寻觅其巢并作标记,观察确定其繁殖参数。

褐马鸡种群繁殖力计算方法如下:

(1) 孵化率:雏鸟出壳数与卵数之比。孵化率(%)= 雏鸟出壳数 / 观测卵数。

(2) 成活率:离巢幼鸟成活数与出壳数之比。成活率(%)= 幼鸟成活数 / 出壳个体数。

(3) 平均每窝离巢幼鸟数:离巢幼鸟数与窝数之比。平均每窝离巢幼鸟数 = 离巢幼鸟数 / 窝数。

(4) 繁殖率:亲鸟数占总个体数的百分比。繁殖率(%)= 繁殖亲鸟数 / 种群个体数

(5) 繁殖力:依 Nicl(1937)的公式计算。繁殖力 = 每窝平均卵数 × 孵化率 × 成活率 × 每年繁殖次数 /2(一对亲鸟)

3　结　果

3.1　性成熟周期

褐马鸡幼鸟365d 达到性成熟,即当年5月或6月孵出的雏鸟,到翌年4月或5月开始首次繁殖活动,这与郑作新的报道及刘作模等实际观察相吻合。依据性腺解剖观察,幼鸡雄性睾丸从1月开始增重,在5~6月达到最高(3.2~3.8g),7月睾丸重量渐趋下降,11~12月睾丸重量最低(0.3~0.5g),这表明褐马鸡繁殖期睾丸重量指标最高时,出现性生理要求。

3.2　发情期

褐马鸡发情与配偶同步。每年3月进入发情期,已参加过繁殖的个体早于首次参加繁殖的个体,分为3个时期:

(1) 发情初期(3月):雌雄鸡鸣声增多,活动增强。雄鸡为争配偶多有殴斗,恃强凌弱,曾见残杀。配对后雌雄鸡整日成对活动。

(2) 发情盛期(4月):雄鸡食量减少,雌鸡则增多,其眼帘鲜红颜色扩大,并且有领域行为,开始交尾,渐至产卵。

(3) 发情末期(5月):雌雄鸡鸣声减少,眼帘收缩,雄鸡食欲转为正常。

3.3　巢　期

营巢期与巢前期没有明显的时间界限。4月中旬是褐马鸡成对选择巢区活动高峰,下旬后成对活动减少。观察的30个巢中,阴坡针阔混交林18个,海拔1900~2400m;阳坡针阔混交林6个,海拔1970~2470m;山谷底部6个,海拔1720~2040m。巢较简陋,位置隐蔽,建于绣线菊灌丛4个,刺梨灌丛3个,黄刺玫灌丛2个,胡枝子灌丛4个,云杉幼树下2个,风倒木下2个,木桩下3个及华北落叶松枝梢堆积处10个。巢呈长盘状22个,大碗状6个,不定形的2个。巢材就地收集,由华北落叶松、云杉、绣线菊、胡枝子、辽东栎等枝叶及其自身羽毛组成。同一区域相邻巢间最近距离为230m,垂直高差97m。巢大小(n=30)为 33.2(28.2~40.3)cm×28.4(23.4~33.3)cm,巢深 9.7(7~13)cm。

3.4　交　尾

观察褐马鸡交尾较困难,主要由于林中郁闭度大,能见度差,不易看清。3 年共遇见褐马鸡交尾 4 次。交尾近似家鸡,雄鸡昂首引颈,伸展双翅扑向雌鸡前身,而雌鸡两腿弯曲,卧伏于地面,头低下而尾抬高,雄鸡从雌鸡腰侧跃至背上,嘴呷住雌鸡的头部,雌雄鸡泄殖腔相对,完成 1 次交尾需 41~56s。

3.5　产卵期

褐马鸡最早产卵期分别见于 1995 年 4 月 18 日,1996 年 4 月 15 日,1997 年 4 月 17 日。产卵期 4 月中旬至 5 月中旬,长达 30d。产卵多在 7:00~9:00。产卵间隔期 35~48h,即 1.5~2d产卵 1 枚。卵为污白色,鲜卵重(n=284)57.9(54.9~66.4)g。雌鸡在产卵期不进行孵卵。年产 1 窝,繁殖 1 次。窝卵数见表1。由表1看出,褐马鸡种群窝卵数为 5~13 枚,平均 8.02 枚,年季间差异不显著(P>0.05)。

表 1　褐马鸡窝卵数

年份	窝数	窝卵数(枚)	平均窝卵数(枚)	t检验
1995	13	6~12	8.47	0.50
1996	11	5~13	7.82	0.70
1997	6	5~13	7.77	0.40
均值	30	–	8.02	–

3.6　孵化率

野外记录褐马鸡巢 7 窝,有卵 125 枚,孵化率结果见表2。由表2可知:125 枚卵共孵出 120 只雏鸟,孵化率为 96.00%;有 5 枚未受精卵,占总卵数的 4.00%。褐马鸡孵卵期为26.6~27.6d;巢内温度 36.5~36.7℃(体温表测)。当天孵出雏鸟体重 38.70(35~43)g(n=50)。出壳雏鸟 120 只,离巢雏鸟 116 只,离巢成活率为 96.67%。

表 2　褐马鸡孵化率

营巢生境	巢数	卵数(枚)	出壳雏数(只)	孵化率(%)	未受精卵数(枚)	未受精卵占总卵数的比例(%)	雏鸟巢内死亡数(只)	离巢幼鸟数(只)
阴坡针阔混交林	8	62	58	96.67	2	3.33	2	56
阳坡针阔混交林	4	28	27	96.43	1	3.57	1	26
山谷疏林灌丛林	5	37	35	94.59	2	5.41	1	34
合计	17	125	120	96.00	5	4.12	4	116

3.7 参加繁殖的个体

褐马鸡种群中每年有一部分个体参加繁殖,另有一部分个体不参与繁殖(丧失繁殖能力者),结果见表3。

表3   褐马鸡各年参加繁殖与否的个体数

年份	繁殖个体		未繁殖个体		数量(只)
	数量(只)	比例(%)	数量(只)	比例(%)	
1995	146	80.66	35	19.34	181
1996	198	81.48	45	18.52	243
1997	162	67.50	78	32.50	240
合计	506	76.20	158	23.80	664

从表3可知,褐马鸡每年繁殖的个体占76.20%,不繁殖的个体占23.80%。繁殖的亲鸟育雏性都很强,雌鸟则更甚。雏鸟出壳不能上树夜宿前,亲鸟育雏期需15~20d。育雏分两个阶段:一是雏鸟出壳后13d内,每天夜间雌鸟抚育雏鸟于地面灌丛中抱雏取暖。白昼携带雏鸟觅食蚂蚁卵。二是雏鸟出壳13d后,雌鸟抚育幼鸟练习飞行上树和引导幼鸟觅食。繁殖期4月2~10日,终止期6月11~21日。繁殖期65~78d。

3.8 繁殖力

褐马鸡平均窝卵数8.02枚。孵化率96.00%。1年产卵1窝,繁殖1次。离巢成活率96.67%,1对亲鸟配偶形成单婚制。通过计算得知,芦芽山保护区褐马鸡每年每只参加繁殖个体的繁殖力为3.72只,平均繁殖力 = 繁殖力(3.72只)× 种群繁殖率(76.20%)=2.85只,即繁殖前有1只褐马鸡,繁殖期结束后就会增加2.85只。由此看来,褐马鸡在该地区的繁殖情况能维持种群的稳定和增长。

参考文献

[1] 刘焕金. 庞泉沟自然保护区褐马鸡的繁殖与生长[J]. 动物世界,1986,(2~3):5.

[2] 刘焕金,苏化龙,冯敬义,等. 庞泉沟自然保护区褐马鸡种群生态初步研究[J]. 动物学杂志,1987,22(5):44~48.

芦芽山自然保护区石鸡繁殖生态的研究 ①

王建萍 郭建荣

（山西芦芽山国家级自然保护区，山西 宁武 036707）

石鸡 *Alectoris graeca* 是一种重要的狩猎鸟类，目前国内尚未见对其生态生物学研究的报道。我们于 1997 年 3~9 月在山西芦芽山自然保护区对石鸡繁殖生态进行了研究，目的在于为合理利用鸡类资源和环境监测提供依据。

1 研究区概况及研究方法

1.1 研究区概况

山西芦芽山自然保护区位于吕梁山脉北端，地处宁武、五寨、岢岚三县交界处，111°50′00″~112°05′30″E，38°35′40″~38°45′00″N，总面积 21453hm²；主峰芦芽山海拔 2772m。乔木以云杉、华北落叶松等为主；灌木有沙棘、黄刺玫、胡枝子和鬼箭锦鸡儿等；草本植物约有 600 余种。年均温 4~7℃，1 月均温 –11~–9℃，7 月均温 16~18℃，年降水量 500~600mm。无霜期 90~135d。农作物主要以莜麦、马铃薯、蚕豆为主。

1.2 研究方法

根据石鸡繁殖期生境利用稳定的特点，选定 3 块样地，即西马坊东沟、十里桥大北沟、宁化万佛洞。采用小区域绝对数量调查法统计其种群数量。对样地内发现的巢进行标记，并定位观察记录各种繁殖参数。

2 结 果

2.1 种群密度与栖息环境

分别于 3 月和 9 月对 3 块样地的石鸡种群数量进行统计，结果见表 1。由表 1 可知，

---

① 本文原载于《中国动物科学研究》，1999：578~581.

石鸡繁殖前（3 月）平均密度为 0.59 只 /hm²，繁殖后（9 月）平均密度为 1.12 只 /hm²，繁殖后比繁殖前增加 89.83%。繁殖季节石鸡主要活动于低山丘陵地带的岩石和沙石坡，时而也到河滩和路边活动，极少在海拔较高、植被贫乏的荒坡活动[1]。中午天气炎热时石鸡有沙浴的习惯。对 5 个沙浴坑的大小测量结果见表 2。沙浴坑 29.2（28.0~30.6）cm×28.3（26.0~30.0）cm，深为 7.8（7.5~8.0）cm。

表 1　石鸡种群密度调查

样地	调查面积（hm²）	繁殖前（3 月）		繁殖后（9 月）		繁殖后比繁殖前增加（%）
		数量（只）	密度（只 /hm²）	数量（只）	密度（只 /hm²）	
宁化	20.2	17	0.84	33	1.63	94.1
千里桥	15.55	11	0.71	21	1.36	91.55
西马坊	32	12	0.38	22	0.69	81.58
合计	67.7	40		76		
平均	22.57	13.3	0.59	27	1.12	89.83

表 2　石鸡沙浴坑的测量结果

编号	长径（cm）× 短径（cm）	坑深（cm）
1	28.0×27.9	7.8
2	29.5×29.0	7.5
3	28.52×8.5	8.0
4	29.4×26.0	7.9
5	30.6×30.0	7.6
平均	29.2（28.0~30.6）×28.3（26.0~30.0）	7.8（7.5~8.0）

2.2　发　情

秋季和冬季石鸡多集群活动，每群 8~30 只。3 月下旬至 4 月初进入发情期，这时雄鸡脸帘鲜红颜色扩大，鸣声增多，常天刚亮就站在岩石或较高处抬头高鸣，叫声多为"ge-la-ga"，时而伴有"gu-aei"的叫声和"si-re"的低音节，与正常活动时的"ga-ga"有区别。偶尔也出现雄鸡间的争偶打斗。

2.3　配　对

4 月初石鸡由集群活动开始分群，并配对占区，配对后的石鸡鸣声和飞翔减少。雌雄形影不离，活动范围较固定，每对巢区面积约 3~5hm²。最早发现石鸡有交尾行为是 4 月 16 日。交尾时似家鸡，在平坦的地方，雄鸡下展双翅，颈直羽膨，围绕着雌鸡前方转两半圈。然后从侧方跳上背部，用喙呷雌鸡头部。此时，雌鸡弓腿压腰，抬尾与雄鸡泄殖相对，完成 1 次交尾，大约 1~2min。石鸡为一雄配一雌的单配制。

2.4 营 巢

石鸡为地面营巢。4月下旬开始由雌鸡营巢,雄鸡多在距雌鸡附近约200m范围内边觅食边放哨,发现危险即发出"ga–ga–ga"的报警声。共发现石鸡9个巢,分别在田埂边2个,路旁灌丛3个,山地岩石下4个。巢极其隐蔽,在巢的前方和上方有灌草或岩石,距水源约50~100m。巢结构简单,一般是在地面挖出浅土坑,然后铺以铁杆蒿 *Artemisia sacrorum*、草地早熟禾 *Poa annua* 等,内层垫有少许石鸡腹羽。巢呈浅盘状,对9个巢的测量结果为:外径22.6(21.0~25.0)cm,内径18.0(14.0~23.0)cm,巢深8.2(7.0~10.0)cm(表3)。营巢期6~7d。

表3 不同年度和地区石鸡繁殖资料比较

地点	营巢环境	窝巢数(个)	窝卵数(枚)	最早产卵日期	孵化期(d)	无受精卵(玫)	孵化率(%)	出雏数(只)	离巢幼鸟数(只)	成活率(%)	巢内育雏(d)
西马坊	靠近山坡水源的田埂地有灌草遮挡	1	18	5月2日	18	1					
宁化	近水山坡上或灌丛下	2	14	5月5日							
		3	16	5月7日	18	0	96.8	95	92	97.5	4~5
十里桥	石质山坡的岩石下有灌草遮挡		15	5月3日							
			17	5月14日	18	2					
			18	5月21日							

2.5 产卵与孵卵

对6窝石鸡繁殖调查表明,开始产卵最早于5月2日,最迟于5月21日。日产1枚,常在午后产卵。雌鸡产卵后即离开巢,与雄鸡相伴,在离巢约200m以外的地方觅食。卵多数为棕白色带褐色斑点,个别为茶褐色,也有极个别棕白无斑。对6窝98枚卵的测定结果为:重21.23(18.5~30.0)g,大小为40.50(39.82~46.9)mm×31.49(30.10~35.42)mm。窝孵数14~18枚,平均16.3枚。雌鸡产完最后1枚卵后开始孵卵。孵卵由雌鸡担任。1997年5月24日对3号巢第5天孵卵情况进行全天观察(6:00~18:00)发现:孵化坐巢方向经常变化,1天最多转向6次。不定期用嘴和足翻卵,炎热天气,雌鸡不时张大嘴喘气,有时将翅膀微微收拢后站起身来晾卵约10~15s。孵卵期间外出觅食1天2次,多在上午10:00~12:00和下午16:00~17:00,若遇阴雨天可连续1~2d不离巢。外出觅食时多和雄鸡在一起。石鸡警惕性较高,觅食回来时若有干扰,雌鸡不立即进巢,而是在距巢大约100m范围内反复徘徊,直至脱离险情或趁干扰者不注意时从较隐蔽的地方偷偷溜回。有时雄鸡站在高处高声鸣叫,意在分散周围的注意力,帮助雌鸡进巢。雌鸡恋巢性极强,并随着孵化时间推移而逐渐加强。孵化后期即使人趴到巢边观察,雌鸡也不离巢。当巢遭到破坏时才弃巢。笔者曾将1窝石鸡卵在孵化13d后取走其中6枚卵,结果石鸡发现后弃巢不孵。尽管第2天又把拿走的卵放回去,石鸡也弃巢不孵。石鸡孵化期为18d,

孵化率 96.8%。

2.6　出雏与护雏

石鸡雏鸡从破壳开始到完全出壳需 24~30h。雏鸡出壳[2]后即能睁眼,并伴随有"zi-zi"的鸣叫,约 20min 左右即能站立,且很机敏。刚出壳的雏鸡全身被有淡褐色绒羽,自额至腰部有两条黑色纵纹,体侧带有暗褐色斑纹,腹部乳白色,嘴峰淡黄色,跗跖肉黄色。对 6 窝 95 只刚出壳 1d 内的雏鸡测量结果为:体重 15.39(14.0~18.59)g,体长 81.0(75.0~88.5)mm,嘴峰长 9.0(8.8~9.3)mm,跗跖长 22.1(19.9~23.9)mm。

石鸡属早成性雏。出雏后雌鸡继续在巢中暖雏 4~5h,待羽毛完全干燥,雏鸡即由雌鸡带出去和雄鸡一起觅食。雏鸡刚出壳时由于研究人员称量的干扰,亲鸡受惊佯装受伤状,两翅展开下伏,伸长脖子半蹲着腿歪歪趔趔地绕巢转圈,并发出"ge-ge-ge"的护雏鸣叫。与此同时,雏鸡都跌跌撞撞向四处惊慌逃窜,直至工作人员躲开 1 个多小时后,雌鸡才偷偷溜回将雏鸡全部带离。对 6 巢石鸡观察发现,95 只雏鸡中有 3 只雏鸡在巢死亡,雏鸡离巢率为 97.5%。由于石鸡有奇特的护雏行为,巢外育雏的情况有待进一步观察。

参考文献

[1] 赵正阶.中国鸡类手册,上卷:非雀形目[M].长春:吉林科学技术出版社,1995.
[2] 张正旺,梁伟.山西斑翅山鹑的繁殖生态研究[J].动物学杂志,1997,35(3):23~25.

芦芽山保护区白胸苦恶鸟的生态 ①

邱富才　王建萍　吴丽荣　宫素龙

（山西芦芽山国家级自然保护区，山西　宁武　036707）

　　白胸苦恶鸟 *Amaurornis phoenicurus* 为中日候鸟保护协定中保护的鸟类。我们于1996~1998 年 5~8 月,在山西芦芽山国家级自然保护区对白胸苦恶鸟的生态进行了观察,以期为环境监测和保护鸟类资源提供可靠的依据。

1 研究区概况及方法

　　芦芽山自然保护区位于山西省吕梁山北端,地处宁武、五寨、岢岚三县交界,111°50′00″~112°05′30″E,38°35′40″~38°45′00″N。境内森林繁茂,灌木丛生,水资源充沛。面积 21453hm²。主峰芦芽山海拔 2772m。选定西马坊河及汾河两岸的沼泽地段,观察白胸苦恶鸟的季节迁徙、栖息环境和种群数量(以其夜间彻夜鸣叫的习性,统计不同方位出现的鸣声,听到一处为 2 只鸟)。确定其栖息地时,与种群数量调查同步进行。1996~1998年调查人员、调查方法、时间、次数、路线等基本一致。

2 结果与分析

2.1 季节迁徙

　　白胸苦恶鸟在本区为夏候鸟,季节迁徙相对稳定(表 1)。

表 1　白胸苦恶鸟的季节迁徙动态

年份	最早迁来	最晚迁离	居留期(d)
1996	5 月 2 日	8 月 30 日	121
1997	5 月 4 日	8 月 28 日	117
1998	5 月 1 日	8 月 27 日	119
合计	5 月 1~4 日	8 月 27~30 日	117~121

① 本文原载于《四川动物》,2000,19(4):235~236.

2.2　栖息地

白胸苦恶鸟5月初迁来后,多在山地河谷、河漫滩、河边沼泽地的针阔混交林等生境活动。营巢地包括河漫滩三棱草丛、芦苇沼泽、沼泽杂草、灌丛,觅食地包括河边沙滩、河边林带、河漫滩草丛、河边沙洲,短暂停息地包括田间、草丛、水塘、溪流,夜宿地包括巢旁草丛、杨柳树、村边树上等。

2.3　种群数量

利用白胸苦恶鸟5~6月间彻夜鸣叫的习性作了种群数量调查,结果见表2。由表2可知,白胸苦恶鸟5~6月种群数量为0.25(0.20~0.30)只/km。

表2　白胸苦恶鸟种群数量调查结果

年份	芦芽山(5~6月)			汾河(5~6月)			总计		
	调查里程(km)	夜间听到数(只)	密度(只/km)	调查里程(km)	夜间听到数(只)	密度(只/km)	调查里程(km)	夜间听到数(只)	密度(只/km)
1996	4	2	0.50	4	1	0.17	10	3	0.30
1997	6	1	0.17	6	1	0.25	10	2	0.20
1998	4	1	0.25	4	1	0.25	8	2	0.25
均值	4.67	1.33	0.31	4.67	1.00	0.22	9.33	2.33	0.25

2.4　繁殖生物学

白胸苦恶鸟5~7月为繁殖期,迁来不久即进行配对,其表现为鸣声增多,夜间彻夜鸣叫不息,傍晚和黎明尤常听到,近似"kue-kue-kue",活动增强,活动范围扩大。嗣后,雌雄一起选定巢区,确立营巢位点。

2.5　营巢与产卵

每年繁殖1次。巢营造于河边香蒲、芦苇及三棱草等草丛,偶见近水灌丛。最早营巢于5月27日。巢底距水面40~70cm。巢材由芦苇、香蒲、莎草、薹草等植物叶组成,内垫细软草、自身羽毛、植物纤维等。巢呈圆盘状,松散,巢高22~29cm,巢深7~9cm,内径13~16cm,外径25~28cm。营巢期5~7d。

巢筑好后隔1天产卵。产卵最早在6月8日。卵呈椭圆形,布满深黄褐色或紫色斑点,钝端密集,尖端稀疏。日产1枚。每窝卵数4~7枚。据35枚卵的测定,卵重21~23g,长径40~43mm,短径35~38mm。

2.6　孵卵与育雏

通常产第1枚卵由雌雄鸟共同孵卵,有时雄鸟在巢旁警卫巢域,如有同种个体来侵犯,雄鸟奋力驱赶。观察5窝孵卵期为16~17d。雏鸟为早成性。初雏全身长满黑色丝状绒羽,喙、脚、跗跖均黑色,体重16g,体长90mm,嘴峰18mm,跗跖30mm。同窝卵不是同期出壳,而是依产卵时序(卵表面编号得知)出壳,每天孵出1只。孵出的雏鸟羽毛风干后,不仅善于游泳、潜水及涉水,亦可在横倒的芦苇叶上快速奔跑。开始由雌鸟率领,当全窝卵孵出后,亲鸟一起育雏,边走边发出简短的呼唤。每前进5m左右,总要抬头瞭望,发现险情或意外,亲鸟停叫,雏鸟迅速分散或躲藏植物丛中。待周围安静,亲鸟再呼唤,雏鸟又集中跟随。如亲鸟被迫惊飞,雏鸟藏匿经久不出,待亲鸟返回原处呼唤再随亲鸟集中活动觅食。以这样的育雏方式,经35d,雏鸟长成幼鸟。此时捕获幼鸟3只。测定其体重平均为180g,身长200mm,嘴峰30mm,翼长149mm,尾长60mm,跗跖47mm。

2.7　食　物

先后捕获6只成鸟,剖胃分析白胸苦恶鸟的食物在5~8月由植物和动物两部分组成。植物有稗、狗尾草、芦苇茎、三棱草叶、地肤等,动物主要有蠕虫、软体动物、蜗牛、蚂蚁、龙虱幼虫、螟蛾及鳞翅目、鞘翅目昆虫的残渣碎片,还有黑白色砂砾。

参考文献

[1] 邱富才,温毅,谢德环.芦芽山保护区蓝矶鸫的繁殖生物学研究[J].山西大学学报:自然科学版,1998,21(3):286~290.
[2] 晏安厚,庞秉璋.白胸苦恶鸟的生态[J].野生动物,1986,(6):31~33.

芦芽山自然保护区太平鸟冬季
种群密度及食性①

邱富才   王建萍   吴丽荣   郭建荣

（山西芦芽山国家级自然保护区，山西   宁武   036707）

太平鸟 *Bombyilla garrulus* 为中日候鸟保护协定中保护的鸟类，近年发现在芦芽山、庞泉沟、五鹿山、运城、历山等保护区越冬。鉴于该鸟在保护中的重要意义，我们于1996~1998 年的冬季，在山西芦芽山保护区对其冬季种群密度及食性进行了研究，以期为环境监测和鸟类资源保护提供依据。

1   研究区自然概况

芦芽山保护区位于山西省宁武、五寨、岢岚三县交界，地理坐标：111°50′00″~112°05′30″E，38°35′40″~38°45′00″N。境内森林繁茂，灌木丛生，水分充足，生境多样。

2   研究方法

2.1   迁徙观察方法

选定人为干扰较少的坝门口—西马坊疏林灌丛带，长 3000m 的路线，每年 11 月和翌年 4 月，隔 2 日 9：00~11：00 进行观察，以确定太平鸟最早迁来、最晚迁离的个体和越冬期。

2.2   路线统计方法

依据海拔不同选定 6 种树种的 3 个生境，即坝门口—榆木桥，海拔 1400~1500m 的河流公路生境：西马坊—陈家滩，海拔 1500~1700m 的疏林灌丛，主要树种山杨、辽东栎、油松、红桦混交；大南滩—冰口洼，海拔 1800~2200m 的华北落叶松、云杉针叶林带。采用路线统计法，以 2km/h 的速度，左右视距各 50m，11：00~13：00 统计太平鸟越冬种群密度。

---

①   本文原载于《四川动物》，2000，19（2）：84~85

12月和翌年3月,在各生境中统计1次。统计的时间、路线和工作人员基本一致。

2.3　食性分析方法

每年在各生境猎取1只标本,3年猎取9只成体,剖检鸟胃,鉴定食物种类。在食物鉴定中不认识的种类送交山西省生物研究所协助鉴定。

3　研究结果

3.1　迁徙动态

太平鸟在山西省为冬候鸟,每年11月5~10日迁来,翌年4月20~25日迁离;越冬期161~171d(表1)。

表1　太平鸟迁徙动态

年份	最早迁来	最晚迁离	居留期(d)
1996	11月10日	4月20日	161
1997	11月5日	4月25日	171
1998	11月7日	4月23日	167
合计	11月5~10日	4月20~25日	—

3.2　活动与环境

太平鸟冬季常见数十只至近百只聚集成群。喜居于国槐、侧柏林及油松林,亦见于落叶的枯树上停息。在树梢跳跃。飞行时鼓翼急速。群鸟中若有一只鸟起飞,余鸟常随即一齐飞起。在树上群鸟往往互鸣,发出柔细的"pi-pi-pi-pi或"shi-shi-shi-shi"的鸣声,时而声高,时而转低,有时声似"chili-chili-chili-chili"。常集群觅食,互有争斗。冬季栖息环境调查结果见表2,可以看出,此鸟白昼栖息地和夜间栖息地主要集中于食物丰盛处和具有棘针的树枝。

表2　太平鸟冬季栖息环境

白昼栖息地	夜间栖息地
1. 城镇·机关·高校	A. 油松林、侧柏林
AA. 国槐、杨、柳、榆行道树	B. 花椒、忍冬
AB. 大片刺槐林	C. 卫矛、鼠李
AC. 小片国槐林	D. 华山松、白皮松
AD. 农田果园	
BB. 针阔混交林	
2. 乡村·农田·水边	
AA. 国槐行道树	
AB. 村边杨、柳	
AC. 杨、柳、榆、刺槐林	
AD. 果园柿树	

3.3 种群密度

冬季越冬种群密度为 0.60(0.54~0.67)只(表3)。

表3 太平鸟冬季种群密度动态

年份	调查时数(h)	调查里程(km)	遇见数(只)	密度(只/km)
1996	12	24	16	0.67
1997	12	24	14	0.58
1998	12	24	13	0.54
平均	12	24	14.33	0.60

3.4 食物组成

每年从每个生境中采集1只标本(共计9只)分析,食物组成结果见表4。由表4可知,太平鸟的冬季食物以针叶树和国槐种籽为主,占总食物(6.25g)的88.00%,其余刺槐、紫穗槐、忍冬等仅占12%。

表4 太平鸟冬季食性分析

食物种名	啄食部位	出现频率(%)	发现频率(%)	重量(g)	多度(%)	比例(%)
国槐	夹皮、种	9	13.85	2.00	32.00	
侧柏	种籽	8	12.31	17.60	1.10	
油松	种籽	8	12.31	1.00	16.00	
白皮松	针叶、种籽	6	9.23	0.80	12.80	88
华山松	针叶、种籽	6	9.23	0.40	6.40	
云杉	种籽	5	7.69	0.20	3.20	
刺槐	种籽	5	7.69	0.20	3.20	
紫穗槐	种籽	5	7.69	0.20	3.20	
忍冬	果皮、种籽	3	4.62	0.10	1.60	
卫矛	果皮、种籽	3	4.62	0.10	1.60	12
鼠李	种籽	3	4.62	0.05	0.80	
桐树	种籽	2	3.08	0.05	0.80	
杨	苞叶	2	3.08	0.05	0.80	

4 保护对策

太平鸟羽色较美,尤以其翅羽上的小蜡状斑更为独特绚烂,可饲养为笼鸟供观赏,并具有科学研究价值和经济意义,应予保护。该鸟在山西为冬候鸟,忻定、晋中、临汾、长治、运城等盆地分布较多,每年越冬期间要保护它的越冬环境,即觅食地、饮水地、短暂停息地和夜间栖息地。

参考文献

[1] 郑作新 . 中国鸟类分布名录[M]. 北京 : 科学出版社 , 1996.

[2] 江智华 . 太平鸟的雌雄鉴别[J]. 野生动物 , 1987 , (4) : 31.

[3] 马建仙 . 太平鸟冬季种群结构及食性 . 见 : 中国鸟类研究[C]. 北京 : 科学出版社 , 1991.

山西芦芽山国家级自然保护区
褐马鸡饲养繁殖研究①

郭建荣　邱富才　王建萍　吴丽荣　宫素龙

（山西芦芽山国家级自然保护区，山西　宁武　036707）

褐马鸡 *Crossoptilon mantchuricum* 为我国特产珍禽，国家I级重点保护动物和《国际濒危野生动植物种国际贸易公约》附录I的种类，仅分布于我国山西吕梁山脉及河北小五台、北京东灵山、陕西黄龙县等地。有关褐马鸡的饲养繁殖方面已有报道[1,2]，开展人工笼养对保护濒危物种有着特殊重要的意义。山西芦芽山国家级自然保护区 1997 年人工笼养条件下繁殖成活 4 只褐马鸡，1998 年又繁殖成活 2 只，1999 年繁殖成活 1 只。

1　饲养概况

1.1　笼养环境

研究区位于保护区干沟滩饲养栅。饲养棚位于海拔 1990m 的山谷中间，旁边一条小河常年流水，周围山上为华北落叶松 *Larix principis-rupprechtii*、云杉 *Picea* spp. 天然次生林。笼舍占地约 2000m²，基本呈长方形，周围用铁丝网笼罩，棚高约 3.5m，有 2 根高约 2m 的横杆和部分云杉的枝杈，可供褐马鸡夜间栖息；笼内多小灌木，主要有刺梨 *Ribes burense*，土庄绣线菊 *Spiraea pubescens* 等，并有少量华北落叶松幼树及云杉等；草本植物以禾本科植物为主。

1.2　饲　料

以山西榆次强大饲料有限公司生产的强大 A 型肉用鸡中期全价颗粒饲料为主。原料包括玉米、豆粕、菜粕、棉粕、矿物质、维生素、氨基酸等，营养成分为：粗蛋白≥17.5%，粗纤维≤5%，灰分≤10%，粗脂肪≥4%，食盐 0.3~0.8%，Ca 0.7~1.2%，P≥0.55%，水≤13%。褐马鸡每天约喂 300g/ 只，并配少量白菜、马铃薯、玉米等。育雏期还喂蚂蚁卵以补充雏鸡

---

①　本文原载于《中国鸟类学研究》，2000：143~145.

的营养。

2　繁　殖

通过对饲养棚内褐马鸡自然繁殖的观察,发现褐马鸡的繁殖过程大致分为发情、配对、占区、产卵、孵化、育雏等 6 个阶段(表 1)。

表 1　褐马鸡鸡笼养繁殖参数(1)

年份	窝数	发情	配对	交配	产卵	孵化	出壳	孵化天数
1997	1	4.1	4.12	4.24	4.28	5.13	6.9	28
1998	4	3.25	4.3	4.12	1.13	4.6	6.2	28
1999	4	3.14	4.1	4.18	4.22	5.11	6.6	27

2.1　发情与配对

褐马鸡发情配对期表现是:雌雄鸡眼帘变大且鲜红,雄鸡鸣声增多,发出 "gu-gu-gu" 的婚鸣声。每年 3 月中下旬是发情高峰期,这时雌雄配对相随不离,有时雄鸡追逐雌鸡,在两雄争一雌时,雄性间常发生格斗。

2.2　占　区

在大棚人工饲养条件下,褐马鸡也有占领巢区的现象,多在 4 月上中旬进行,有时也会因争区而相互格斗。雌雄均巡视领域,但以雄性为主。1997 年 1 个占区,1998 年 4 个占区,1999 年 4 个占区,占区面积约 62~527m²。

2.3　交　配

交配期始于每年的 4 月 12~24 日。3 年中共见到褐马鸡交配 4 次。交配时雄鸡紧追雌鸡,并发出求偶鸣叫声。交配时,雌鸡呈半卧式,双翅展开,颈部端短,而头左右摆动同时发出 "ji-ji-ji" 的求配声。雄鸡跃其背上,双脚踏在雌鸡左右翅肩上,用嘴衔住雌鸡头顶的羽毛,雌鸡头低下而尾抬高,雌雄鸡泄殖腔相对,完成 1 次交配约 30~60s。

2.4　产　卵

笼养褐马鸡 370d 即开始产卵。产卵一般在 14:00~16:00,一般日产 1 枚,笼内窝产卵数为 4~22 枚。笼养褐马鸡与野外褐马鸡所产的卵及巢的比较见表 2。

表 2　笼养与野外褐马鸡卵及巢的比较

饲养方式	卵大小(cm×cm)	卵重(g)	巢径(cm×cm)	巢深(m)	平均窝卵数(枚)
笼养	56.79(54~60.2)×41.78 (38.7~43.68)	54.48 (48.5~62.3)	28.5(24~33)× 30(24~34)	8.64(6~11)	11.11(4~22)
野外	57.41(55.6~60.6)× 40.88(39~42.3)	50.77 (48.5~53.5)	25.33(20~30)× 29(24~32)	9.67(8~11)	8.02(5~13)

由表2可知,笼养褐马鸡卵比野外的卵重量大,但大小相差较小。3个巢日增加卵2枚,这是由于两只雌鸡在同一巢中产卵的缘故。这种巢一般不进行孵化,最后都弃巢了。

2.5 孵 化

雌鸡产卵完毕后,1~5d即开始孵化。从5月6~13日开始,到6月2~9日雏鸡出壳,孵化期27~28d(表1)。孵化由雌鸡承担,雄鸡负责警戒。3年中共在笼内观察巢9个,共有卵100枚,孵出雏53只,孵化率53%,离巢幼鸟52只,离巢成活率为98.11%(表3)。

表3　褐马鸡繁殖参数(2)

年份	笼内数量(只)	繁殖数量(只)	繁殖率(%)	窝卵数(枚)	出雏数	受精率(%)	孵化率(%)	离巢幼鸟(只)
1997	11	2	18.18	8	5	62.5	62.5	5
1998	14	8	57.14	5	4	100.0	80.0	3
				22	8	54.5	36.36	8
				9	–	–	–	–
				14	–	–	–	–
1999	14	8	57.14	18	14	77.78	77.78	14
				8	7	87.5	87.5	7
				12	12	100.0	100.0	12
				4	3	75.0	75.0	3
				100	53			32

2.6 育 雏

雏鸡刚出壳时不能站立,经亲鸟继续抱雏2~3h后,待全身羽毛全部干透,便可随亲鸟走动,但不太稳健,雏鸟当日即有取食行为。2日龄便可随亲鸟四处活动,1个月后便可自由觅食。在此期间,人工投喂蚂蚁卵,每日每只雏鸡10~20g,以后食量逐渐增加。当气温降低时,亲鸟就将幼鸟全部接到翅下以便取暖。

3 讨 论

笼养条件下,褐马鸡种群繁殖力较低的原因主要是由于笼内褐马鸡近亲繁殖的缘故。每年繁殖的个体,到繁殖年龄可能又互相结合,造成近亲繁殖频发,致使其繁殖力降低。近亲繁殖也是造成笼内褐马鸡最终成活率极低的原因。

造成笼内褐马鸡繁殖成活率低的另一个原因是育雏期间食物缺乏和营养不良。每年繁殖后捕捉的蚂蚁卵全都撒放在笼内,这样大小鸡一起进食,有一部分被大鸡吃掉了。虽然饲料中各种营养成分较全,但缺乏植物食品,饲料配方不尽合理,导致小鸡营养不良,体质太弱,这也是造成小鸡死亡的原因之一。

参考文献

［1］盖强,蓝玉田,张兆海.褐马鸡饲养繁殖的一些资料［J］.四川动物,1987,6(3):39-41.

［2］张兆海,张春花,张宏远.褐马鸡的就地人工饲养［J］.野生动物,1983,4(2):30~33.

［3］邱富才,杨凤英.山西芦芽山自然保护区褐马鸡繁殖力的研究［J］.山西大学学报:自然科学版,1998,21(4):374~378.

芦芽山自然保护区岩鸽繁殖生态的观察 ①

郭建荣　王建萍

（山西芦芽山国家级自然保护区，山西　宁武　036707）

岩鸽 *Columba rupestris* 是有十分重要经济价值的广布种[1-2]，分布于山西芦芽山自然保护区的为指名亚种 *C. r. rypestris*。有关岩鸽繁殖生态研究报道较少，为了更深入地研究其繁殖生态，为科学保护和合理利用该物种提供依据，我们于 1997、1998 年在芦芽山自然保护区对岩鸽的繁殖生态和种群数量进行了观察。

1　研究区概况及方法

芦芽山保护区位于山西省吕梁山北段，地处宁武、五寨、岢岚三县交界处，地理坐标：111°50′00″~112°05′30″E，38°35′40″~38°45′00″N。主峰芦芽山海拔 2772m。气候为大陆性季风气候。其特点是夏季炎热多雨，冬季寒冷干燥，盛行西北风，年均气温 45℃，1 月气温 −21–15℃。7 月气温 15℃左右，年降水量 700~800mm，无霜期 90~100d。本区山峦重叠，沟谷交错，森林繁茂，灌木丛生，水资源丰富。主要树种有华北落叶松 *Larix principis-rupprechtii*、云杉 *Picea* spp.、油松 *Pinus tabuliformis*、白桦 *Betula platyphylla*、辽东栎 *Quercus wutaishanica* 等。灌木由沙棘 *Hippophae rhammoides*、黄刺玫 *Rosa xanthina*、忍冬 *Lonicera* spp.、三裂绣线菊 *Spiraea trilobata* 等组成。主要农作物多为生长期短的品种，如马铃薯、莜麦、蚕豆、豌豆等。

依据自然环境及岩鸽的生活习性，选定红砂地、万佛洞、十里桥为样地。采用路线统计法每月调查 2 次，每次调查 1km 样线，统计岩鸽数量。繁殖期找到巢后定期观察其繁殖生态，记录各项繁殖参数及雏鸟的生长状况。

2　研究结果

2.1　栖息地

岩鸽将巢营建于悬崖缝隙或洞穴，多成群夜宿于悬崖，白天常在悬崖作短暂停息，追

---

① 本文原载于《山西林业科技》，2000（1）：40~43.

逐嬉戏,在田间、庭院等处觅食。

2.2　种群密度

对 3 条样线每月 2 次,每次 1km 进行岩鸽数量调查,结果见表 1。由表 1 可知,72km 样线共遇见岩鸽 1137 只,平均 15.79 只/km,其中距水较近、干扰少的红砂地为 24.75 只/km,而人为干扰较频繁、悬崖不连续且较低的十里桥为 8.08 只/km。每年 7、8 月后,岩鸽数量明显增多,说明其繁殖成活率较高,亦表明岩鸽是扩展型种群。

表 1　岩鸽种群数量动态

| 地点 | 逐月遇见数(只) | | | | | | | | | | | | 路程 (km) | 年遇见数 (只) | 密度 (只/km) |
	1	2	3	4	5	6	7	8	9	10	11	12			
红砂地	46	50	70	39	25	35	44	60	49	50	78	48	24	594	24.75
万佛洞	21	42	26	19	14	24	32	25	46	26	35	39	24	349	14.54
十里桥	12	13	15	8	8	11	10	21	21	19	25	23	24	194	8.08
合计	79	105	111	66	47	70	94	106	116	95	138	110	72	1137	47.37
均值	26.33	35	37	22	15.67	23.33	31.33	35.33	38.67	32.67	46	36.67	24	379	15.79

2.3　繁　殖

2.3.1　营　巢

岩鸽每年 4 月上中旬开始配对筑巢,雌雄鸽共同参与。2 年中共调查鸟巢 9 个。巢呈浅盘状,均筑于悬崖峭壁的缝隙或洞穴。巢材由禾本科植物的枯茎、秸秆、绣线菊细枯秆、铁杆蒿及自身的羽毛等组成。巢距水源较近,为 7~270m。如无人为干扰,岩鸽多有利用旧巢的习性。9 个巢中两巢间最近距离为 25m,距地面 6.7(2.5~10.3)m,巢外径 21.7(19.8~23.8)cm×19.6(18.2~21.3)cm,内径 14.4(13.4~15.4)cm×14.3(13.5~15.2)cm,巢深为 3.5(2.0~4.5)cm。

2.3.2　产　卵

岩鸽营好巢后即开始产卵,卵期多在 4~7 月。最早产卵为 4 月 20 日,最晚为 7 月 14 日。每窝 2 枚。卵呈椭圆形,白色。每 1~2d 产卵 1 枚。岩鸽间或有一年繁殖两窝的习性。1997 年 4 月 20 日和 1997 年 7 月 14 日所产卵均为同一巢,可能为同 1 对岩鸽所产。

2.3.3　孵　卵

岩鸽产齐 2 枚卵后,即开始孵化,雌雄鸽共同参与,以雌鸽为主。一只孵卵时,另一只常在 50m 以内觅食,并担任警戒任务。如无干扰,孵化期间岩鸽很少离巢。翻卵时间多在早晨和下午,每日翻 3~8 次。孵化期为 17~19d。孵化率为 100%。离巢率为 87.5%。孵化期间卵的变化见表 2。

表 2　岩鸽卵的参数及孵化情况

巢号	卵数	大小(mm×mm)	鲜卵(g)	孵化12日(g)	出壳前(g)	孵化率(%)	离巢率(%)
1	2	36.20×28.94	16.4	14.5	13.1	100	50
		35.58×27.88	15.2	13.0	10.4		
2	2	36.60×27.40	15.8	14.0	12.9	100	100
		36.52×27.28	15.0	13.6	11.8		
3	2	35.64×28.20	15.5	14.3	12.7	100	100
		36.48×27.62	16.0	14.5	12.9		
4	2	36.24×27.84	16.1	14.4	12.5	100	100
		35.88×28.20	15.4	13.8	12.0		

2.3.4　雏　鸟

刚出壳的雏鸟全身密被米黄色绒毛,双目紧闭,腹部如球。体重均值为11.5(9.8~12.8)g,2日龄雏鸟趾跗肉色,嘴峰灰黑色。7日龄体羽变灰黑色,羽根明显,眼刚睁开。9日龄体羽暗灰色,上被一层灰白色长绒毛,喙黑色,先端白色。15日龄全身被灰色羽毛,上有稀疏胎毛,嗉囊大如球状,跗趾黑褐色,覆羽丰满,体形与亲鸟基本相似。雏鸟生长变化情况见表3。

表 3　岩鸽雏鸟生长参数

雏鸟	日龄	体重(g)	体长(mm)	跗趾(mm)	嘴峰(mm)	雏鸟	日龄	体重(g)	体长(mm)	跗趾(mm)	嘴峰(mm)
1	1	9.8	61	19.7	9.8	3	1	12.4	76	21.6	11.0
	4	10.6	62	20.0	10.0		4	13.0	78	22.0	11.4
	5	–	–	–	–		5	45.4	113	26.5	15.7
	9	–	–	–	–		9	102	132	29.6	18.8
	15	–	–	–	–		15	208.5	214	41.7	20.6
2	1	12.8	78	23.8	11.8	4	1	12.1	72	21.4	10.8
	4	13.2	80	24.0	12.0		4	11.0	70	21.0	10.2
	5	47.8	119	27.1	16.2		5	43.8	107	24.3	14.2
	9	108.0	140	32.0	20.0		9	98.5	129	27.8	17.4
	15	2100	220	43.0	21.0		15	202.5	209	39.5	19.8

2.3.5　育　雏

出壳当天,岩鸽亲鸟并不立即喂雏。喂雏时亲鸟用喙衔住雏鸟的喙,嗉囊不停地蠕动吐食。岩鸽每天喂雏次数为2~8次,时间为10~40min,中午和下午喂雏时间较长。随着雏鸟的增长,喂雏时间逐渐缩短,次数减少。雏鸟长到12~13d后,亲鸟白天几乎不在巢中,只有到喂雏时才回来。巢内育雏17~19d。雏鸟离巢的早晚与人的干扰有关。雏鸟离巢后,还需亲鸟喂育18d左右才可独立生活。

岩鸽的食物主要有植物种子、果实、球茎、块根等,也吃谷粒、玉米、豌豆等农作物种子。

近年来，天敌危害、农药使用及人类投毒等对岩鸽的数量有很大影响，因此应加强对群众爱鸟护鸟的宣传教育，加大野生动物保护法的宣传和执法力度，为科学保护、合理利用野生动物资源提供有力的保障。

参考文献

［1］赵正阶 . 中国鸟类手册，上卷［M］. 长春：吉林科学技术出版社，1995.
［2］郑作新 . 中国动物志·第四卷（第一版）［M］.北京：科学出版社，1978.

纵纹腹小鸮繁殖习性观察 [①]

谢德环   邱有宏   郭建荣

(山西芦芽山国家级自然保护区,山西   宁武   036707)

纵纹腹小鸮 *Anthene noctua* 为国家Ⅱ级保护动物,在山西为留鸟,遍布全省。1997~1999 年 3~7 月在山西芦芽山自然保护区对纵纹腹小鸮繁殖习性进行了观察,以期为保护鸟类资源提供科学依据。

1   自然地理概况与研究方法

1.1   研究区概况

山西芦芽山国家级自然保护区位于吕梁山脉北端,地处宁武、五寨、岢岚三县交界,111°50′00″~112°05′30″E,38°35′40″~38°45′00″N。自然概况见文献[1]。

1.2   研究方法

根据纵纹腹小鸮的生活习性,选定红砂地、吴家沟、吉家坪等作为调查地点,每月调查 1 次。采用路线统计法,速度 2km/h,左右视距各 50m,在太阳落山后调查其种群数量,包括空中飞翔、巨石站立、树枝停歇、房屋的纵纹腹小鸮数量。每年繁殖期在各调查点寻找繁殖巢,调查其繁殖习性。

2   结   果

2.1   栖息地

纵纹腹小鸮栖息地多为山地、黄土丘陵、多岩石的林间、开阔河谷和居民区附近等。多在悬崖峭壁等地栖宿,营巢于山地林缘旷地和水冲沟洞穴等处。在居民区附近、开阔农田疏林和水库、池塘边觅食。

---

①   本文原载于《动物学杂志》,2001,36(5):57~59.

2.2　种群密度

调查结果表明,纵纹腹小鸮遇见率较低,仅有 0.089 只/km,种群密度较小(表1)。

表1　纵纹腹小鸮种群数量动态

年份	红砂地			吴家沟			吉家坪			合计		
	线路(km)	遇见数(只)	遇见率(只/km)	线路(km)	遇见数(只)	遇见率(只/km)	线路(km)	遇见数(只)	遇见率(只/km)	线路(km)	遇见数(只)	遇见率(只/km)
1997	18	3	0.167	20	3	0.100	20	22	1	60	6	0.100
1998	20	2	0.100	18	2	0.167	18	20	1	58	6	0.103
1999	22	1	0.045	22	1	0.045	22	18	2	62	4	0.065
合计	60	6	0.312	60	6	0.312	60	60	4	180	16	0.268
平均	20	2	0.104	20	2	0.104	20	1.333	0.069	60	5.333	0.089

2.3　繁　殖

纵纹腹小鸮繁殖期为 3~7 月。3 月中旬开始发情交尾,表现行为为黄昏和拂晓时鸣声增多,活动力增强,相互追逐嬉戏,更多的是雄鸟伸颈耸羽,对视雌鸟,然后成对活动,选定巢区,确立营巢点。白昼则栖息于林间枯树顶端或水冲沟洞穴、石壁缝隙等处。

营巢于 4 月中旬开始,巢筑在土壁洞、石壁裂缝、村边旧房洞等。未见小鸮专门衔材筑巢。据 3 年 6 个巢的观察,巢仅用沙土和小片碎石等为筑巢材料,底部垫有少量自身羽毛。树洞内的 1 个巢仅有碎木屑。巢呈长碟状,长 16(14~17)cm,宽 14(12~15)cm,深2.3(2~3)cm。

产卵最早见于 1999 年 4 月 15 日。多数在 4 月下旬产卵,隔日产卵 1 枚,年繁殖 1 次。窝卵数 3~4 枚。卵为白色,卵重 11.95(10.2~13.9)g,长径 2.18(1.7~2.5)cm,短径 1.87(1.6~2.4)cm。产第 1 枚卵即开始孵卵。雌雄鸟轮换孵卵,孵卵期为 21~22d($n=6$)(表2)。

表2　纵纹腹小鸮的繁殖参数

年份	地点	营巢环境	产卵日期	孵化期(d)	窝卵数(枚)	卵重(g)	卵的量度长径(cm)×短径(cm)
1997	红砂地	河谷石壁缝	4 月 20 日	21	3	12.3(11.3~13.9)	2.1(1.9~2.2)×2.0(1.7~2.1)
	吴家沟	悬崖石壁小洞	4 月 26 日	21	4	12.7(11.6~13.8)	2.2(2.0~2.3)×1.8(1.6~1.9)
1998	吴家沟	村边旧房	4 月 29 日	21	4	11.4(10.7~12.2)	2.3(2.2~2.5)×2.2(1.8~2.4)
	吉家坪	桦树林枯洞	4 月 30 日	22	4	11.6(10.9~12.6)	2.0(1.9~2.4)×1.7(1.6~1.8)
1999	红砂地	水冲沟洞穴	4 月 15 日	22	4	12.2(11.7~12.9)	2.2(1.7~2.3)×1.7(1.6~1.9)
	吉家坪	山地悬崖峭壁	4 月 18 日	22	4	11.5(10.2~12.8)	2.3(2.1~2.4)×1.8(1.7~1.9)
		平均				11.95(10.2~13.9)	2.18(1.7~2.5)×1.87(1.6~2.4)

雏鸟按产卵的先后顺序出壳,刚出壳的雏鸟全身被白色绒羽,体重 8.5(8~10)g(n=11)。巢内喂育 21~22d,雏鸟出巢。离巢后的雏鸟,在巢外还需喂育 10~12d,方可独立生活。

2.4 食物组成

纵纹腹小鸮食物以农林害鼠为主,主要有长尾仓鼠 *Cricetulus longicaudatus*、黑线仓鼠 *C. barabensis*、大林姬鼠 *Apodemus peninsulae*、黑线姬鼠 *A. agrarius*、小家鼠 *Mus musculus* 等。此外,还有雀形目的一些鸟类和直翅目、鞘翅目等多种昆虫。

参考文献

[1] 邱富才,亢富德,郭仕俊. 山西芦芽山自然保护区猛禽调查研究[J]. 山西林业科技,1997,(4):22~26.

[2] 安文山,薛文祥,刘焕金. 庞泉沟猛禽研究[M]. 北京:中国林业出版社,1993.

芦芽山国家级自然保护区普通翠鸟生态习性记述 [①]

高瑞东

（山西芦芽山国家级自然保护区，山西 宁武 036707）

普通翠鸟 *Alcedo atthis* 在我国有 3 种，山西省有 1 种，芦芽山地区也有分布，2000 年 8 月 1 日被列入国家林业局发布的《国家保护的有益的或者有重要经济、科学研究价值的陆生野生动物名录》。2008~2010 年，笔者在山西省芦芽山国家级自然保护区内对普通翠鸟的生态习性进行了调查。

1 研究区概况

山西芦芽山国家级自然保护区位于山西省吕梁山脉北端，111°50′00″~112°05′30″E，38°35′40″~38°45′00″N，地处宁武、五寨、岢岚三县交界。总面积 21453hm²。森林覆盖率 36.1%，最低海拔 1346m，最高海拔 2787m。年均温 4~7℃，年降水量 500~600mm，无霜期 90~120d。区内有梅洞河、圪洞河、高崖底河等，3 条河在西马坊乡汇合为芦芽河。芦芽山是管涔山的主峰，是"三晋"母亲河——汾河的源头，也是我国暖温带天然次生林保存较完整的地区之一，有"华北落叶松的故乡""云杉之家"的美誉。区内森林繁茂，灌木丛生，水源充沛，生境多样。高层乔木以云杉 *Picea* spp.、华北落叶松 *Larix principis-rupprechtii*、油松 *Pinus tabuliformis* 为主，其次为辽东栎 *Quercus wutaishanica*、白桦 *Betula platyphylla*、杨树 *Populus* spp. 等。中层灌木有沙棘 *Hippophae rhamnoides*、黄刺玫 *Rosax anthina*、忍冬 *Lonicera japonica*、三裂绣线菊 *Spiraea trilobata* 等。农作物主要有莜麦 *Avena chinensis*、豌豆 *Pisums ativum*、马铃薯 *Solanum tuberosum*、蚕豆 *Vicia faba* 等。

2 研究方法

选择西马坊北沟滩、坝门口、梅洞等 3 条路线为研究地点，采用路线统计法于每年

---

① 本文原载于《山西林业科技》，2012（1）：29~30,33.

4月和9月,隔日观察1次,调查其随季节迁徙动态。每年5月至6月调查4次,每次以2km/h的速度步行6km,观察左右各50m范围内普通翠鸟的分布及活动情况,统计其种群数量,以种群遇见率(只/km)来反映其在本区的种群密度。寻找普通翠鸟繁殖巢对繁殖进行观察,利用10倍望远镜观察其生活习性,并对其食性进行分析。

3　结果与分析

3.1　栖息生境及习性

普通翠鸟在本区主要栖息于林区溪流、河谷、水塘边。常单独活动,一般多停息在河边树桩、岩石,有时也在临近河边的小树低枝上停息。它长时间地注视着水面,见水中鱼、虾,则立即以迅速、凶猛的姿势扎入水中用嘴捕取。有时亦鼓翼悬浮于空中,低头注视水面,见有食物立刻扎入水中捕食。

3.2　季节迁徙

普通翠鸟为夏候鸟,每年4月上旬迁来,9月下旬迁离。最早见于4月1日迁来,最晚见于9月29日迁离,居留期178~181d,季节迁徙较为稳定。迁徙调查结果见表1。

表1　普通翠鸟季节迁徙动态

年份	首见日期	终见日期	居留期(d)	间隔期(d)
2008	4月1日	9月25日	178	187
2009	4月3日	9月27日	178	187
2010	4月2日	9月29日	181	184

3.3　种群密度

普通翠鸟种群数量调查结果见表2。由表2可知,普通翠鸟种群密度为0.25只/km,分布数量较少。

表2　普通翠鸟种群密度调查结果

年份	5月			6月			总计		
	调查范围(km)	遇见数(只)	密度(只/km)	调查范围(km)	遇见数(只)	密度(只/km)	调查范围(km)	遇见数(只)	密度(只/km)
2008	12	4	0.33	12	2	0.17	24	6	0.25
2009	12	2	0.17	12	2	0.17	24	4	0.17
2010	12	4	0.33	12	4	0.33	24	8	0.33
均值	12	3.3	0.28	12	2.67	0.220	24	6	0.25

3.4　繁　殖

普通翠鸟繁殖期为 5~8 月。迁来后,最早见于 2009 年 4 月 20 日开始配对,表现为活动力增强,雄鸟鸣声增多,活动范围扩大。

3.4.1　营　巢

普通翠鸟配对后即成对选择巢穴位置。最早于 2009 年 5 月 2 日在西马坊乡见到 1 对翠鸟掘洞筑巢,巢建于距水较远的土坎。掘洞筑巢时,雌雄鸟轮流用嘴啄土,再用脚往洞口外扒土。筑巢时间 12~14d。巢穴圆形,呈隧道状,洞口 11cm×10cm,洞深 55cm,洞口有绣线菊等低矮灌丛,隐蔽性好。巢内仅有自身羽毛和松软的沙质土。

3.4.2　产　卵

普通翠鸟产卵情况见表 3。由表 3 可知,筑好巢穴后隔 1d 开始产卵,年产卵数 5~7 枚,产卵时间多为 5:00~6:00。卵白色,光滑无斑,近圆形或椭圆形。卵大小平均值为 20.5mm×18.2mm,平均重 3.5g。

表 3　普通翠鸟卵的测量结果

年份	营巢环境	窝卵数(枚)	平均长径(cm)	平均短径(cm)	平均卵重(g)	出雏数(只)
2008	农田边土坎	5	20.8	18.0	3.7	4
2009	岸边土岩壁	5	20.3	18.5	3.6	5
2010	农田边土坎	7	20.4	18.1	3.5	5
	均值	5.67	20.5	18.2	3.5	4.67

3.4.3　孵　卵

孵卵由雌雄鸟共同承担,孵化期 19~20d。

3.4.4　育　雏

雏鸟晚成性。刚出壳的雏鸟全身赤裸,仅头部、颈侧、背部着生灰黑色绒毛。2009 年和 2010 年两巢 12 枚卵孵出 10 只雏鸟,孵化率为 83.33%。雏鸟在巢内喂育 26~28d 离巢。2009 年 6 月 17 日岸边土岩壁巢内的雏鸟 1d 内全部出巢,捕获 5 只幼鸟进行测量,结果见表 4。

表 4　普通翠鸟 5 只雏鸟测量的平均值(28 日龄)

体重(g)	全长(mm)	嘴峰(mm)	翅长(mm)	尾长(mm)	跗跖(mm)
20.0	123	38.2	68.5	26.2	6.2
(19.1~22.5)	(119~126)	(37.6~40.0)	(64.8~70.6)	(24.8~27.5)	(5.7~6.5)

3.5　食性分析

普通翠鸟主要捕食泥鳅、小鱼、虾,兼食一些甲壳类和水生昆虫,均为动物性食物。

参考文献

［1］赵正阶.中国鸟类手册［M］.长春:吉林科学技术出版社,1995.

［2］郭建荣,王建萍.芦芽山自然保护区岩鸽繁殖生态的观察［J］.山西林业科技,2000,(1):40~43.

［3］丁汉林,李宝森.普通翠鸟的繁殖习性［J］.吉林林业科技,1990,6:31~33.

宁武县天池黑鹳种群数量及其保护①

邱富才　郭建荣　王建萍　吴丽荣

（山西芦芽山国家级自然保护区，山西　宁武　036707）

黑鹳 *Ciconia nigra* 属国家Ⅰ级重点保护动物，为世界濒危物种，并列入《中国濒危动物红皮书》（鸟类卷）。为了保护黑鹳资源，我们于 1996~1998 年 3~10 月在山西宁武县天池对黑鹳的种群数量及其保护进行了调查研究，现报道如下。

1　研究区概况

研究区位于山西省宁武县东庄乡境内的天池，地理坐标：112°12′~112°14′E，38°51′~38°53′N，海拔 1800m，是山西省著名的高山淡水湖泊，由马营海、琵琶海、鸭子海等湖泊组成。其中马营海面积最大为 80 余 hm²，水最深处为 13m，蓄水 800 万 m³。湖泊鱼类有鲫 *Carassius auratus*、鲤 *Cyprinix carpio*、鲢 *Hypophthalmichthys molitrix*、草鱼 *tenophary ngodonidella* 等。乔木优势种有华北落叶松 *Larix principis-rupprechtii*、云杉 *Picea* spp.、油松 *Pinus tabuliformis*）及杨、柳等种类。灌木优势种有黄刺玫 *Rosa xanthina*、沙棘 *Hippophae rhamnoides*、绣线菊 *Spiraea* spp. 等。年均温 6~7℃，1 月最低为 –11 ℃，7 月均温 20~22℃，年均降水量 450~510mm。由于天池地处偏僻，池水常年不涸，尚无污染，水草丰盛，人畜干扰少，故成为黑鹳理想的觅食场所。

2　研究方法

以马营海、琵琶海、鸭子海等 3 个湖泊作为黑鹳种群数量调查区域。每月每个湖调查 2 次，时间为 6:00~9:00。3 个湖同时开始调查，绕湖走 1 圈，配备 8×30、15×50 望远镜，观察空中飞翔、水边觅食、山脊、山峁岩石上停息的黑鹳，以每个湖遇见黑鹳的总数作为每次的调查种群数。以每年 7 月以前（包括 7 月）遇见黑鹳最多的数量作为当年繁殖期前的种群数量，以每年 7 月以后遇见黑鹳最多的数量作为当年繁殖期后的种群数量。每年 3 月和 10 月中下旬及 11 月每隔 1 天观察 1 次，调查黑鹳的迁徙动态。

①　本文原载于《四川动物》，2001，20（2）:90。

3　研究结果

（1）迁徙动态调查表明：黑鹳在山西宁武为夏候鸟。在宁武天池黑鹳每年3月2~5日迁来，11月3~5日迁走，居留期244~247d（表1）。

表1　黑鹳迁徙动态

年份	最早迁来日期	最后迁离日期	居留期（d）
1996	3月3日	11月5日	247
1997	3月5日	11月4日	244
1998	3月2日	11月3日	246

（2）天池黑鹳种群数量平均为繁殖期前为5只，繁殖期后9只。种群数量相对稳定。3年间最小和最大群体繁殖期前为4~6只，繁殖期后为8~10只。每年8月以后，种群数量明显增多（表2）。

表2　黑鹳种群逐月数量

年份	3	4	5	6	7	8	9	10	11	繁殖期前	繁殖期后
1996	2	3	6	3	5	10	8	7	3	6	10
1997	3	3	4	2	5	5	8	3	3	5	8
1998	3	4	2	2	4	9	6	5	4	4	9
均值	–	–	–	–	–	–	–	–	–	5	9

4　讨　论

天池已被宁武县人民政府开辟为旅游区，每年到此地旅游人员较多，因而可能导致天池环境变劣，影响黑鹳生存，急需经常宣传贯彻《野生动物保护法》，保护黑鹳的生存环境，严禁捕猎。

参考文献

［1］郑光美，王岐山.中国濒危动物红皮书：鸟类［M］.北京：科学出版社，1998.
［2］苏化龙，刘焕金.拯救黑鹳刻不容缓［J］.动物学杂志，1989，24（1）：41~44.

芦芽山自然保护区紫啸鸫的繁殖生态观察 [①]

邱富才 吴丽荣 王建萍

（山西芦芽山国家级自然保护区，山西 宁武 036707）

紫啸鸫 *Myiophoneus caeruleus* 为山地溪边生活的鸟类。1997~1999 年 5~9 月作者在芦芽山保护区对紫啸鸫的繁殖生态进行了研究，现将结果报道如下。

1 自然概况及研究方法

芦芽山自然保护区位于山西省吕梁山北端，地处宁武、五寨、岢岚三县交界，地理坐标：115°50′00″~112°05′30″E，38°35′40″~38°45′00″N。总面积 21453hm²。主峰芦芽山海拔 2772m。年均温 4~7℃，年降水量 500~700mm，无霜期 90~135d。

选定 3 条调查路线，（圪洞、吉家坪、红砂地），采用路线统计法，以每小时 2km 的速度行进，观察统计其生活环境、种群数量和繁殖习性。

2 研究结果

2.1 季节迁徙

紫啸鸫在山西为夏候鸟。每年迁来时间为 5 月 3~5 日，迁离时间为 9 月 4~9 日，居留期 125~129d（表 1），往返迁徙日期较为稳定。

表 1 紫啸鸫季节迁徙动态

年份	最早迁来日期	最晚迁来日期	居留期（d）
1997	5 月 3 日	9 月 4 日	125
1998	5 月 5 日	9 月 7 日	126
1999	5 月 4 日	9 月 9 日	129

① 本文原载于《四川动物》，2001，20（3）：158~159.

2.2　栖息环境及数量

紫啸鸫多栖息在海拔 1400~1950m 的针阔混交林地带,在河岸或溪边觅食和繁殖。3 年累积调查 12 次、162km,共记录该鸟 26 只(表 2),密度为 0.16(0.13~0.19)只 /km(表 2)。

表 2　紫啸鸫种群密度调查结果

年份	吉家坪			圪洞沟			红砂地			总计		
	调查里程(km)	遇见数(只)	密度(只/km)	调查里程(km)	遇见数(只)	密度(只/km)	调查里程(km)	遇见数(只)	密度(只/km)	调查里程(km)	遇见数(只)	密度(只/km)
1997	18	3	0.17	18	2	0.11	18	4	0.22	54	9	0.17
1998	18	2	0.11	18	2	0.11	18	3	0.17	54	7	0.13
1999	18	3	0.17	18	3	0.17	18	4	0.22	54	10	0.19

2.3　繁　殖

紫啸鸫每年 5 月中旬开始成对活动,选占巢区。5 月 12 日雄鸟追逐雌鸟,在停息时逐渐靠近雌鸟,并出现垂尾,低头等求偶动作。5 月 19 日最早发现交尾。

2.3.1　营　巢

5 月 15 日紫啸鸫雌雄鸟共同衔材营巢,取材于其巢四周 27~56m 地带,巢营于岸壁缝隙。筑巢期 9~11d。

2.3.2　产卵与孵卵

紫啸鸫最早产卵期分别为 5 月 29 日、6 月 4 日和 7 日,每日产卵 1 枚;窝卵数为 4、4、3 枚;卵重 6.1~8.2g,大小为(30~36)mm×(22~26)mm(表 3);卵浅蓝色,无斑,个别卵端具褐色小点。孵卵期 16~17d,孵化率 98%。育雏期 14~15d。雏鸟离巢后还需亲鸟喂育。

表 3　紫啸鸫不同地区繁殖参数比较

年份	繁殖地	营巢环境	窝数	产卵日期	窝卵数(枚)	孵卵期(d)	卵的测定		
							卵重(g)	长径(mm)×	短径(mm)
1997	圪洞河	河岸溪边缝隙	1	5 月 29 日	4	16	7.8(7~8.2)	(31~36)×	(24~26)
1998	吉家坪河	溪间岩壁石洞	1	6 月 4 日	4	17	7.2(6.7~7.8)	(30~35)×	(22~25)
1999	红砂地河	河边高崖缝中	1	6 月 7 日	3	16	7.5(6.1~8.2)	(31~32)×	(23~24)

2.4　食　物

剖验 5~8 月采获的紫啸鸫鸟 8 只(4 ♂、4 ♀),发现主要食物为森林害虫(表 4),表明紫啸鸫为森林益鸟。

表 4 紫啸鸫食性分析结果

食物名	出现频次	出现频率（%）
天牛	8	12.3
象甲	8	12.3
蟪蛄	7	10.8
跳虫	7	10.8
螽斯	6	9.2
步行虫	5	7.7
行军虫	5	7.7
蛾类	3	4.6
蝇类	3	4.6
虻类	2	3.1
蝶类	2	3.1
蜂类	2	3.1
蚊类	2	3.1
黑砂	3	4.6
白砂	2	3.1
合计	65	100.00

笼养褐马鸡冬季的社群等级[①]

戴　强[1]　张正旺[1]　邱富才[2]　郭建荣[2]

(1. 北京师范大学　生物多样性与生态工程教育部重点实验室, 北京　100875;
2. 山西芦芽山国家级自然保护区, 山西　宁武　036707)

　　动物的社群行为是动物行为学研究的一个重要方面, 其中尤以集群动物的等级行为最受人们关注[5,14]。等级行为可以降低群体中动物个体间争斗的激烈程度, 从而减少获取食物的代价, 这无论对高等级个体还是低等级个体都是有利的。在鸟类、哺乳类等许多动物社群中, 个体等级的高低可能与其体型、力量、年龄、在社群中生活的时间、以往的等级状况等因素有关[13]。

　　鸟类的装饰特征往往是争斗中个体炫耀自己实力的信号, 争斗时双方根据这些装饰物来判断对手的实力并决定自己的争斗策略, 由此减少争斗的代价[10,16]。事实上, 许多鸟类夸张的身体特征就是基于个体间的竞争进化而来, 因此鸟类一些反映实力的身体参数与其社群等级之间具有一定的相关性[10]。

　　褐马鸡 Crossoptilon mantchuricum 繁殖季节在各自领域内成对活动, 秋季开始集群活动, 到 2、3 月份集群逐渐解体, 集群大小从几只到几十只, 最大可达 200 多只, 因此集群期是褐马鸡生活史一个很重要的阶段[9,11]。有关褐马鸡社群中的等级行为还没有报道, 为此我们于 1998 年 12 月至 1999 年 2 月, 在山西芦芽山国家级自然保护区, 以人工饲养的褐马鸡群为对象, 对其社群等级结构及其影响因素进行了研究。

1　研究地点与材料

　　研究用褐马鸡饲养于山西芦芽山国家级自然保护区的核心区内, 海拔 1950m。笼舍为 70m×35m×3m 的近长方形铁丝笼, 面积约 2400m², 顺山谷建于沟底, 南向, 坡度约 5°。笼舍内地形较为复杂, 东北角建有 1.5m 高木架 1 个, 供褐马鸡夜宿。笼内植被较为茂密, 有 12m 高云杉 7 株 (伸出笼外), 3m 高落叶松 12 株。另有 500m² 的绣线菊 Spiraea spp.、刺梨 Hippophae rhamnoides、忍冬 Lonicera spp. 等茂密灌丛。

　　笼内放养有 14 只褐马鸡, 其中已饲养 2 年以上的成体 10 只, 已饲养 4 个月的亚成

① 本文原载于《动物学研究》, 2001, 22 (5): 361~366.

体 4 只(表 1)。所有褐马鸡每晚均集群栖宿于笼舍东北角约 200m² 的高木架和 4 株树上。笼内每日投放 1 次饲料。冬季饲料用水拌匀后投放。当饲料均匀撒在 3m×2m 范围时,所有褐马鸡会共同取食;当饲料盛放在直径 40cm 的盆中时,仅可供 5~6 只褐马鸡共同取食,其他未能取食的褐马鸡则聚集在投食点周围半径不到 10m 的范围内。通过在全笼范围内大面积撒放饲料以减少不同个体因抢食而引起的争斗后,笼内褐马鸡群在 1d 中只发生了 14 次轻微争斗行为,持续时间均未超过 15min。由此我们认为笼中的 14 只褐马鸡是 1 个集群,并已建立较为稳定的社群关系。

表 1 笼养褐马鸡的代码和性别

代码	性别	代码	性别	代码	性别
A	SM	E	AF	K	AF
B	SF	G	AF	L	AF
C	SM	H	AM	M	AF
D	SF	I	AF	N	AM
F	AF	J	AM		

注:SM:亚成体雄鸟;SF:亚成体雌鸟;AM:成年雄鸟;AF:成年雌鸟。

2 研究方法

所有褐马鸡均用不同颜色的彩色脚环标记,并以此进行个体识别。选择褐马鸡取食的高峰时段,在饲料投放点周围观察,并记录从投食开始 30min 内争斗双方的代码和争斗结果。为不影响褐马鸡活动,研究者藏在隐蔽处用望远镜辅助观察和记录。每月测量 1 次实验鸟的体长、体重、尾长、耳簇羽长、面部红斑长宽等参数。

采用 Jameson 等[8]提出的 Batchelder–Bershad–Simpson(简称 BBS)方法对褐马鸡的社群等级进行评估。其方法如下,首先根据观察到的争斗结果对等级值 S_i 进行初评:

$$S_i = \sqrt{2\pi}\, \frac{2W_i - N_i}{2N_i} \tag{1}$$

式中,W_i 是个体 i 在争斗胜利的次数;N_i 是个体 i 的总争斗次数。用 S_i 求出与个体 i 进行过争斗的所有个体等级值的平均数 Q_i,代入公式(2)求出新一轮的等级值 S_i':

$$S_i' = \frac{2(W_i - L_i)}{N_i} + Q_i \tag{2}$$

式中,L_i 为个体 i 争斗记录中的失败次数。然后用这一轮的评估值计算出新的 Q_i,代入公式(2)再进行下一轮评估。如此迭代,直到前后两轮间的等级值不再变化为止。为防止迭代计算不收敛,将 Q_i 定义改为加权平均值。用 BBS 法评估社群等级时,使用自编的 QBASIC 程序进行计算。由于个体 I 头部有巨大疤痕,造成面部红斑及耳簇羽的部分残缺、畸形,为排除疤痕对其等级的影响,因此在比较雄、雌、亚成体之间的等级差异和计算等级值与身体参数的相关性时将其排除在外。但是它作为社群成员之一,在等级结构中的作用是不能忽视的,因此在计算等级值时仍然保留了它。

3 结 果

3.1 等级序位

1998 年 12 月 ~1999 年 2 月,共进行了 26 次观察,确认争斗双方身份且分出胜负的争斗共 182 次(表 2)。用 BBS 法迭代 31 次后,得到褐马鸡社群等级值的收敛值(表 3),褐马鸡不同个体间的社群等级值差异显著;t 检验还表明成鸟等级值明显高于亚成体($t=2.653$,$P<0.05$),成年雄鸟的等级值明显高于雌鸟($t=-2.571$,$P<0.05$),而亚成体雌雄个体间则无显著差异($t=1.123$,$P>0.05$)。

3.2 等级序位与身体参数的关系

褐马鸡体重、体长、尾长、耳簇羽长、红斑长和宽等身体参数见表 3,其等级值与身体参数的相关分析结果见表 4。从表 4 可以看出,将成年雄鸟和雌鸟合并统计时,等级值与体重、尾长显著正相关,与耳簇羽长、面部红斑长宽乘积呈极显著正相关。成年雌鸟等级值与其耳簇羽长、面部红斑长宽乘积显著正相关;成年雄鸟等级值与面部红斑长宽乘积极显著正相关,而与尾长显著负相关。亚成体的社群等级值与身体参数之间的相关性不显著。

表 2　笼养褐马鸡的争斗结果

胜利个体	失败个体														胜利次数	失败次数	总争斗次数
---	A	B	C	D	E	F	G	H	I	J	K	L	M	N	---	---	---
A	–	–	–	–	–	–	–	7	–	–	–	–	–	–	7	14	21
B	–	–	–	–	–	–	–	–	–	–	–	–	–	–	0	4	4
C	–	–	–	1	–	–	2	–	–	–	–	1	–	–	4	16	20
D	–	–	–	–	–	–	–	–	–	–	–	–	–	–	0	4	4
E	–	–	–	3	–	–	7	–	–	–	–	–	–	–	11	15	26
F	–	–	–	–	–	2	–	–	–	–	1	–	–	–	4	22	26
G	2	–	3	–	1	–	–	1	–	–	1	–	–	–	12	12	24
H	1	1	3	–	1	3	–	–	10	–	3	–	5	–	27	0	27
I	–	–	1	1	–	–	–	–	–	–	–	–	1	–	3	61	64
J	2	1	1	–	1	4	11	–	6	–	3	–	9	–	38	0	38
K	–	–	1	–	1	3	–	–	6	–	–	–	–	–	1	8	19
L	1	2	–	8	9	–	–	1	–	4	–	–	–	–	35	0	35
M	–	–	–	–	–	–	2	–	–	–	–	–	–	–	2	26	28
N	6	–	5	3	2	–	1	–	10	–	1	–	–	–	28	0	28

表3　褐马鸡的等级值与身体参数

码代	等级值	体重（kg）	体长（cm）	尾长（cm）	耳簇羽长（cm）	红斑长（cm）	红斑宽（cm）
A	−0.5589	2.10	91.5	50.0	9.32	4.79	3.48
B	−0.7195	1.70	79.5	42.0	8.38	4.48	2.70
C	−0.7560	1.70	85.0	48.0	7.95	4.25	2.88
D	−1.5079	2.05	89.5	48.0	9.15	4.60	3.15
E	−0.2173	1.85	84.7	44.8	7.75	4.45	3.02
F	−0.7507	1.85	87.0	43.5	7.95	4.38	2.55
G	0.3277	1.88	83.0	44.0	8.75	4.60	2.95
H	1.1223	2.10	92.3	50.0	9.05	4.95	3.12
I	−1.3512	1.80	82.0	41.0	8.15	4.20	2.60
J	1.5146	2.25	90.0	47.5	8.85	5.20	3.45
K	0.2593	1.85	83.0	42.5	8.70	4.55	2.90
L	1.2425	1.83	85.5	49.0	8.60	5.10	3.15
M	−0.9896	1.68	82.0	46.0	7.40	4.40	3.00
N	1.1065	2.28	93.0	49.0	8.25	4.60	3.35

对各项身体参数进行相关分析后发现：全体14只鸟的体重与体长、尾长、耳簇羽长和面部红斑长宽乘积呈正相关；除体重与体长的相关系数之外，面部红斑长宽乘积与体重的相关系数最大（表5）。

表4　褐马鸡各项身体参数与社群等级值的相关性

比较范围	相关检验	体重（kg）	体长（cm）	尾长（cm）	耳簇羽长（cm）	红斑长宽（cm）
成鸟 $n=9$	r	0.7608*	0.643	0.678*	0.802*	0.889*
	P	0.017	0.062	0.045	0.009	0.001
雌鸟 $n=6$	r	0.512	0.115	0.446	0.814*	0.816*
	P	0.300	0.828	0.375	0.048	0.048
雄鸟 $n=3$	r	0.350	−0.978	−0.904*	0.310	1.000**
	P	0.773	0.133	0.282	0.799	0.008
亚成体 $n=4$	r	−0.315	−0.235	−0.078	−0.276	0.006
	P	0.685	0.765	0.922	0.722	0.994

注：*$P<0.05$，**$P<0.01$；r：相关系数；P：双尾概率。

表5　褐马鸡各项身体参数之间的相关性（$n=14$）

相关系数	体长（cm）	尾长（cm）	耳簇羽长（cm）	红斑长宽（cm）
体重（kg）	0.888*	0.578*	0.598*	0.759**
体长（cm）	0.798*	0.511*	0.692*	
尾长（cm）	0.401	0.764*		
耳簇羽长（cm）	0.608*			

注：*$P<0.05$，**$P<0.01$。

4 讨 论

本研究表明,褐马鸡社群内部只存在很小程度的等级循环制约关系。此外,由于4只亚成体两两间和3对成鸟间没有争斗记录,因此用简单的比较方法只能判定部分个体间的等级关系,而无法对整个社群等级进行排序。而采用BBS方法可较好地解决上述问题,不仅能够建立褐马鸡整个社群的等级序位,而且所得结果与部分个体两两间用简单比较方法所判定的等级关系基本上一致。因此我们认为,在规模较大、个体组成相对复杂的动物社群中,BBS方法是一种行之有效的确定个体等级序位的方法。

采用BBS方法时需要满足3个前提假设:①在研究期间社群内等级状况稳定;②个体任一次争斗与前几次争斗结果无关,即每一次争斗都是独立的;③等级相互作用分布服从正态分布。事实上,绝大多数等级相互作用的分布情况符合正态分布[7];即使不符合正态分布,Jameson等[8]根据Yellott[15]对等级相互作用分布的研究,认为BBS也可以作为一种合理的近似方法。

在对动物社群研究中发现,大社群(多于9只个体)由于影响社群等级的因素较多,往往存在少量的循环制约关系,因此严格的单线式等级模式存在的可能性较小[5,12]。我们的研究表明,笼养褐马鸡社群内由于存在着一定程度的循环制约关系,因而其等级制度为近单线式,从而为上述观点提供了证据。

褐马鸡成鸟等级与体重、耳簇羽长及面部红斑的大小明显正相关。体重往往决定了力量的大小,是资源占有力的重要指标。对于争斗双方而言,体重、力量等参数只有在激烈的争斗才能被发现和对比,而这要付出巨大的代价。为了避免这种代价,褐马鸡一边通过炫耀红斑、耳簇羽毛等能反映体质状况的特征信号威慑对方,同时也在观察对方的特征和反应,以决定自己是逃走、继续炫耀,还是直接攻击。虽然繁殖季节笼内会出现较为激烈的争斗[4],但在冬季每次争斗的持续时间均未超过1min,且从未对争斗双方造成身体伤害,这也说明褐马鸡在争斗时能根据一些信号估计出双方实力差距,从而避免了不必要的激烈争斗。但本实验所用褐马鸡都在同一笼中经过长期饲养,等级关系早已建立,因此不能排除褐马鸡根据彼此间以前的争斗经验来估计实力差距,并决定争斗对策的影响因素。虽然以前的争斗经验也与身体特征有关,但如果有机会对社群等级正在建立的集群进行研究,相信会得出更为严密的结果。

争斗时褐马鸡典型的炫耀动作是向上伸长脖子,以面部正对对方,面部红斑充血膨胀,色彩更显鲜艳。从这里可以估计,褐马鸡面部是争斗炫耀的中心。尽管成年雌、雄鸟合并统计时,尾羽长度与其等级值有显著的相关性,然而单独统计时雌鸟尾羽的长度与等级无明显相关关系,在雄鸟中甚至呈显著的负相关,这说明尾羽与其争斗炫耀关系不大。褐马鸡的尾羽可能主要在求偶炫耀中发挥重要作用,因为其求偶炫耀是典型的侧炫耀[15],从侧面可以更好地展示其尾羽。类似的情况在其他雉类中也存在。Concha和Juan[2]通过实验发现,雄性环颈雉 *Phasianus colchicus* 耳簇羽和面部肉垂与同性间争斗和性选择都有很大关系,而尾长、肉垂上的黑斑却只与性选择有关,而与同性间的等级状况无关。尾长与性选择有关,主要是因为它能够反映个体的体质,与等级无关甚至负相关,可能是因为尾羽过长反而会妨碍同性间的争斗。Andersson[1]认为,许多物种性内竞争和性选择对性征进化的效应不同,能够反映繁殖能力的特征受性选择作用较大,而反映争斗能力的特征则受性内竞争的作用较大。

　　成年雌鸟等级值与体重相关性不显著,可能是因为本实验褐马鸡的体重非常接近(均值 =1.82;SE=0.067)的缘故。但这也给了我们一个很好的机会来考察排除了性别和体重因素后,耳簇羽长和面部红斑大小对褐马鸡等级的影响。结果表明,在性别相同、体重接近的个体中,耳簇羽长和面部红斑大小对褐马鸡的等级有很显著的影响。

　　既然大的面部红斑可以使褐马鸡在争斗中处于优势,并有利于争取资源,那么褐马鸡会不会通过增大红斑来虚张声势吓唬对方呢?缺陷法则认为,动物个体借以炫耀的特征往往都有一定的负面代价[10]。较大的面部红斑可能会使褐马鸡更容易被天敌发现,因而增加了被捕食的可能性;而强壮的个体躲避捕食的能力更强,因而可以忍受较大面积的红斑所带来的更大的捕食压力,这个过程存在着一个利害权衡关系。褐马鸡体重与面部红斑大小(长宽乘积)有很强的相关性,说明强壮的个体具有更大的红斑。褐马鸡红斑在平时可以保持较小面积,而需要时则可以充血膨胀,有利于减少红斑带来的被捕食压力,另一方面个体争斗失败时红斑恢复平常状态,还能够避免对手进一步的进攻和争斗的升级。类似的情况在其他雉类中也存在[3,6]。

参考文献

［1］Andersson M. Sexual Selection［M］.Princeton,New Jersey:Princeton University Press,1994.

［2］Concha M,Juan C. Signal in intra-sexual competition between ringnecked Pheasant males［J］.Anim. Behav.,1997,53:471-485.

［3］Cramp S,Simmons K E L. The Birds of the Westen Palearctic Vol.Ⅱ［M］. Oxford:Oxford University Press, 1980.

［4］戴强. 笼养褐马鸡(*Crossoptilon mantchuricum*)的社群等级和繁殖行为研究［D］.北京:北京师范大学, 2000.

［5］Drews C. The concept and definition of dominance in animal behaviour［J］. Behaviour,1993,125: 283~331.

［6］Hill D A,Robertson P. The Pheasant,Ecology,Management and Conservation［M］.Oxford:BSP Professional Book,1988.

［7］Iversion G J,Thrustonian psychophysysis:case Ⅲ［J］. Journal of Mathematical Psychology,1987,31: 219~247.

［8］Jameson K A,Appleby M C,Freeman L C. Finding an appropriate order for a hierarchy based on probabilistic dominance［J］.Anim Behav,1999,57:991~998.

［9］Johnsgard P A. Pheasants of the World［M］.Oxford:Oxford University Press,1986.

［10］Krebs J R,Davies N B. An Introduction to Behavioural Ecology(3rd ed.)［M］. Oxford:Blackwell Scientific Populations,1993.

［11］卢汰春,刘如笋. 褐马鸡生态生物学研究［J］.动物学报,1983,29(3):278~290.

［12］Mesterton-Gibbons M,Dugatkin L A. Toward a theory of dominance hierarchies:effects of assessment, group size,and variation in fighting ability［J］. Behav. Ecol.,1995,6:416~423.

［13］Pusey A E,Packer C,1997. The ecology of relationships［A］.In:Krebs J R,Davies N B. Behavioural

Ecology (4th)［M］.Oxford：Blackwell Science，Inc.228~253.

［14］Wilson E O. Sociobiology［M］.Cambridge，Mass.：Harvard University Press，1975.

［15］Yellott J I. The relationship between Luce's choice axiom，Thurstone's theory of comparative judgment，and the double exponential distribution［J］.Journal of Mathematical Psychology，1977，5：109~144.

［16］张正旺. 褐马鸡的栖息地选择与繁殖生态学研究［D］.北京：北京师范大学，1998.

［17］Zuk M. Sexual ornaments as animal signals［J］.Trends Ecol. Evol.，1991，6：228~231.

褐马鸡巢址选择的初步研究 ①

杨凤英[1]　王汝清[1]　张　军[1]　李世广[2]　邱富才[3]

（1. 山西省自然保护区管理站，山西　太原　030012；
2. 山西庞泉沟国家级自然保护区，山西　交城　030510；
3. 山西芦芽山国家级自然保护区，山西　宁武　036707）

　　褐马鸡 *Crossoptilon mantchuricum* 为国家 I 级重点保护动物，山西是褐马鸡的集中分布区，主要分布于吕梁山脉的各县市，包括神池、宁武、五寨、静乐、兴县、临县、方山、离石、柳林、中阳、交口、石楼、汾阳、孝义、文水、交城、隰县、汾西、大宁、蒲县、吉县、乡宁、娄烦、古交等地[1]。关于褐马鸡的繁殖、栖息地研究曾有报道[2]，而巢址选择的研究国内外未见报道。为此，于 1995~1998 年的 4~7 月，在山西庞泉沟、芦芽山、五鹿山等自然保护区及其附近地区，对褐马鸡巢址选择进行了研究，旨在为褐马鸡的保护提供科学依据。

1　自然地理概况

1.1　庞泉沟国家级自然保护区

　　位于山西省吕梁山脉中段，方山、交城两县交界处，地理位置：111°22′40″~111°33′E，37°45′~37°55′N，海拔 1500~2830m，总面积 10443hm²。森林以云杉 *Picea meyeri*、华北落叶松 *Larix principis-rupprechtii*、油松 *Pinus tabuliformis* 组成的针叶林和上述树种与杨 *Populus* ssp.、桦 *Betula* spp. 组成的针阔混交林为主，覆盖率达 84%。灌丛植被主要有黄刺玫 *Rosa xanthina* 灌丛、三裂绣线菊 *Spiraea trilobata* 灌丛、沙棘 *Hippophae rhamnoides* 灌丛、虎榛子 *Ostryopsis davidiana* 灌丛、毛榛 *Corylus mandshurica* 灌丛、胡枝子 *Lespedeza bicolor* 灌丛等。林下草本以薹草 *Carex* spp. 为主。年降水量约 800mm。年均温 4.3℃[3]。

1.2　芦芽山国家级自然保护区

　　位于山西省吕梁山脉北端，宁武、五寨、岢岚等县交界处，地理位置：111°50′00″~112°05′30″E，38°35′40″~38°45′00″N，海拔 1340~2497m，总面积 21453hm²。森林主要建

①　本文原载于《山西大学学报：自然科学版》，2001，24（2）：151~154.

群种由云杉、华北落叶松、油松、白桦 *B. Platyphylla*、辽东栎 *Quercus wutaishanica* 组成。灌丛建群种主要有沙棘、黄刺玫、三裂绣线菊、虎榛子等。年均温 4℃~7℃,年降水量 600mm~ 700mm[45]。

1.3　五鹿山自然保护区

位于山西省吕梁山脉南端,地处蒲县、隰县境内,地理位置:36°28′~36°38′N,111°9′~ 112°18′E,海拔 1050~1963m,总面积 14350hm²。主要植被类型有华北落叶松林、油松林、白皮松林、侧柏林、辽东栎林、山杨林,灌丛建群种主要有沙棘、灰栒子 *Cotoneaster acutifolius*、黄刺玫、绣线菊、陕西荚蒾 *Viburnum schensianum* 等。年均温 8℃,年降水量约 600mm。

2　研究方法

分别于 1995~1998 年的 4~7 月,在庞泉沟、芦芽山、五鹿山等自然保护区及其附近地区进行褐马鸡营巢的野外调查,共发现 37 巢,其中庞泉沟 25、芦芽山 7、五鹿山 5。对褐马鸡巢址和巢址附近随机确定的“非巢样点”(200m 内)的植被和环境因子进行测量,包括海拔,坡向,坡度,坡位(指巢址在营巢坡面的上下位置,自下向上分为 1/5、2/5、3/5、4/5、5/5 五段),距山脊的距离,距水源距离,林型,乔木种类、数量、胸径、平均树高(指以巢址为中心 10m×10m² 样方内的乔木)。灌木种类、多度和平均高度,草本植物种类、盖度和高度等。

为了进一步研究褐马鸡的巢址选择,对以巢址为中心 10m×10m 和 1m×1m 内植被分层的盖度进行测量,分为:①L_0:0~10cm;②L_1:10~30cm;③L_2:30~50cm;④L_3:50~1.0m;⑤L_4:1.0~2.0m;⑥L_5:2.0~5.0m;⑦L_6:5m 以上。

3　结果与讨论

3.1　筑巢的生境选择

已发现的褐马鸡 37 个巢,均营于森林环境,其中有 24 个巢营于华北落叶松、云杉、油松、白皮松 *P. bungeana*、杨、桦、辽东栎等组成的针阔叶混交林,有 8 个巢营于杨、桦、辽东栎为主的阔叶林内,2 个营造于华北落叶松林,3 个营造于油松林。这些生境的共同特点是,乔木层盖度相对较低,灌木层或灌丛植被较为发达,有利于褐马鸡的觅食、营巢。

对庞泉沟自然保护区发现的 25 个巢与海拔的关系进行分析,结果表明:庞泉沟及其附近地区褐马鸡巢址选择的海拔上限为 2400m(最高营巢海拔 2430m)。海拔 2400m 以上植被类型为亚高山灌丛草甸,而海拔 1500~2400m 之间分布着各种森林群落。在海拔 1500~2000m 森林群落分布相对集中。由此可以看出,褐马鸡巢址选择与海拔的关系并不十分密切,可能与森林群落的分布有关。

褐马鸡巢址选择在坡向上多为 NFE 和 NW 两个方向,而在 N 和 S 两个方向上选样很少。巢址的坡度较大,最高达 57°。在同一坡面上巢址多选择于中部,而山脚和山脊由于地带相对开阔,人为和大型兽类活动相对频繁,褐马鸡几乎不在这些区域选择营巢。

水源是构成鸟类栖息地的重要成分。褐马鸡的巢址选择中,巢址距水源的平均距离为 234m,最近 21m,最远 1700m(n=21)。

3.2　巢址植被特征

褐马鸡巢多营于林间靠近大树基部、石块下、石块旁、倒木下等处,巢址相对隐蔽。巢址 10m×10m 和 1m×1m 样方的植被垂直结构特征见表 1(庞泉沟及其附近地区)。

表 1　褐马鸡巢址的植被盖度特征(盖度 %)

层次	样方面积 10m×10m	样方面积 1m×1m
L_0	81*(60~95)**	69(60~95)
L_1	30(20~70)	28(20~45)
L_2	41(20~75)	35(15~85)
L_3	46(20~75)	44(20~80)
L_4	43(20~75)	30(10~75)
L_5	35(10~75)	26(0~26)
L_6	55(25~75)	63(15~100)

注:* 平均盖度;** 盖度范围。

3.3　褐马鸡巢址选择的主要因子

对坡向因子与非巢址样方作游程检验[7~8],结果表明差异十分显著,说明坡向为褐马鸡巢址选择的一个重要因子。褐马鸡巢址在坡向选择形成了 EEN 和 NW 向两个中心,而在 S 和 N 向上选择较少。EEN 和 NW 向均是夏季阳光早晚正射的方向,褐马鸡将巢址选择于这样的地区,是否与其早晚活动较多有关系,值得进一步研究。

在巢址与非巢址样方比较的 t– 检验[7],包括除林型、灌木、草本种类外的 13 个因子和巢址 10m×10m 和 1m×1m 不同层次,结果见表 2。

表 2　褐马鸡巢址与非巢址样方的显著性检验

因素	巢址(n=11)		非巢址(n=11)		t 值
	$\bar{x}$	S	$\bar{x}$	S	
坡向	33.8	13.2	20.9	7.7	2.8021*
10m×10m(10~30cm)	39	16	45	16	0.9482
1m×1m(2~5cm)	26	23	15	12	1.4147
1m×1m(5cm)	63	27	40	42	1.1197

注:*P<0.05。括弧内数字为植被层高度。

由表 2 可看出,在巢址选择上,巢址的坡度显著大于非巢址的坡度,表现出褐马鸡营巢时十分注重选择本区生境中那些坡度较陡的林地。植被层上 10m×10m 样方内 10~30cm 较为稀疏的植被结构特点可能与其活动便利有关。而巢址 1m×1m 样方向 2m

以上的盖度大于随机的非巢址区,则可能与巢址的避雨等关系较大。

对 10m×10m 和 1m×1m 巢址和非巢址样方的 28 个植被层进行聚类分析[7~9],结果表明:当欧氏距离系数 >4000,14 个巢址与非巢址因子可聚合为 6 组:1)(28)为 1m×1m 非集址样方 5m 以上组;2)(1,5,15,20)为非巢址样方地面组;3)(14)1m×1m 为巢址 5m 以上组;4)(2,3,4,6,9,10,11,12,13,15,16,19,20,23,24,25,26,27)为集址非巢址 5m 以下混合组;5)(7)为巢址 10m×10m 样方 5m 以上组;6)(21)为非巢址 10m×10m 样方 5m 以上组。这与表 2 结果类似,进一步表明褐马鸡在巢址选择上,更多依赖于林分郁闭度等大环境分子,而下层植被特点对其影响相对较小。

参考文献

[1] 山西省自然保护区管理站,山西庞泉沟国家级自然保护区,山西芦芽山自然保护区.珍禽褐马鸡[M].太原:山西科学教育出版社,1990.

[2] 刘焕金,苏化龙,任建强,等.中国雉类——褐马鸡[M].北京:中国林业出版社,1991.

[3] 张峰.山西关帝山野生植物资源研究[J].山地研究,1994,12(3):181~186.

[4] 上官铁梁,张峰,邱富财.芦芽山自然保护区种子植物区系地理成分分析[J].武汉植物学研究,1999,17(4):323~331.

[5] 毛芬芳,徐宝珊.五鹿山地区主要植被类型和分布[J].山西师大学报:自然科学版,1988(1):61~67.

[6] 高玮.中国鸟类学研究[M].北京:科学出版社,1991.

[7] 陈华豪,丁思统,蔡贤如,等.林业应用数理统计[M].大连:大连海运学院出版社,1988.

[8] 张正旺,梁伟,盛刚.斑翅山鹑巢址选择的研究[J].动物学研究,1994,15(4):37~43.

[9] 张峰,杜月莲.山西山楂分布区的数量分类研究[J].山西大学学报:自然科学版,1996,19(3):334~338.

食物因素对笼养褐马鸡冬季打斗行为的影响[①]

戴　强[1]　张正旺[1]　邱富才[2]　郭建荣[2]

（1. 北京师范大学　生物多样性与生态工程教育部重点实验室，北京　100875；
2. 山西芦芽山国家级自然保护区，山西　宁武　036707）

绝大多数动物社群中都存在着等级行为[2,10]，高等级个体在取食、交配等方面都拥有优先权，最终导致高等级个体具有更高的存活率和繁殖率[1,3,4,7-9]，这种等级行为可以避免频繁打斗带来的伤害和能量消耗。但当争夺的资源很重要时，低等级个体将会忍受一定程度的代价以打斗的方式去争夺资源[6]。有关食物分布格局和饥饿状况对鸟类取食打斗行为的影响几乎还为未见报道，本文利用冬季集群期内的笼养褐马鸡 Crossoptilon mantchuricum 人工种群，研究了不同食物分布格局和饥饿状况下取食和打斗行为变化的规律。

1　研究地点与材料

研究用褐马鸡饲养于山西芦芽山国家级自然保护区核心区，海拔 1950m。笼舍为 70m×35m×3m 近长方形笼舍 1 个，面积约 2400m²，顺山谷建于沟底，南向，坡度约 5°。笼舍内地形较为复杂，并建有 5m 高木架 1 个，供褐马鸡夜宿。笼内植被较为浓密，有 12m 高云杉 7 株（伸出笼外），3m 高华北落叶松 12 株。另有 500m² 浓密的绣线菊 Spiraea spp.、刺梨 Ribes burejense、忍冬 Lonicera spp. 等灌丛。

笼内放养 14 只褐马鸡，其中成体 10 只（3 雄 7 雌），均经过 2 年以上饲养；另有亚成体 4 只（2 雄 2 雌），放入笼中饲养已有数月，褐马鸡个体间已建立较为稳定的社群等级。所有褐马鸡均用彩色脚环标记。笼内每日投放 1 次饲料（强大牌 A 型肉用鸡中期全价颗粒饲料），饲料和水拌匀后投放。实验期间笼内食物完全来自投放的饲料。

2　研究方法

食物分布格局设计了 3 个水平，①高度集中。饲料全部扣在 1 个纸箱之下，纸箱上开

---

① 本文原载于《生态学杂志》，2002，21（1）：23~25.

一小口,仅够 1 只褐马鸡单独取食;②集中。饲料盛在 1 个直径 40cm 的盆中,可同时容纳 5~6 只褐马鸡共同取食;③分散。饲料均匀撒在 3m×2m 的范围内,足够容纳所有褐马鸡共同取食。

饥饿状况通过前 1 天的饲料投放量来控制,实验设计了 2 个水平,①前 1 天饲料投放量为正常投放量的 1/3(500g),在投放饲料前褐马鸡已因为饥饿而聚集在投食点周围,我们认为褐马鸡处于饥饿状态;②前 1 天饲料投放量为正常投放量(1500g),到饲料投放时前日所投饲料已全部吃光,此时褐马鸡尚未聚集到投食点周围,饲料投放后褐马鸡陆续聚集到投食点取食,我们认为褐马鸡处于半饥饿状态。

投食时间为 8:00 或 16:00~17:00,处于正常情况下褐马鸡取食的高峰期。实验时观察者躲在隐蔽处,观察投食后 30min 内褐马鸡群体打斗情况。记录参与打斗的个体、打斗次数、胜负情况和打斗发生位置,其中打斗发生位置以食物周围 1m 为界分为外围和内圈。每次实验后,褐马鸡要正常喂养一至数日后再进行第 2 次实验。部分打斗未纪录打斗发生位置,但确认了打斗个体身份,则不用于统计打斗位置,但用于计算等级。此外,部分打斗未能准确辨认全部脚环,但是能够根据部分脚环区分身份范围,则酌情将该数据用于统计不同等级个体间的打斗次数。

根据打斗记录用 BBS(batchelder-bershad-simpson)方法[5]计算褐马鸡个体等级值,对其等级进行排序。然后再对等级值进行系统聚类分析,将褐马鸡分为高等级和低等级两个集团。BBS 方法如下。

首先根据观察到的争斗结果对等级值 S_i 进行初评。

$$S_i = \sqrt{2\pi} \frac{2W_i - N_i}{2N_i} \tag{1}$$

式中,W_i 是个体 i 在争斗记录中胜利的次数;N_i 是个体 i 总的争斗次数。将初评值带入公式(2)再进行评估:

$$S_i' = \frac{2(W_i - L_i)}{N_i} + Q_i \tag{2}$$

式中,L_i 为个体 i 争斗记录中的失败次数;Q_i 是与个体 i 进行过争斗的个体等级值的平均数。然后将第 2 次的评估值再代入公式(2)进行评估,如此迭代,直到 S_i 不再变化为止,即得到个体的等级值。等级值高的个体等级更高。为防止迭代计算不收敛,将 Q_i 改为加权平均值。

3　结果和讨论

3.1　食物分布格局和饥饿状况对打斗频次的影响

在饥饿条件下,随着食物分布的逐渐集中,打斗频次明显上升。而在半饥饿条件下,打斗频次在食物分散和相对集中时都很低,但当食物高度集中时打斗频次则迅速增多。

在食物相对集中条件下,半饥饿状态的个体打斗很少,外围个体多站立或卧下休息,而饥饿时打斗频次显著上升($P<0.05$,Wilcoxon 检验)。这是因为饥饿条件下,个体对食物需求强烈,食物的边际效用很高;而在半饥饿状态下,个体对食物的需求并不强烈,食物的

边际效用较低,个体消耗体力去确立取食优势或争抢食物并不合算。

在食物分散条件下,打斗频次都很低。这是因为食物分散条件下,任何个体都无法保证对资源的优先独占,通过啄击确认优势或争抢食物的意义不复存在,个体会充分利用时间以最大效率进行取食。

在食物分布高度集中条件下,打斗频次很高,个体饥饿程度对打斗频次影响不大,半饥饿时打斗频次甚至还略高于饥饿时。食物高度集中时,一方面会使褐马鸡对食物的直接争夺增加;另一方面,使更多的个体处于非取食状态,从而增加了打斗机会。也许食物的高度集中会给褐马鸡食物稀少的信息,这也会加剧打斗,而打斗的增加又使整个群体处于争夺食物的兴奋状态,从而更进一步地促使打斗频次增加。

3.2　争食打斗发生的位置

根据 BBS 方法排序结果,通过聚类分析将所有褐马鸡个体分为高等级集团(4 只)和低等级集团(10 只)。大部分打斗发生在高、低等级个体间,而高等级个体内仅有 1 次未分胜负的打斗记录(表 1)。打斗均为短暂的啄击,多数情况下主动攻击者对被攻击者有绝对优势,被攻击者会立即跑开,打斗时间一般不超过 15s。未分胜负情况,在确认了身份的打斗中占 14.4%。

表 1　不同等级个体间打斗次数

	高等级个体内部	高、低等级个体间	低等级个体内部
打斗频次	1	148	61
所占百分比(%)	0.5	59.2	40.4

从打斗行为发生的位置看,47.1%(n=138)的打斗发生在外围的非取食个体间。高等级个体在取食时有优先权,但取食间歇期会游荡到外围攻击未取食的低等级个体,使之不敢进入内圈取食;低等级个体间在不取食时也有大量打斗。显然,正在取食的个体如果参与打斗,会降低自己的取食效率,而采用在不取食时短暂啄击较低等级个体的行为策略,对加强自己的地位并减少来自更低等级个体的取食干扰是有利的。在总的打斗中,高等级个体攻击低等级个体的比例高于低等级个体间的打斗,而高等级个体间打斗仅记录到 1 次(未分胜负);即使在食物分布高度集中情况下,它们也是轮流取食,这可能是因为它们之间实力接近,彼此进行攻击难以确定胜负,不如直接攻击和威慑低等级个体,收效更明显。在高等级个体取食时,低等级个体也会不时进入内圈取食,但只要高等级个体一发动攻击,它们就立刻跑开。

野生褐马鸡繁殖季节在各自领域内成对活动,秋季开始集群活动,到 2、3 月集群逐渐解体,集群大小从几只到几十只,最大可达 200 多只。笼内褐马鸡冬季也是集群活动,没有领域行为出现。从上述实验结果可以看出,褐马鸡集群期,如果食物资源均匀分布,那么高等级个体在获取资源上并无太多优势,决定竞争结果的仅仅是对资源的利用速度;而在食物资源集中分布的情况下,等级对资源的分配起到了很重要的作用。另一方面,资源的丰富程度会影响到个体之间竞争的紧张程度。因此,资源的多少和分布会在一定程度上影响社群的资源分配和等级状况。

参考文献

［1］Ekman J A. Social rank and habitat use in Willow Tit groups［J］. Anim. Behav.,1984,32:508~514.

［2］Fournier F,Festa-Biachet M. Social dominance in female mountain goats［J］. Anim. Behav.,1995,49:1449~1559.

［3］Gottier R F. The dominance-submissive hiearchy in the social behavior of the domestic chicken［J］. Journal of Genetic Psychology,1968,112:205~226.

［4］Hogstand O. Social rank and antipredator behavior of willow tits Parus montanus in winter flocks［J］.Ibis,1988,130:45~56.

［5］Kimberly A J,et al. Finding an appropriate order for a hierarchy based on probabilistic dominance［J］. Anim. Behav.,1999,57:991~998.

［6］Krebs J R,Davies N B. Behavioural Ecology［M］.Blackwell Science Ltd.,1997.

［7］Koivula K,et al. Winter survival and breeding success of dominant and subordinate Willow Tits［J］. Ibis,1996,138:624~629.

［8］Lamprecht J. Social dominance and reproductive success in a goose flock(Anser indicus)［J］. Behaviour,1986,97:50~65.

［9］Schneider K J. Dominance,production and optional foraging in white-throated sparrow flock［J］.Ecology,1984,65:1820~1827.

［10］Willson E O. Socialbiology［M］. Cambridge Mass:Harvard University Press,1975.

山西芦芽山自然保护区黑鹳的繁殖及保护 ①

郭建荣 吴丽荣 王建萍 宫素龙

(山西芦芽山国家级自然保护区,山西 宁武 036707)

黑鹳 *Ciconia nigra* 是我国Ⅰ级重点保护动物,已列入《中国濒危动物红皮书》。1998~2000 年,我们对分布于山西芦芽山国家级自然保护区的黑鹳作了调查,并建立了监测网点对其种群的数量动态、繁殖过程进行监测,现将结果报告如下。

1 研究区概况

山西芦芽山国家级自然保护区地处吕梁山北端,宁武、五寨、岢岚三县交界处,111°50′00″~112°05′30″E,38°35′40″~38°45′00″N。研究地点包括蒯屯关—石家庄、北曲滩、馒头山、坝门口河流及其附近的石质山地,主要植被为黄刺玫 *Rosa xanthina* 灌丛、三裂绣线菊菊 *Spiraea trilobata* 灌丛及耕地。

2 研究方法

每年 2~4 月和 10~11 月,在黑鹳活动区采用路线调查法和定点观察法(从高处用望远镜观察河流附近、巢址附近停息或觅食的黑鹳),调查其迁徙时间及种群数量,并对其繁殖过程进行详细观察。

3 结 果

3.1 居留类型

黑鹳在本区为夏候鸟。每年 2 月下旬至 3 月上旬迁来,10 月下旬至 11 月上旬迁离(表 1)。最早迁来时间相差为 2~4d;最晚迁离时间差为 0~2d,季节迁徙时间相对稳定。

① 本文原载于《四川动物》,2002,21(1):41~42.

表 1　黑鹳迁徙时间动态

年份	首见日期	终见日期	居留期(d)	间隔期(d)
1998	3 月 2 日	11 月 3 日	247	118
1999	3 月 4 日	11 月 5 日	247	118
2000	2 月 28 日	11 月 3 日	250	116

3.2　种群数量

　　黑鹳繁殖前后的种群数量每年都有所增加(表 2),这对其种群的延续有良性作用。但本地繁殖的黑鹳其数量增大幅度不太大,应加强保护和拯救。

表 2　黑鹳种群数量动态

年份	繁殖前种群数量(只)	繁殖后种群数量(只)
1998	6	13
1999	8	13
2000	6	12

3.3　繁　殖

3.3.1　营　巢

　　黑鹳迁来时已经配对。迁来几天后,便选定巢址开始营巢。巢均建于背风向阳的陡峭悬崖的凹处平台,海拔 1500m 左右。黑鹳有延用旧巢的习性,如无干扰一般不建新巢,在旧巢的基础上稍加修补。产卵前 5~10d 叼回绿色的苔藓铺垫于巢中央。巢盘状,外层主要为黄刺玫、油松 *Pinus tabuliformis* 等枝条,中层垫有细的绣线菊枝条和早熟禾根茎,内层铺以大量的苔藓和掺杂附带的少量泥土。据对 7 个巢的测量。巢外径 170(70~210)cm×106(60~127)cm,内径 35(30~45)cm×28(25~32)cm,巢高 27(19~42)cm。窝深 12.7(7~14)cm.

3.3.2　产卵及孵化

　　黑鹳营好巢后即开始产卵,日产卵 1 救,窝卵数 3~4 枚,多数 4 枚。据对 11 枚卵的测定,鲜卵重 78.7(76~80)g,长径 66(61.9~68)mm,短径 49.7(48~54)mm,卵洁白光滑无斑。产卵及卵的孵化情况、育雏及幼鸟的成活率见表 3。

表 3　黑鹳繁殖参数

年份	产卵日期	窝卵数(枚)	孵化期(d)	出壳数(只)	孵化率(%)	育雏期(d)	离巢幼鸟(只)	幼鸟成活率(%)
1998	3 月 18 日	4	32	4	100	72	1	25.0
	3 月 20 日	3	31	3	100	70	3	100.0
	3 月 26 日	4	31	4	100	74	3	75.0
	3 月 11 日	3	32	3	100	70	1	33.3

续表

年份	产卵日期	窝卵数（枚）	孵化期（d）	出壳数（只）	孵化率（%）	育雏期（d）	离巢幼鸟（只）	幼鸟成活率（%）
1999	3月18日	4	31	4	100	71	3	75.0
	3月21日	4	31	4	100	71	1	25.0
	3月8日	4	31	3	75	75	2	66.7
2000	3月17日	4	31	3	75	72	2	66.7
	3月24日	4	31	4	100	71	3	75.0
	合计	34	–	32	–	–	19	–

黑鹳雌鸟产第1枚卵后，即开始孵化，雌雄鸟共同孵卵，以雌鸟为主。孵化期31~32d。当产卵遭到严重干扰时，会重新择巢进行产卵孵化。雏鸟晚成性，需亲鸟喂育70~75d方可离巢活动。幼鸟成活率较低，仅有59.4%，这是其濒危的主要原因之一。

3.3.3 育　雏

雌雄亲鸟共同育雏。亲鸟把捕获的大量食物装在嗉囊里，喂雏时将食物逐渐吐出。亲鸟喂食次数随着雏鸟的生长递减，捕食量及喂食量随着雏鸟的生长而递增。黑鹳主要以鱼、泥鳅、蛙等为食。

刚出壳的雏鸟全身被白色羽绒，嘴峰黄色，跗趾及趾为肉红色，出壳1h即睁开双眼。10日龄幼鸟翅及尾部生出羽鞘；20日龄，头、眼圈、颈部开始长出羽鞘；30日龄，羽色黑白相间，能站立活动；40日龄，廓羽全部长出，白色羽绒已稀疏；50日龄，体形似成鸟，但嘴、跗趾及趾仍为黄色；50日龄，体形似成鸟，但嘴、跗趾及趾仍为黄色；60日龄，雏鸟具飞翔能力；70日龄，雏鸟即可同亲鸟到巢址附近的河滩觅食；90~100日龄，幼鸟夜晚仍归巢栖宿；110日龄，幼鸟即可随亲鸟大范围活动觅食。对十里桥北沟4只雏鸟的生长情况调查结果见表4。

表4　黑鹳幼鸟生长动态（n=4）

日龄	体重（g）	全长（mm）	翼长（mm）	嘴峰（mm）	跗趾（mm）	尾长（mm）	初级飞羽（mm）
3	65	158	21	21	23	9	–
5	95	180	23	24	31	10	–
9	230	245	30	32	37	12	–
19	1161	450	100	63	80	40	33
25	1786	570	170	81	120	75	66
31	2500	650	225	88	150	100	185
36	2800	705	295	100	165	140	209
46	3000	800	360	122	180	190	220

4　保护对策

黑鹳是大型珍稀鸟类,具有很高的观赏价值和经济价值,应采取以下保护措施:

(1) 大力宣传《野生动物保护法》,提高全民保护黑鹳等野生动物的意识,自觉行动起来保护黑鹳及生境。

(2) 依法查处偷捕、偷猎和破坏黑鹳繁殖的案件。一经发现,坚决查处并追究犯罪嫌疑人的刑事责任。

(3) 在黑鹳栖息地严禁开山采石、直接向河道排放废水,污染水体,影响黑鹳的正常取食。

(4) 鼓励当地群众在黑鹳活动区域兴建鱼塘,这样既可增加民众的收入,又可为黑鹳良好的取食环境。建议保护区和当地政府在政策等方面给予适当的扶持。

(5) 建议保护区和当地政府主管部门对在保护黑鹳做出的贡献的个人或单位给予鼓励和奖励。

参考文献

[1] 郑光美,王岐山.中国濒危动物红皮书[M].北京:科学出版社,1998.

[2] 苏化龙,刘焕金.拯救黑鹳刻不容缓[J].动物学杂志,1989,24(1):41~44.

[3] 赵正阶.中国鸟类手册,上卷[M].长春:吉林科学技术出版社,1995.

山西芦芽山自然保护区灰头鹀的繁殖记述①

郭建荣　王建萍　吴丽荣　宫素龙

（山西芦芽山国家级自然保护区,山西　宁武　036707）

灰头鹀 *Emberiza spodocephala* 是中日候鸟保护协定中保护的鸟类[1]。1998~2000 年 4~9 月我们在山西芦芽山自然保护区对其繁殖情况进行了考察,现将研究结果报道如下。

1　自然概况

山西芦芽山国家级自然保护区位于山西省吕梁山北端,111°50′00″~112°05′30″E, 38°35′40″~38°45′00″N。总面积 214.53km²。年均气温 4~7℃,年均降水量 500~600mm。森林主要有云杉 *Picea* spp. 林、华北落叶松 *Larix principis-rupprechtii* 林、油松 *Pinus tabuliformis* 林等,灌丛主要有沙棘 *Hippophae rhamnoides* 灌丛、黄刺玫 *Rosa xanthina* 灌丛、三裂绣线菊 *Spiraea trilobata* 灌丛等。

2　结　果

2.1　居留情况

灰头鹀在本区为夏候鸟,季节迁徙和居留情况见表1。

表 1　灰头鹀季节迁徙动态(1997~1999 年)

年份	首见日期	终见日期	居留期(d)
1997	4 月 13 日	9 月 10 日	151
1998	4 月 11 日	9 月 7 日	150
1999	4 月 14 日	9 月 15 日	151

①　本文原载于《四川动物》,2002,21(2):98.

2.2　营巢环境

共发现灰头鹀 10 个巢,均营造于保护区机关院内外(院内刺柏树上 2 个巢,大门外云杉苗圃地白杆树上 8 个巢),海拔 1450m。巢间距 9~112m,巢筑于刺柏或白杆的枝桠间,隐蔽条件很好,距地面 97.5(66~139)cm。

3　营　巢

灰头鹀迁来后,5 月下旬为繁殖盛期,最早发现营巢为 4 月 27 日(白杆幼树上,由于人为干扰筑巢未成功),其余 9 个巢的营巢期为 5 月 20 日~6 月 10 日。营巢一般需 5~6d,由雌雄鸟共同承担,巢材从距营巢地约 30~200m 的地方衔取,外层为早熟禾茎叶,内层垫有马尾毛。巢圆形,较粗糙,巢深 5.8(5.6~6.0)cm,外径 10.6(10.1~10.9)cm,内径 7.7(7.2~8.4)cm。

4　产卵与孵卵

灰头鹀在筑好巢的翌日或隔日开始产卵,时间为 5:00~6:00,日产 1 枚,每窝产卵 4~5 枚。卵为椭圆形,灰白色密布褐色斑点,钝端斑点连片。卵重 2.4(2.3~2.5)g,长径 18.2(18.08~18.50)mm,短径 14.9(14.78~15.00)mm(n=19 枚)。

全窝卵产齐后即由雌鸟进行孵卵,孵化期 11~12d。4 个巢 19 枚卵由于工作失误破碎 1 枚,其余 18 枚卵,未受精卵 4 枚,孵化率 77.8%。未成活雏鸟 2 只,离巢率 85.7%。

5　育　雏

刚出壳的灰头鹀雏鸟头大颈细,眼泡肥大,双目紧闭,全身裸露,腹部如球,侧身躺卧。育雏大部分任务由雌鸟完成。若有人走近巢,雌鸟则立即飞到巢旁边的树上惊慌失措,乱跳乱飞,发出 "jiujiujiu-jiujiujiu" 的呼叫声。巢内育雏 8~9d。雏鸟大部分食物为昆虫。出壳后的前两天,亲鸟喂育雏鸟次数多达 93 次,以后随着雏鸟日龄的增多喂育次数逐渐减少。雏鸟离巢前 1~2d 仅具短距离的飞翔能力,大约在 10m 左右范围内能跳飞,避敌能力极差,食物大部分仍由亲鸟帮助。经过亲鸟 6~7d 的巢外育雏,雏鸟才具有独立生活能力。

参考文献

[1] 刘焕金,苏化龙,冯敬义.芦芽山自然保护区鸟类垂直分布[J].四川动物,1986,5(1):11~15.

山西芦芽山自然保护区松鸦的繁殖生态 ①

吴丽荣　王建萍　宫素龙

（山西芦芽山国家级自然保护区，山西　宁武　036707）

松鸦 *Garrulus glandarius* 是芦芽山自然保护区常见留鸟，由于长期生活在针叶林或针阔混交林，对森林更新具有重要意义。1999~2002 年在芦芽山自然保护区对松鸦的繁殖生态进行了研究，为保护和利用松鸦资源提供科学依据。

1　研究区概况

山西芦芽山国家级自然保护区位于吕梁山脉北端，地处宁武、五寨、岢岚三县交界，111°50′00″~112°05′30″E，38°35′40″~38°45′00″N。主峰芦芽山海拔 2772m。乔木主要由云杉 *Picea* spp.、华北落叶松 *Larix principis-rupprechtii*、油松 *Pinus tabuliformis*、白桦 *Betula platyphylla*、辽东栎 *Quercus wutaishanica* 等组成；灌木主要由沙棘 *Hippophae rhamnoides*、黄刺玫 *Rosa xanthina*、金花忍冬 *Lonucera chrysantha*、三裂绣线菊 *Spiraea trilobata* 等组成。

2　研究方法

选择有代表性的不同生境，采用路线统计法以 2km/h 的速度行进，左右视距各 50m，调查松鸦种群数量。每年繁殖期寻找松鸦的繁殖巢，调查其繁殖生态，并通过幼鸟扎颈法、直接观察法、解剖成体等方法分析其食物组成。

3　结果与分析

3.1　生境与分布

依海拔不同，选定有代表性的 4 个不同生境：①海拔 1350~1500m 的荒坡灌丛农田带；②海拔 1500~1700m 的疏林灌丛带；③海拔 1600~2100m 的针阔混交林带；④海拔

① 本文原载于《四川动物》，2003，22（3）：168~170.

2100~2600m 的针叶林带。结果表明:不同生境中,全年均有松鸦分布。春末至秋初多栖息于海拔 1600~2600m 的针叶林、针阔混交林,冬季多栖息于海拔 1350~1700m 的疏林灌丛、灌丛、灌丛农耕带,降雪后山地林区村庄附近也偶见小群(3~5 只)活动,其中向阳缓坡、林缘、林间草地、林间道路、山脊、小片耕地常见其活动。繁殖季节常在悬崖峭壁活动,此处阳光充足,光照好,视野开阔,觅食方便,隐蔽良好,便于飞行、打斗、嬉戏、追逐等。松鸦活泼,鸣声似"gar-gar"。

3.2　种群密度

4 个生境松鸦种群密度调查结果见表 1。由表 1 可知,松鸦在针阔混交林带密度最高,遇见率为 0.50 只/km,针叶林带次之,荒坡灌丛农田带最少,为 0.10 只/km。

表 1　松鸦种群密度动态

年份	生境	海拔(m)	调查时间(h)	累积样线长度(km)	遇见数(只)	遇见率(只/km)
1999	针叶林带	2100~2600	20	40	12	0.3
	针阔混交林带	1600~2100	20	40	20	0.50
	疏林灌丛带	1500~1700	20	40	10	0.25
2002	荒坡灌丛农田带	1350~1500	20	40	4	0.1

3.3　繁　殖

松鸦繁殖期为 4~7 月。4 月初可见成对活动的个体,以后求偶、配对、占巢,开始营巢。

3.3.1　巢　期

松鸦最早在 4 月 25 日营巢,营巢期 6~9d。雌雄鸟均参与营巢。发现 4 个巢建于悬崖峭壁的鼠李上,2 个建于向阳陡坡的辽东栎枝桠,1 个建于山谷的油松上。8 个巢距地面 2.5(1.8~4.1m)m。巢呈碗状,巢材多为华北落叶松、绣线菊、荆条等枝条,内垫灌木和杂草的须根。外径 19(17~21cm),内径 14(13~17)cm,巢深 7.5(6.2~8.7)cm,巢高 16(14~18)cm。

3.3.2　卵　期

松鸦于筑好巢的翌日产卵,日产卵 1 枚,多在 6:00~7:30。卵椭圆形,卵色变化较大,从砂灰、浅绿至深绿,具多种褐色斑点、斑纹及斑片。卵重 8(7~9.5)g,长径 37(36~39)cm。短径 22(18~24)mm($n=31$)。产卵完成后,雌鸟开始孵卵,雄鸟也参与孵卵,但以警卫、衔食喂孵卵的雌鸟为主。松鸦繁殖参数见表 2。由表 2 可知,松鸦 5 月 5 日~6 月 9 日为产卵期,每窝卵 3~6 枚,孵化期 16~17d,孵化率较高,平均为 94.29%,这对于种群延续十分有利。

3.3.3　雏　期

初出壳的松鸦雏鸟体重 6.2(5.5~7.0)g,体长 40(37~43)mm,嘴峰 6.2(6.0~7.0)mm,跗跖 15(14~17)mm($n=5$)。全身赤裸无羽,头大颈细,双目紧闭,腹部如球。10 日龄雏鸟体重 72(68~75)g,体长 130(120~137)mm,翼长 67(62~70)mm,嘴峰 13(12~14)mm,跗跖 26(22~28)mm,尾长 10(8~12)mm。19 日龄雏鸟体重 121(120~123)g,体长 200(193~220)mm,翼长 100(94~110)mm,嘴峰 22(18~24)mm,跗跖 40(35~44)mm,尾长 50(48~54)mm。

表2 松鸦繁殖参数

| 年份 | 窝数 | 产卵日期 | 窝卵数（枚） | | | | 孵化期（d） | 未受精卵（枚） | 孵化率（%） | 巢内育雏（d） | 巢外育雏（d） | 离巢幼鸟（只） | 离巢率（%） |
			3	4	5	6							
1999	2	6月2、5日		1	1		17、17	1	88.89	20	10	7	87.50
2000	3	5月5、20、31日	1	1		1	16、17、17	1	92.31	20	9	11	91.67
2001	2	5月25、30日		1	1		16、17	–	100.00	20	10	8	88.89
2002	1	6月9日		1			17	–	100.00	19	9	4	100.00
合计	8	–	1	4	2	1		2	94.29	–	–	30	–

由表2可知，雏鸟巢内由亲鸟喂育19~20d离巢，幼鸟平均离巢率90.91%。离巢后，幼鸟仍需亲鸟在巢附近树冠上再喂养9~10d，才能独立觅食。

3.4 食物组成

通过2窝雏鸟（10日龄，11只）扎颈和直接观察成体捕食及冬季猎获8只成鸟的胃检法，得到松鸦的食物组成（表3）。由表3可以看出，松鸦食物组成中，植物性食物占46.84%，动物性食物占（主要是昆虫）占53.16%。需要特别指出的是，松鸦在育雏期间成体和雏鸟食物都以昆虫为主，且多为有害昆虫，这对于控制农林害虫具有重要意义。

表3 松鸦食物组成（n=19）

类别	种名	出现频次	比例（%）
植物性食物	油松	4	46.84
	华北落叶松	2	
	刺梨	8	
	山麻子	2	
	山里红	8	
	甘肃山楂	4	
	樱桃	8	
	杜梨	4	
	野豌豆	6	
	蚕豆	6	
动物性食物	尺蠖蛾	4	53.16
	天杜蛾	2	
	胡锋	7	
	蚂蚁	9	
	绿头蝇	8	
	牛虻	4	
	绿金龟子	4	
	天牛	8	
	蚂蚱	9	
	蝼蛄	4	
合计		111	100.00

参考文献

[1] 刘焕金,苏化龙,冯敬义.芦芽山鸟类垂直分布[J].四川动物,1986,5(1):11~15.

[2] 彭开福.松鸦繁殖习性的观察[J].动物性杂志,1987,22(1):32~33.

山西芦芽山自然保护区岩松鼠
生态的初步观察 ①

郭建荣

（山西芦芽山国家级自然保护区，山西　宁武　036707）

岩松鼠 *Sciurotamias davidianus* 为山地多岩石地段或林缘树木少而岩石多的生境中活动的小型啮齿动物，是农林业的重要害鼠之一。2000~2002 年 4~10 月，在山西芦芽山国家级自然保护区对该鼠的生态进行了研究，其目的在于掌握该鼠的生活习性，对其危害性进行积极防治，为保护农林业生产提供科学依据。

1　研究区概况

芦芽山自然保护区位于山西省吕梁山脉北端，地处宁武、五寨、岢岚三县交界，111°50′00″~112°05′30″E，38°35′40″~38°45′00″N。海拔 1346~2787m。总面积 214.53km²。该区森林繁茂，灌木丛生，水资源丰富，山高岭峻，岩石比比皆是，为岩松鼠提供了栖宿活动的自然环境。植物主要有云杉 *Picea* spp.、华北落叶松 *Larix principis-rupprechti*、油松 *Pinus tabuliformis*、沙棘 *Hippophae rhamnoides*、黄刺玫 *Rosa xanthina*、三裂绣线菊 *Spiraea trilobata*、刺梨 *Ribes nurejensa* 等；农作物主要有莜麦 *Avena chinensis*、马铃薯 *Solanum tuberosum*、蚕豆 *Vicia faba*、豌豆 *Pisum satirum* 等。

2　研究方法

根据岩松鼠喜欢的栖息生境，在本区按海拔、植被、地形的不同选定冰口洼、梅洞、吴家沟 3 个有代表性的地段作为调查区域，在每个调查区域内随机选取 2~3 条调查样线，调查样线一经选定便不再更改。采用路线统计法，每小时行程 2km，左右视距各 50m，统计该鼠的种群数量（包括地上跑的、树上爬的等），然后以只/km² 反映其在本区的种群密度。根据岩松鼠昼出夜伏的活动规律，平时在野外直接观察其取食情况，同时用枪击法猎取标

①　本文原载于《四川动物》，2003，23（3）：171~172.

本对其颊囊进行解割,分析其食物组成。在野外调查时,寻找其繁殖窝,观察其繁殖生态。

3 结果与分析

3.1 栖息地

调查表明,岩松鼠主要栖息于山区的沟坡或丘陵多岩石的地段,以及树林稀疏而有岩石的地区,在林缘、林中路边的树上也有其活动的身影。

岩松鼠繁殖期间多见于山谷间岩壁缝隙、溪流石崖绝壁、水沟土壁上的土洞和山地多岩石的树上啄木鸟住过的洞中,并利用此作为其繁殖的场所。这些地方具有环境偏僻、外界干扰少、食物丰富、水源充沛、隐蔽理想等自然条件。

岩松鼠觅食时,其活动范围较大,在林中、树上、村庄附近、果园、菜园、农田、田埂地边、悬崖绝壁、水冲沟边等地,只要是具有可食资源丰富、水源充沛、视野开调、活动无阻、逃避天敌方便的地段均是其觅食的场所。

岩松鼠通常在溪涧路边的巨石、枯倒木、岩石堆积处、近林缘的灌丛砾石多的地方作短暂停息,这些地方便于奔跑和停留方便,地势有高有低,利于隐蔽。

岩松鼠除产仔生育期外,通常没有固定的夜宿地,随夜幕降临时选择夜宿地。多数在悬崖峭壁洞穴、缝隙、石头垒好的洞穴和水冲沟洞穴、废弃的树洞等处夜宿。

3.2 种群密度

在芦芽山自然保护区选定的 3 个调查区域 8 条样线进行种群数量调查,3 年累积调查 10.8km^2(表1)。

由表 1 可知,岩松鼠的平均种群密度为 3.33 只 /km^2。在荒坡、岩石较多而树木稀少、农田较多的吴家沟区域,其种群密度最大,达 4.17 只 /km^2;而在岩石较少、林分郁闭度大的冰口洼区域,其种群密度最小,为 2.22 只 /km^2。可见在视野开阔、利于隐蔽、食物种类多而丰盛的区域,其种群数量较大。

表 1 岩松鼠种群密度调查结果

调查区域	海拔(m)	调查面积(km^2)	遇见数(只)	种群密度(只 /km^2)	植被类型
冰口洼	1900~2600	3.6	8	2.22	纯针叶林
梅洞	1600~1900	3.6	13	3.61	针阔叶混交林
吴家沟	1346~1600	3.6	15	4.17	农田灌丛荒坡
总计	–	10.8	36	10.00	
平均	–	3.6	12	3.33	

3.3 食物组成

在 3 年的工作中,通过野外直接观察其觅食情况及用枪击法猎获岩松鼠 11 只(雌 7 雄 4)解剖其颊囊,分析其食物组成,结果见表 2。

表 2　岩松鼠食物组成

类别	食物种名	取食部位	食物出现频次		合计	食物比例（%）
			直接观察法	扎颈法		
植物性食物	油松	种子	4	8	12	90.28
	落叶松	种子	2	5	7	
	云杉	种子	1	2	3	
	山楂	果实	1	2	3	
	山杏	果实		1	1	
	刺梨	果实		2	2	
	沙棘	果实		2	2	
	黄刺玫	果实		1	1	
	山刺玫	果实		1	1	
	莜麦	种子	3	5	8	
	豌豆	种子	2	5	7	
	蚕豆	种子	1	3	4	
	玉米	种子	4	6	10	
	胡麻	种子	1	2	3	
	车前	种子		1	1	
动物性食物	蚂蚱			4	4	9.72
	蚂蚁			3	3	
合计			53	72	100.00	

从表 2 看出，岩松鼠的食物种类繁多，动植物皆有，而农作物是其取食的主要种类。其食物组成中，植物性食物占 90.28%，动物性食物占 9.72%。

3.4　繁殖习性

每年 5~7 月为岩松鼠的繁殖期，每年繁殖 1 次，每次产仔 3~5 只。在发情期，雄鼠特别活跃，天刚亮就出洞外活动，并带有鸣叫声。岩松鼠的交配时间一般选择在天刚亮以后。3 年记录到 2 次岩松鼠交配，2000 年 5 月 14 日 6:24 在吴家沟和 2001 年 6 月 7 日 5:42 在梅洞。进行交配的雌雄鼠先是进行相互追逐、亲昵嬉戏等一系列行为，然后开始交配。全部交配方式是雌与雄背腹相贴，雄鼠咬住雌鼠的颈部，前肢抱住雌鼠而后肢连续抖动，并发出"叽–叽"的叫声，交配实需时间为 2~4s，交配完毕后各自整理被毛。在整个观察中，未见有性干扰行为。岩松鼠洞穴一般筑在土质疏松、地势较高、不易遭水灌、便于觅食活动的生境。2000 年 7 月 4 日在吴家沟田埂边发现一繁殖洞穴，经挖掘得知其洞穴深达 1m，洞口大小为 45cm×4cm，洞道长短不一，洞道两侧各有一膨大的小坑，深约 20cm 左右，大小为 13cm×18cm，最末端为产仔巢窝，巢由蒿草、禾本科细茎等铺垫，大小为 15~17cm。

内有 4 只已睁眼的小岩松鼠。2001 年 6 月 2 日在冰口洼枯萎的落叶松树上废弃的啄木鸟洞中发现的繁殖窝,有刚产出的仔鼠,体表裸露无毛,皮肤肉色,双目紧闭,两耳孔明显,体重 5~7g,体长 45~57cm(n=5)。经观察,仔鼠 17d 后睁眼,48d 后幼鼠与其双亲分居,开始独立生活。

　　岩松鼠喜食松籽及农作物种籽,在造林地区,特别是苗圃地对幼苗的危害较重,在春秋季节它们盗食农作物种籽,对农业生产也有一定的危害,因此它是农林业的重要害鼠之一。但是在山地针叶林中,因食松籽较多,故有储备种子的习性,将松籽埋入地下,第二年可萌发长出幼苗,因此它对种子的传播也起一定的作用。岩松鼠毛长绒厚,皮板适度,利用其皮毛可以缝制各种服饰,具有一定的经济价值。

参考文献

［1］樊龙锁,刘焕金 . 山西兽类［M］. 北京:中国林业出版社,1996.

［2］山西省农业厅植保总站 . 山西省灭鼠培训班讲学文集［C］. 山西省农业厅植保总站汇编,1983.

山西芦芽山自然保护区山麻雀生态资料[①]

吴丽荣　　王建萍　　宫素龙

（山西芦芽山国家级自然保护区，山西　宁武　036707）

山麻雀 Passer rutilans 为中日候鸟保护协定中保护的鸟类。我们于 2000~2002 年 4~10 月在山西芦芽山国家级自然保护区，对山麻雀的繁殖生态进行了观察，其目的是为鸟类资源监测和保护提供科学依据。

1　自然概况及研究方法

山西芦芽山国家级自然保护区位于吕梁山脉北端，地处宁武、五寨、岢岚三县交界，位于 $111°50'00''$~$112°05'30''E$，$38°35'40''$~$38°45'00''N$。总面积 21453hm²，主峰芦芽山海拔 2772m。区内年平均气温 4~7℃，年降水量 500~600mm，无霜期 90~120d。工作区植被状况见文献[1]。

山麻雀在山西为夏候鸟[2]。根据山麻雀的生活习性及我们的观察资料，选定西马坊、吴家沟、坝门口 3 块调查样区选择固定地段，距离不小于 2km，每年 4 月下旬至 5 月中旬和 9 月中旬至 10 月上旬，隔日观察山麻雀季节迁徙动态，收集繁殖生态资料。采用路线统计法调查其种群数量，在 3 块样区共选择距离不小于 2km 的样线 6 条，在山麻雀繁殖前的 5 月和繁殖后的 8 月 6:00~8:00 以步行 2km/h 速度，左右视距各 50m，求得遇见率（只/km）。每条样线调查 5 次，每年繁殖前后分别调查 60km。3 年累积调查路线 180km。

2　季节迁徙

山麻雀迁来最早日期为 5 月 4~7 日，最晚迁离日期为 9 月 20~24 日，居留期 137~143 天（表 1），季节迁徙相对稳定。

---

①　本文原载于《四川动物》，2004，23（2）：129~131.

表 1　山麻雀季节迁徙动态

年份	首见日期	终见日期	居留期(d)	间隔期(d)
2000	5 月 5 日	9 月 24 日	143	222
2001	5 月 7 日	9 月 20 日	137	228
2002	5 月 4 日	9 月 22 日	142	223

3　栖息地

山麻雀栖息活动地包括营巢、夜宿、觅食地和短暂停息地。营巢地多见于居民点附近水泥电杆的顶端凹陷处、屋檐缝隙及树洞等。夜宿地常见于无人居住的破旧房屋缝隙、其他建筑物墙缝及其他鸟类的弃洞等。觅食地见于草丛、打谷场、开阔的农田等。短暂停息地包括树冠、庭院、屋顶、草丛,但多在高压电线上。

4　种群数量

繁殖期间山麻雀多单独或成对活动,种群数量调查结果见表 2。山麻雀 5 月繁殖前遇见率 0.64(0.58~0.68)只 /km,8 月繁殖后遇见率 0.79(0.73~0.85)只 /km。繁殖后比繁殖前种群数量增加了 23.44%。

表 2　山麻雀繁殖前后种群数量对比

年份	繁殖前(5 月)遇见数(只)	遇见率(只 /km)	繁殖后(8 月)遇见数(只)	遇见率(只 /km)
2000	39	0.65	48	0.80
2001	41	0.68	51	0.85
2002	35	0.58	44	0.73
合计	115	0.64	143	0.79

5　繁殖习性

山麻雀初迁来时,通常 3~5 只成小群活动。最早发现 5 月 15 日成对活动,雌雄鸟鸣声增多,雄鸟鸣声多变,委婉动听,雌雄鸟追逐嬉戏,成对活动频繁。

5.1　营　巢

山麻雀繁殖资料见表 3。山麻雀最早于 6 月 1 日开始衔材营巢(n=9)。巢筑于水泥电线杆顶端 5 个,筑于房屋缝隙 3 个,筑于树洞 1 个。雌雄鸟都参与筑巢,巢材来自于距巢 11~121m 范围内,外层多以莜麦秆、柏、柳细枝或纤维状树皮构成,内垫鸟羽及兽毛等。营巢期 8~17d(n=7)。巢外径 128(110~140)mm×120(120~130)mm,内径 81(71~90)mm×75(72~

78)mm,巢高 81(72~95)×45(42~56)mm(n=9)。

表3 不同年份山麻雀繁殖参数

年份	最早营巢期	最早产卵日期	窝卵数（枚）			孵化期(d)	孵化率(%)	育雏期(d)	巢外育雏(d)	幼鸟成活数(只)	幼鸟成活率(%)
			4	5	6						
2000	6.1	6月9日	1	2	1	13	90.00	14	9	15	83.33
2010	6.5	6月16日	1	1	1	12	86.67	13	8	11	84.62
2011	6.7	6月19日	1	–	1	12	70.00	13	8	7	100.00

5.2 产卵、孵卵和育雏

山麻雀营巢完毕,翌日即开始产卵,日产1枚。窝卵数4~6枚,年繁殖1次,与赵正阶[3]的报道不同。由表3可知,山麻雀最早产卵于6月9日。据45枚卵测定得知,卵重均值1.9(1.6~2.3)g,长径17.6(16.4~18.8)mm,短径13.0(12.4~14.6)mm,卵浅灰色或近白色,被有褐色或黄褐色斑点。

山麻雀产卵完毕即开始孵化,孵卵由雌鸟担任,最早孵卵见于6月13日。雌鸟孵卵时,雄鸟多在巢边11~25mm内停息,负责警戒任务,遇有同种个体接近巢区,奋力驱赶或进行恐吓。孵卵期12~13d。45枚卵中共孵出幼鸟38只,平均孵化率84.44%。刚出壳的雏鸟全身肉红色,赤裸无羽,头大颈细,双目紧闭,耳孔外露,腹部如球,侧身躺卧。体重平均1.5(1.3~1.9)g(n=35);6日龄雏鸟眼已睁开,体重8.5(7.8~9.2)g,体羽羽芽明显;12日龄雏鸟外形似成鸟,体重17.6(16.8~19.2)g。雏鸟巢内由亲鸟喂育13~14d后离巢。离巢后幼鸟自食能力较差,飞行及避敌能力远不如亲鸟,仍需亲鸟在巢外喂育6~8d,方可独立觅食。38只幼鸟成活33只,成活率为86.84%,繁殖力[(年繁殖次数×平均窝孵数×孵化率)/2]为2.11只,与武建勇[4]、张青霞[5]的报道基本一致。由此可知,在本区山麻雀繁殖较为稳定,繁殖成活率较高,其种群数量呈上升趋势,是兴旺发展的种群。

6 食物分析

通过幼鸟扎颈法(n=14)和采集山麻雀标本23(9♂,14♀)只分析其食物组成,结果见表4。可知山麻雀食物组成中动物性食物占75.43%,农作物及杂草种子占24.60%,其中动物性食物以农林害虫为主,是农林业的食虫益鸟,应积极地加以大力保护。

表4 山麻雀食物组成

食物组成	出现频率(%)	重量(g)	占总食物比例(%)	比例(%)
蝗虫	25(11.16)	9	14.75	
金龟甲	23(10.27)	6	9.84	
叩头虫	21(9.38)	5	8.20	75.40
瓢虫	20(8.93)	2	3.28	

续表

食物组成	出现频率(%)	重量(g)	占总食物比例(%)	比例(%)
花椿象	18(8.04)	4	6.56	75.40
蚊子	17(7.59)	4	6.56	
蚂蚁	15(6.70)	5	8.20	
天牛	13(5.80)	7	11.48	
龙虱	10(4.46)	4	6.56	
谷	13(5.80)	3	4.92	
莜麦	12(5.36)	3	4.92	
糜子	8(3.57)	2	3.28	24.60
狗尾草	10(4.46)	2	3.28	
玉米	11(4.91)	3	4.92	
蓼	8(3.57)	2	3.28	
合计	100.00	61	100.00	100.00

参考文献

[1] 郭建荣,王建萍.芦芽山自然保护区岩鸽繁殖生态的观察[J],山西林业科技,2000(1):40~43.

[2] 刘焕金,郭萃文,安文山,等.山西鸟类调查名录[J].太原师专学报,1992(4):42.

[3] 赵正阶.中国鸟类志·下卷:雀形目[M].长春:吉林科技出版社,2001.

[4] 武建勇,王俊田,宋丽萍.山麻雀的繁殖生态研究[J].太原师专学报,1993(4):24~26.

[5] 张青霞,王红元,李建龙.山西历山自然保护区山麻雀的繁殖习性[J].四川动物,2003,22(1):38~40.

山西芦芽山自然保护区
鹪鹩繁殖生态观察[①]

王建萍　郭建荣　吴丽荣　宫素龙

（山西芦芽山国家级自然保护区，山西　宁武　036707）

鹪鹩 *Torglodytes troglodytes* 在我国绝大部分地区均有分布，在芦芽山为留鸟[1]。有关该鸟的生态学研究，刘焕金[2]、赵正阶[3]曾有过报道。2001~2003 年 3~9 月我们在山西芦芽山国家级自然保护区对鹪鹩的繁殖习性进行了观察研究，现将研究结果报道如下。

1　研究区概况及方法

根据植被及自然地理概况，将芦芽山保护区鹪鹩栖息生境划分为吴家沟样区（海拔 1450~1600m 的疏林—灌丛—河流村庄带）、梅洞样区（海拔 1600~2000m 的油松—桦—杨林带）、圪洞样区（海拔 2000~2600m 云杉—华北落叶松林带）。3 人各调查 1 个样区。采取路线统计法，于每年繁殖前的 3 月和繁殖后的 9 月，每月 5 日、15 日、25 日早晨 8~10 时，行进速度 2km/h，左右视距各 50m，调查各样区遇见鹪鹩的个数。采用样地统计法，每年 5~8 月份，分别在 3 个样区内各选择调查面积 3hm²，于每月 5 日、15 日、25 日 15:00~19:00，记录鹪鹩所筑的新巢数量，取一最大值作为本月鹪鹩在此样区的营巢数量，据此确定鹪鹩的营巢密度。通过对一固定繁殖巢全天（6:00~18:30）的仔细观察，得出鹪鹩营巢、产卵、孵卵和育雏的详细信息。

2　种群数量与营巢密度

2.1　种群数量

鹪鹩种群数量和密度见表 1。由表 1 可知，鹪鹩在云杉—华北落叶松林带种群数量最高，繁殖前种群遇见率 3.4 只/km，在疏林—灌丛—河流村庄带最少，种群遇见率为 0.8

① 本文原载于《野生动物杂志》，2005，26（3）：53~56。

只 /km。繁殖前种群遇见率 2.27 只 /km,繁殖后 3.27 只 /km,繁殖后比繁殖前增长 44.1%。

表1　3月和9月不同生境鹩鹩种群数量调查结果

海拔(m)	植被类型	统计路程(km)	遇见数(只)		遇见率(只 /km)	
			3月	9月	3月	9月
1450~1600	树林—灌丛—河流村庄	10	8	16	0.8	1.6
1600~2000	油松—桦—杨林	10	26	37	2.6	3.7
2000~2600	云杉—华北落叶松	10	34	45	3.4	4.5
总计		30	68	98	2.27	3.27

2.2　营巢密度

鹩鹩繁殖期跨度较长,为 4~8 月。繁殖高峰为 5~6 月,最早 4 月初开始配对,最晚的 8 月才开始配对、营巢等繁殖行为。

由表 2 可知,鹩鹩巢在油松—桦—杨类型的植被环境下密度最高,达 2.3 个 /hm²,其次是云杉—华北落叶松林类型,为 1.7 个 /hm²,巢密度最小的是疏林—灌丛—河流村庄环境,为 0.7 个 /hm²。由此可知,鹩鹩繁殖期间偏爱植被条件相对复杂、较为隐蔽的环境,这一点与刘焕金的结果[2]有差异。

表2　不同生境带类型鹩鹩营巢密度

海拔(m)	植被类型	样地面积(hm²)	鸟巢数(个)	鸟巢面积(个 /hm²)
1450~1600	树林—灌丛—河流村庄	3	2	0.7
1600~2000	油松—桦—杨林	3	7	2.3
2000~2600	云杉—华北落叶松	3	5	1.7

3　繁　殖

3.1　求　偶

鹩鹩雌雄鸟的配对多在营巢前大约 1 周左右进行。开始雄鸟鸣声明显增加,鸣声一般为 "qiuci-qiuci",并且活动频繁,非常活泼。发现雌鸟时,翘尾竖颈,两翼鼓动,竭力引逗雌鸟。雌鸟一见雄鸟靠近,旋即飞离,偶尔发出 "qiu-qiu" 的鸣叫声。经过雄鸟 3~4d 的嬉戏、追逐后,雌雄鸟相随不离,结成配偶。配对后 2~3d,雌雄鸟共同选择巢区,确立巢位。

3.2　交　尾

雌雄鸟交尾多在配对后 2~3d 的 7:00~8:00 进行。交尾前雌雄鸟一起短飞,鸣叫数次。一般在飞到树枝或裸石上时,雄鸟两翼低垂,伸颈低头,跳跃到雌鸟背部,扇动双翼,尾羽下斜,紧贴于雌鸟尾基部,泄殖腔口相对,完成交尾。交尾时间一般 2~3s。交尾动作一般要连续进行 1~2 次。

3.3　营　巢

鹪鹩营巢一般在选择好巢位后 1~2d 进行。3 年共发现繁殖巢 14 个(2001 年 3 个，2002 年 5 个，2003 年 6 个)，其中营建于杨、桦枯树倒木 5 个，油松和栎树洞 3 个，华北落叶松伐桩与地面相接的洞 2 个，岩壁缝隙 2 个，农户大门口屋檐下 1 个，河岸石坝缝隙 1 个。最早见鹪鹩营巢日期为 4 月 22 日。

雌雄鸟均衔材筑巢，取材大约在巢四周 500m 以内的区域，材料包括苔藓、茅草细叶、兽毛、鸟羽。营巢过程中，随着天数的增加，鹪鹩衔材次数逐日减少，第 1 天衔材次数 201 次，第 2 天 178 次，第 3 天 150 次，第 4 天 80 次，第 5 天 62 次，第 6 天 51 次，第 7 天仅为 28 次。这种现象与衔材距离的远近及筑巢的精细程度有关，因为巢越往里，需要的材料相对难取，且巢的结构更加精细。

苔藓、茅草细叶织在巢的外围，兽毛、鸟羽织在巢的内部，巢外围较粗糙，内部精细，结构紧凑，呈深碗状，巢多倾斜，巢口在侧面且很小，与鸟体本身相仿。巢平均重 26.1(20.0~33.5) g，外径 101.5(98.0~128.0) mm×99.6(93.5~12.5)mm，内径 63.0(51.2~73.0) mm×61.0(50.5~68.8) mm，巢高 81.0(76.0~89.0) mm，深 62.0(53.0~68.0)mm，巢口距地面 3.5(2.4~4.1)m，营巢期 7d。

3.4　产　卵

巢筑好后，1~2d 开始产卵，最早见于 5 月 1 日。日产 1 枚，窝卵数 3~5 枚，产卵多在 7：00~8：00，产 1 枚卵大约需 30~50min。卵呈椭圆形，黄白色布有红褐色斑点，钝端斑点较多。产完卵后，雌雄鸟在巢 500m 以内的范围内活动，若有其他个体侵入巢区或靠近巢旁，雄鸟奋力驱逐，而雌鸟在远处鸣叫。卵平均 1.4(1.3~1.6) g，大小为 16.24(15.37~17.18) mm×12.16(11.80~13.25) mm。

3.5　孵　卵

卵产齐后第 2 天由雌鸟开始孵卵，孵卵期 13~14d。孵卵时，雄鸟在巢附近不时鸣叫或四处观望，发现有异常情况，旋即带离雌鸟；感觉安全后，雌鸟重新回巢孵卵。2003 年第 10 号巢由于工作人员多次接触并在测量过程中损坏 1 枚卵(共 3 枚卵)，鹪鹩弃巢不孵。对 2002 年 6 号巢孵卵测定结果见表 3。由表 3 可知，随着孵卵天数的增加，全天坐巢时间增长，离巢时间缩短。

表 3　2001 年 6 号巢鹪鹩营巢孵卵情况

巢号	孵卵日期	孵化时间(min)	离巢晾卵时间(min)	离巢次数	每次离巢时间(min)
	1	490	230	24	2.0~22
	4	570	150	21	2.0~15
6	7	623	97	17	1.5~12
	10	654	66	13	1.0~15
	13	676	44	9	1.0~10

据对第 1、2、4、6、8、11、12 和 14 号共 8 个巢 36 枚卵孵化过程中每隔 2d 称量卵的重量变化,可知鹪鹩在孵卵过程中,前 1~8d,卵重量减轻幅度较大,每枚卵平均减轻 0.06(0.04~0.07)g/d;第 8~10d 稍有减轻,每枚卵平均减轻 0.02(0.01~0.03)g/d;第 10d 后,卵重基本不再减轻,平均卵重 0.91g/ 枚左右。孵化 13~14d 后,共有 31 只雏鸟出壳。刚出壳的雏鸟头大颈细,双目紧闭,嘴角乳黄色,全身赤裸无羽,身体呈粉红色,腹部如球,不能站立,只发出 "jiji" 的叫声。雏鸟出壳后,残碎的卵壳由亲鸟衔出巢外。据对 14 窝 59 枚卵的观察,除 10 号巢弃巢不孵,另有 4 枚卵在工作过程中损坏,6 枚卵未受精外,共有 46 枚卵孵出,孵化率为 85.19%。依 Nici 公式计算:

$$繁殖力 = 平均窝卵数 × 孵化率 × 年繁殖次数 /2(1 对亲鸟)$$

得到鹪鹩的繁殖力为 1.8 只。

4　育雏与幼雏生长

4.1　育　雏

雏鸟出壳的当天,亲鸟并不离巢衔食喂雏,仍以孵卵方式抱雏保温或孵化尚未出壳的雏鸟,直至雏鸟全部出壳的第 2 天,雌鸟开始喂雏;第 3 天,雄鸟加入喂雏活动。2002 年第 6 号巢 5 只雏鸟 3~13 日龄育雏结果见表 4。

表 4　2002 年 6 号巢 3~13 日龄雏鸟全天喂食情况

巢号	雏鸟数(只)	日龄	喂食次数	每日雏鸟平均得食次数	禽鸟清除雏鸟粪便次数	平均雏鸟每日排泄次数
		3	172	34.4	40	8.0
		4	201	40.2	52	10.4
		5	219	43.8	58	11.6
6	5	7	266	53.2	66	13.2
		9	304	60.8	70	14.0
		11	311	62.2	76	15.2
		13	84	16.8	8	1.6

由表 4 可知,随着日龄的增长,雏鸟全日进食次数增多。13 日龄时,或许由于我们对雏鸟进行测量,致使雏鸟受惊,并有雏鸟逃离掉出巢外,引起亲鸟警惕;抑或是雏鸟即将出窝,不需再增加喂食次数,所以 13 日龄全日喂食次数骤然减少。第 14 日龄下午 14:00 幼雏全部离巢。

4.2　雏鸟生长

46 只雏鸟除 6 只幼雏未成活,其余幼雏经巢内喂育 14~15d 后全部离巢,雏鸟成活率为 86.96%。分别对第 2 号、第 6 号和第 11 号巢中 15 只雏鸟 1~13 日龄各器官生长发育状况及形态特征进行了测定,结果见表 5。

表5 15只雏鸟各器官生长发育动态

日龄	体重(g)	体长(mm)	嘴峰(mm)	跗跖(mm)	翼长(mm)	尾长(mm)	体态特征
1	1.34 (1.2~1.5)	26.02 (24.1~27.4)	2.56 (25.0~26.0)	6.88 (6.84~7.10)	—	—	头大颈细,双目紧闭,腹部如球,全身赤裸无羽,嘴角乳黄
3	2.66 (2.4~2.9)	33.64 (30.5~35.6)	3.33 (3.17~346)	8.27 (8.01~8.48)	—	3.4 (3.0~3.9)	头顶,背部有灰黑色绒羽,翅上,尾部有灰黑色羽基
5	2.66 (2.4~2.9)	47.64 (43.3~51.0)	4.20 (4.01~4.30)	11.42 (10.1~12.6)	17.28 (16.9~17.8)	8.3 (7.0~8.9)	头顶,背部,翅有灰黑色绒毛,长出尾羽,眼末睁开
7	3.54 (3.2~3.9)	57.28 (54.2~58.9)	5.00 (4.88~5.20)	13.5 (12.2~14.6)	23.96 (22.6~25.1)	12.34 (12.0~12.9)	全身绒毛开始变褐色,出现花斑,尾羽增长,飞羽增多
9	5.48 (5.0~5.9)	62.5 (60.8~63.5)	6.26 (5.88~6.56)	15.04 (14.4~16.1)	28.88 (27.0~30.0)	17.98 (17.5~18.4)	全身绒毛开始变灰褐色,出现花斑,尾羽增长,飞羽增多
11	6.62 (6.2~6.7)	69.54 (66.8~71.2)	7.22 (7.00~7.40)	16.42 (16.0~17.0)	33.96 (33.7~32.2)	26.72 (24.2~27.9)	全身绒毛开始变灰褐色,出现花斑,尾羽增长,飞羽增多
13	7.66 (7.2~8.1)	78.44 (76.0~86.00)	8.4 (8.10~9.00)	17.5 (17.0~18.0)	41.48 (40.0~42.9)	33.04 (30.3~35.0)	全身羽毛已长全,羽色接近成鸟,但羽色较淡

在亲鸟衔食过程中,通过仔细观察并对幼鸟进行扎颈法(n=82)分析,雏鸟 5 日龄前,亲鸟衔取的食物大部分为小蠹虫、步行虫、蚊蝇、蚂蚁等昆虫幼虫。随着日龄的增大,除上述昆虫外,还有蝗虫、尺蠖、松毛虫等成虫或幼虫,并杂有少量浆果类植物,取食范围在距巢 50~1000m 内的河边、农田、树林。

鹟鹍喂育雏鸟时,并非平均分配所获食物,而是强者多食,弱者少食,所以各雏鸟生长发育状况差异较大,并有 2 只雏鸟死亡。最终 13 只幼鸟离巢,离巢率 86.7%。亲鸟完成巢内育雏后,带领幼鸟离巢。刚离巢的幼鸟生活不能自理,只在巢区生活,大约需亲鸟在巢外喂食 7~8d 后,幼鸟由近到远,逐步离开巢区,自由生活。

参考文献

[1] 刘焕金,郭苹文,安文山,等. 山西鸟类调查名录[J]. 太原师专学报,1992,(4):42.

[2] 刘焕金,苏化龙,申守义,等. 关帝山鹟鹍繁殖生态的初步研究[J]. 动物学杂志,1988,23(6):8~12.

[3] 赵正阶. 中国鸟类志,下卷[M]. 长春:吉林科学技术出版社,2001.

[4] 郭建荣,王建萍,吴丽荣,等. 山西芦芽山自然保护区灰头鹀的繁殖记述[J]. 四川动物,2002,21(2):98.

山西芦芽山褐马鸡越冬栖息地
选择的多尺度研究 ①

张国钢[1] 郑光美[1] 张正旺[1] 郭建荣[2] 王建萍[2] 宫素龙[2]

（1. 北京师范大学 生物多样性与生态工程教育部重点实验室,北京 100875;
2. 山西芦芽山国家级自然保护区,山西 宁武 036707）

褐马鸡 *Crossoptilon mantchuricum* 是世界易危鸟类之一,被我国列为濒危物种[1],是栖息于山地森林、以植物性食物为主的地栖性鸟类。由于地理屏障(黄河)以及自然植被(太行山植被)的破坏,其分布区已被严重分割成 3 个区域,分别形成 3 个亚种群:山西吕梁山脉的中部种群;河北与北京地区的东部种群和陕西的西部种群[2]。近些年来对于该种的生物学和生态学已有许多报道[3,4],但关于其栖息地选择的研究还不够充分,尤其缺乏对越冬期间栖息地选择的研究。随着研究尺度的变化,对栖息地特征的分析可产生不同的结果[5,6],而通过多个尺度上对栖息地进行深入研究,可以更好地应用于对濒危物种的保护和栖息地管理[7-9]。为此,于 1998~2000 年的冬季在山西芦芽山保护区采用多种空间尺度对褐马鸡越冬栖息地的特征进行了研究,建立越冬栖息地模型,并对模型的可信度进行了检验,以期为该保护区的管理提供科学依据。

1 研究地点

芦芽山国家级自然保护区位于吕梁山脉的北端,地理坐标:111°50′00″~112°05′30″E,38°35′40″~38°45′00″N。总面积 214.53km²。海拔 1346~2787m,相对高差 1441m。年降水量 500~600mm,无霜期 90~120d。华北落叶松 *Larix principis-rpprechtii* 和油松 *Pinus tabuliformis* 等为优势树种。

在保护区选择了 2 个研究地:①车道沟村周围的森林。植被以油松林为主,约占有林地面积的 60%,间有零星分布的辽东栎 *Quercus wutaishanica*、山杨 *Poppulus davidiana*、红桦 *Betula albo-sinensis* 和白桦 *B. platyphylla* 林,林缘多为沙棘 *Hippophae rhamnoides* 灌丛。1998~2000 年冬季进行调查。②梅洞村以东的森林。以油松为主要优势种,约占有林地

① 本文原载于《生态学报》,2005,25(5):952~957.

面积的 53%;阔叶林面积也有较大面积分布,主要为辽东栎和杨桦林。野外调查时间为 2000 年冬季。

2　研究方法

2.1　褐马鸡活动位点的调查

采取样带法对野生褐马鸡活动位点进行调查。共选取不重叠的样带 16 条,其中车道沟 9 条,梅洞 7 条。由于冬季视野范围较为开阔,据野外经验将样带单侧宽度设为 100m,这基本上是调查人员肉眼可以看到的较远距离。根据褐马鸡的活动习性,将野外调查时间选定为 8:00~10:00 和 16:00~18:00。褐马鸡活动点是指遇见褐马鸡实体或其活动痕迹(如新鲜粪便、取食痕迹较密集的地方)的位点。由于冬季褐马鸡主要取食松子和草根[3],调查中会发现局部的地面上有大量的取食痕迹和新鲜的粪便,而粪便形状和大小与同域分布的环颈雉有明显区别,这些区域确定为活动位点。由于越冬期褐马鸡活动范围比较稳定[3],3 年调查在一些区域既没有发现褐马鸡的实体,也未见任何活动痕迹的地方,判定为非活动点。对活动点和非活动点均利用 GPS 进行定位。此外,在雪后还根据褐马鸡的足迹链,确定了一些活动位点。

2.2　栖息地变量的选取

选取 3 个空间尺度,即 10m、100m 和 300m 的尺度来研究褐马鸡越冬期的栖息地特征,对活动点和非活动点测量的变量相同。10m 尺度是对褐马鸡活动点的微生境特征进行研究。100m 和 300m 尺度是针对活动点周围的生境特征进行研究。在褐马鸡活动位点调查时,样带单侧宽度设为 100m。刘焕金等[3]曾报道褐马鸡栖宿地与日间最远的觅食地相距约 300m,这可能是褐马鸡日活动的最远距离。因此,选择 300m 作为对褐马鸡周围生境特征测量另一研究尺度。

以 GPS 定位点为中心,分别在 100m 和 300m 为半径的圆形区域内,研究褐马鸡所选择的栖息地特征。

(1) 10m 尺度:在 10m 样方内获取海拔(ALT)、坡度(SLO)、坡向(ASP)、胸径(DBH,指样方内胸径大于 4cm 乔木的平均胸径)、树高(HIG)(指 DBH 大于 4cm 乔木高的平均值)、高层盖度(C 指树冠盖度(%))、低层盖度(CO,指 50cm 以下盖度(%))、食物丰盛度(FOOD 分两个等级,即多 =1;少或无 =0)。

(2) 100m 尺度:以定位点为中心,100m 半径范围内针叶林面积(ZY1)、针阔混交林面积(ZK1)和草丛面积(CC1)。

(3) 300m 尺度:以定位点为中心,300m 半径范围内针叶林面积(ZY3)、针阔混交林面积(ZK3)、灌木林面积(GM3)和草丛面积(CC3)。

(4) 空间距离尺度:包括 4 个变量,即活动点或非活动点距灌草丛的最近距离(D1)、距居民点距离(D2)、距道路距离(D3)和距所在森林中心点距离(D4)。

(2)和(3)中各变量的数值是将研究区植被图数字化后通过 MapInfoGIS 软件直接获取。

2.3　数据处理

采用 MapInfoGIS 软件将 2 个研究区的植被图(1∶10000)进行地理配准、矢量数字化，生境类型包括针叶林、阔叶林、灌木林、草丛、农田等。将 GPS 的定位点(包括活动点和非活动点)经纬度坐标导入植被图进行叠置分析。

对以 100m 和 300m 为半径的缓冲区内各栖息地类型面积、距灌草丛距离(D1)、距居民点距离(D2)、距道路距离(D3)和距所在森林中心点距离(D4)进行单因素方差分析，比较活动点与非活动点生境特征在上述各变量上差异显著性。在车道沟共抽取活动点样方 68 个，非活动点样方 23 个。采用逐步逻辑斯谛回归方法确定褐马鸡栖息地选择的主要影响因子，变量进入回归模型的显著水平为 $P=0.05$。

利用梅洞褐马鸡种群的分布数据对模型预测能力进行检验，用于检验的数据包括活动位点和非活动位点两组数据。在梅洞共抽取活动点样方 31 个，非活动点样方 30 个。选取栖息地的适宜性 $P=0.5$ 作为褐马鸡存在与否的分割点；当 $P>0.5$ 时，表明栖息地适宜，有褐马鸡分布；$P<0.5$ 时，表明栖息地不适宜，没有褐马鸡分布。采用 Michael 等[10] Somer's 指数(D)，作为反映模型预测能力的指标：

$$D=(nc-nd)/t \tag{1}$$

式中，nc 为预测和实际分布相一致的位点的配对数；nd 为预测和实际分布不一致的位点的配对数；t 为总配对数。D 值在 -1 和 1 之间。D 值越大，表明模型的预测能力越强。数据的统计分析用 SPSS11.0 软件完成。

2.4　梅洞栖息地适宜性分析

根据逻辑斯谛回归得出的影响褐马鸡栖息地主要越冬因子，用 MapInfo 软件分别对梅洞栖息地建立各因子的图层，每个图层按 3 个水平划分，分别为 0.1、0.15 和 0.2。然后将各图层进行叠置，对梅洞栖息地进行适宜性分析。

3　研究结果

3.1　活动点与非活动点生境特征的比较

在 100m 尺度上，活动点和非活动点生境类型有针叶林、针阔混交林和草丛，无灌木林，活动点的针叶林面积明显地高于非活动点($F=-2.931, P<0.01$)，针阔混交林和草丛面积无显著差异($P>0.05$)。在 300m 尺度上，活动点和非活动点生境类型有针叶林、针阔混交林、灌木林和草丛等。活动点针叶林面积明显高于非活动点($F=-3.116, P<0.01$)，虽然针阔混交林面积占比较小，但活动点周围针阔混交林面积明显地低于非活动点($F=-2.255, P<0.05$)，而在灌木林和草丛的面积无显著差异($P>0.05$)。

活动点距居民点距离、距道路距离均显著高于非活动点(D2:$F=15.62, P<0.01$; D3:$F=16.048, P<0.05$)，但距灌草丛最近距离和距森林中心点距离差异不明显($P>0.05$)。

3.2 越冬栖息地选择因子及其模型的建立

3.2.1 影响栖息地选择的因子

逻辑斯谛回归筛选的变量、回归系数 B 值及其标准误和显著性见表1。

表1　逐步逻辑斯谛回归变量与显著性

自变量	回归系数	标准误	WaldX^2	显著性(P)
$D1$	−14.8621	7.3856	4.0494	0.0442
$D2$	29.4490	14.5806	4.0794	0.0434
$ZY1$	9.0782	6.0998	2.2149	0.0367
HIG	1.4035	0.8800	2.5439	0.0107
$FOOD$	−6.3882	3.2740	3.2740	0.0070
常数	−30.3801	17.2923	3.0865	0.0079

300m 尺度上的因子均未进入回归模型,表明该尺度对褐马鸡越冬栖息地选择的影响较小。100m 尺度上,针叶林面积是唯一进入模型的变量,是该尺度上对褐马鸡栖息地选择起最大作用的变量,10m 尺度上,树高和食物丰盛度是两个重要的变量。此外,距灌草丛距离和距居民点距离也是决定褐马鸡越冬栖息地选择的重要变量。通过逐步逻辑斯谛回归分析,建立了褐马鸡越冬栖息地选择的模型:

$$Logit(P) = \ln(P/1-P) = -30.3801 - 14.8621 D1 + 29.4490 D2 + 9.0782 ZY1 + 1.4035 HIG - 6.3882 FOOD$$

3.2.2 对逻辑斯谛回归模型的检验

利用另一研究地梅洞调查数据对所建立的褐马鸡越冬栖息地选择模型进行了检验,结果见表2。可以看出,该模型的预测能力较好,预测结果也与实际观察基本一致,并且模型对活动点的预测能力(Somer′D=0.87)高于非活动点(Somer′D=0.40)。

表2　模型对梅洞研究地褐马鸡栖息地选择的预测结果

概率 P	非活动点	活动点
<0.1	19	0
0.1~0.2	1	0
0.2~0.3	1	0
0.3~0.4	0	0
0.4~0.5	0	2
0.5~0.6	0	0
0.6~0.7	0	0
0.7~0.8	0	2
0.8~0.9	3	1
0.9~1	6	26
t	30	31
nc	21	29
nd	9	2
Somer′D	0.40	0.87

3.3 梅洞栖息地适宜性分析

褐马鸡越冬栖息地的影响因子为距灌草丛距离、距居民点距离、100m 范围内针叶林面积、树高和食物丰富度。针叶林主要是华北落叶松林和油松林，与落叶阔叶林和灌木林相比，针叶林的树木较高；越冬期褐马鸡主要食物是针叶树的松子和灌木浆果[3]，因此以生境类型来划分树高和食物丰富度这两个变量。距灌草丛距离、距居民点距离、100m 范围内针叶林面积根据实际测量结果进行分类。

用 MapInfo 分别建立上述 5 个因子不同等级（0.1、0.15、0.2）的图层，具体划分标准见表 3。将各影响因子不同等级的图层进行叠置分析，所得图直观反映了褐马鸡梅洞越冬栖息地适宜性状况。

表 3　褐马鸡栖息地影响因子的等级和划分标准 *

影响因子	定义	划分等级
D1	0.1	>300m
	0.15	100~300m
	0.2	<100m
D2	0.1	<1500m
	0.15	1500~2000m
	0.2	>2000m
ZY1	0.1	0~0.01km²
	0.15	0.01~0.02km²
	0.2	0.02~0.03km²
HIG	0.1	灌、草丛及农田
	0.15	阔叶林
	0.2	针叶林
FOOD	0.1	针叶林及灌木林
	0.15	阔叶林
	0.2	草丛及农田

注：D1、D2、ZY1、HIG 和 FOOD 分别表示距灌草丛的距离、距居民点的距离、100m 半径范围内针叶林的面积、树高和食物丰盛度。

4　讨　论

由于栖息地结构特征随着尺度的不同而有变化，因此应选择适宜的空间尺度对物种生态过程进行研究，尤其对"存在—缺失"与栖息地特征间的关系进行研究选择适宜尺度十分重要[5,6]。通过活动点与非活动点周围生境类型的比较，发现褐马鸡在不同尺度上对周围生境类型的选择是不同的。在 300m 尺度上，褐马鸡喜欢在针叶林较多的地域活动，而不选择在大面积针阔混交林活动,这表明在 300m 范围内针阔混交林不如针叶林能提供更好的隐蔽条件,所以褐马鸡避免选择针阔混交林。在 100m 尺度上,褐马鸡虽然倾向于选择针叶林,但也可以选择其他类型的生境,这可能与其广泛取食活动有关。作者认为,褐马鸡大尺度上的隐蔽条件满足以后,在小尺度上主要是为了获取更为丰富的食物。

Meyer 等[11]在俄勒冈西部对 *Strix occidentails* 栖息地选择研究时,选取了 800m、1600m、2400m 和 3400m 等 4 个空间尺度,以确定应优先保护哪种尺度的栖息地。结果表明,在 800m 尺度上栖息地特征对 *Strix occidentails* 影响最大。根据进入模型的变量看,褐马鸡栖息地选择主要是 100m 和 10m 尺度下综合作用的结果。在 100m 尺度下,针叶林面积对褐马鸡影响最大,在活动点与非活动点间存在着显著差异。100m 范围内针叶林面积越大,它在取食或进行其他活动时越不容易被天敌发现;即使被发现,也可很快地逃遁。在 10m 尺度上,树高和食物丰盛度是两个最重要的变量,这与野外观察结果非常吻合。越冬期褐马鸡经常在高大的树木(主要是油松)下取食,这里松子分布较多。通过 10cm×10cm 的小样方调查,高大油松下松子数目在 5 个左右,最多可达 10 个,也经常看见这些油松基部有大量的取食痕迹,大多成片分布。从显著性检验的结果来看,树高在活动点与非活动点间存在着显著差异。

距灌草丛的距离($D1$)和距居民点距离也进入了模型。在越冬期,褐马鸡并非选择森林中心位置作为良好的栖息场所,而是在偏离中心位置的地域活动。活动点距森林边缘灌草丛距离与非活动点相比虽无显著差异,但较非活动点小(活动点:$D1=611m$,非活动点:$D1=617m$)。从活动点与非活动点距森林中心点的距离($D4$)的比较中也证实了这一点,虽然两者的差异不显著,但活动点 $D4$ 高于非活动点(活动点:$D4=970m$,非活动点:$D4=670m$)。距居民点距离越小,表明干扰(如放牧、盗木等)程度越大,对褐马鸡活动影响也越大。从显著性检验结果看,距居民点的距离在活动点和非活动点间存在着显著差异。

从模型预测能力检验结果看,模型预测能力较好。因为从车道沟褐马鸡种群建立的模型能较好地预测梅洞的种群。对褐马鸡活动位点的预测结果比非活动点好,原因可能有:①野外判断可能有偏差。有些栖息地可能适宜褐马鸡分布,但褐马鸡活动留下的痕迹较隐蔽而未能发现。②一些适宜的栖息地尚未被褐马鸡利用。假若梅洞褐马鸡种群密度增加以后,这些适宜的生境就可能会有褐马鸡出现。

参考文献

[1] 郑光美,王岐山. 褐马鸡 // 汪松. 中国濒危物种红皮书(鸟类)[M]. 北京:科学出版社,1998.

[2] Zhang Z W,Zh eng G M,Zhang G G,et a l. Distribution and Population Status of Brown-eared Pheasant in China [M]. UK:World Pheasant Association,2002.

[3] 刘焕金,苏化龙,任建强. 中国雉类 - 褐马鸡[M]. 北京:中国林业出版社,1991.

[4] 张国钢,张正旺,郑光美,等. 山西五鹿山褐马鸡不同季节的空间分布与栖息地选择研究[J]. 生物多样性,2003,(4):303~308.

[5] McLean S A,Rumble M A,King R M,et al. Evaluation of resources election methods with different definition of availability [J]. Journal of Wildlife Management,1998,62:793~801.

[6] Garshelis D L. Delusions in habitat evaluation. In:Boitani L,Fuller T K,eds. Research techniques in animal

ecology [M]. New York: Columbia University Press, 2000.

[7] Lord J M, Norton D A. Scale and the spatial concept of fragmentation [J]. Conservation Biology, 1990, 4: 197~202.

[8] Hanski I. Single-species metapopulation dynamics: concepts, models and observations [J]. Biol. J. Linn. Soc., 1991, 42: 17~38.

[9] Collins S L, Glenn S M. Effects of organismal and distance scaling on analysis of species distribution and abundance [J]. Ecological Applications, 1997, 7 (2): 543~551.

[10] Michael S M, Richard A L, John A G. Using Landscape-level data to predict the distribution of birds on a managed forest effects of scale [J]. Ecological Application, 2001, 11 (6): 1692~1708.

[11] Meyer J S, Irwin L L, Boyce M S. Influence of habitat abundance and fragmentation on northern spotted owls in western Oregon [J]. Wildlife Monographs, 1998, 139: 50~51.

山西芦芽山自然保护区山鹛的繁殖生态习性研究 ①

高瑞东

（山西芦芽山国家级自然保护区，山西　宁武　036707）

山鹛 *Rhopophilus pekinensis* 在芦芽山为留鸟[1]，是重要的食虫鸟，鸣声悦耳动听，可作为观赏鸟饲养，无论在森林生态系统，还是在科学研究等方面都具有重要意义。由于该鸟在芦芽山的种群数量较少，为了对其进行监测和科学保护，笔者于 2009~2011 年在山西芦芽山自然保护区对该鸟的繁殖习性进行调查研究，现将研究结果报告如下。

1　自然地理概况及研究方法

1.1　自然地理概况

山西芦芽山国家级自然保护区位于吕梁山北端，地处宁武、五寨、岢岚三县交界，111°50′00″~112°05′30″E，38°35′40″~38°45′00″N。海拔 1450~2772m。年均气温 4~7℃，年均降水量 500~600mm，无霜期 90~120d。乔木以云杉 *Picea* spp.、华北落叶松 *Larix prinncipis-rupprcchtii*、油松 *Pinus tabuliformis* 为主，灌木以沙棘 *Hippophae rhamnoides*、黄刺玫 *Rosa xanthina*、三裂绣线菊 *Spiraea trilobata* 为主。植被覆盖度率 31.6%。

1.2　研究方法

根据山鹛分布及栖息习性，在芦芽山自然保护区选择 3 个工作区为研究点：①西马坊海拔 1450~1500m 的低山灌丛和河流村庄带；②梅洞海拔 1500~1800m 的油松和杨桦林疏林带；③圪洞海拔 1900~2600m 的云杉和华北落叶松林带。每条样带长 10km，每年繁殖前的 4 月和繁殖后的 8 月，每月分上、中、下旬采取路线统计法各调查 3 次，3 年共调查 540km。每天 8:00~10:00，行进速度 2km/h，左右视距各 50m，记录遇见山鹛数量，最后取其平均值作为当月山鹛在该样区内的种群数量，确定山鹛的种群密度。营巢密度采用样

①　本文原载于《现代农业科技》，2012（4）：319~320.

地法于每年 5~7 月,分别在各样区选择面积 3hm² 样地进行调查,每月上、中、下旬 15:00~19:00 记录山鹛当年筑巢数量,取最大值作为当月山鹛的营巢数量,确定山鹛的营巢密度。通过对一固定繁殖巢的观察,得出山鹛营巢、产卵、孵卵和育雏的信息。

2　研究结果

2.1　种群数量

　　山鹛在不同生境条件下繁殖前和繁殖后种群数量见表 1。可以看出,山鹛在油松、杨、桦林疏林带的种群数量最高,繁殖前种群遇见率为 0.19 只 /km,繁殖后种群遇见率为 0.33 只 /km;云杉、华北落叶松林带最少,繁殖前种群遇见率为 0.04 只 /km,繁殖后种群遇见率为 0.08 只 /km。总体而言,繁殖前种群遇见率为 0.12 只 /km,繁殖后为 0.21 只 /km,繁殖后比繁殖前增长 0.09 只 /km。

表 1　4 月和 8 月不同植被环境下山鹛的种群数量

海拔(m)	植被类型	统计路程(km)	遇见数(只)		遇见率(只 /km)	
			4 月	8 月	4 月	8 月
1450~1500	低山灌丛和河流村庄	90	12	21.0	0.13	0.23
1500~1800	油松、杨、桦林疏林带	90	17	30.0	0.19	0.33
1800~2600	云杉—华北落叶松林带	90	4	7.0	0.04	0.08
平均		90	11	19.3	0.12	0.21

2.2　繁　殖

　　山鹛繁殖期为 5~7 月,最早 4 月下旬开始求偶配对,5 月中旬开始产卵,最晚 6 月末至 7 月初产卵。

2.2.1　求偶配对

　　山鹛雌雄鸟多在营巢前 3~4d 求偶配对,雌雄鸟鸣声明显增加,鸣声婉转动听,多在"哥的 – 哥的 – 哥的"与"姐留 – 姐留 – 姐留"之间不停转换,穿梭于灌丛或树枝间,相互追逐嬉戏,最后结成配偶。

2.2.2　营　巢

　　配对后 1~2d,雌雄鸟共同营巢。3 年共发现繁殖巢 7 个(2009 年 1 个,2010 年 3 个,2011 年 3 个),其中 3 个建于绣线菊灌丛,2 个建于沙棘灌丛,2 个建于林缘小山杨枝杈,距地面 61~130cm。营巢最早在 5 月 13 日,最晚于 6 月 26 日,营巢期 6~7d。巢材主要为枯草茎、茅草细叶、兽毛、鸟羽等,巢呈杯状,较为精细。巢平均重 23.8(22.5~24.6)g,平均外径 8.1(7.6~9.5)cm×7.5(6.5~8.5)cm,平均内径 6.5(5.3~6.7)cm×5.5(4.8~6.2)cm。巢平均高 7.2(6.7~8.4)cm,平均深 5.0(4.4~5.3)cm(n=7)。

　　不同生境条件下山鹛的巢密度见表 2。可以看出,山鹛巢在低山灌丛、河流村庄带植被密度最高,为 1.7 个 /hm²,其次是油松、杨、桦林疏林带,为 0.7 个 /hm²。在云杉、华北落叶松林带营巢密度则为 0。由此可知,山鹛繁殖较喜欢温暖向阳的低山灌丛环境。

表 2　不同植被环境下山鹛营巢密度

海拔(m)	植被类型	样地面积(hm²)	鸟巢数(个)	鸟巢密度(个/hm²)
1450~1500	低山灌丛和河流村庄	3	5	1.7
1500~1800	油松、杨、桦林疏林带	3	2	0.7
1800~2600	云杉—华北落叶松林带	3	0	0

2.2.3 产卵

山鹛在巢筑好后,3~4d 开始产卵,日产 1 枚,窝卵数 3~5 枚。产卵多在 6:00~11:00,卵呈椭圆形,乌白色,有褐色斑点。卵平均重 2.7(2.5~3.8)g,长短径为 20.0(19.2~21.3)mm×15.3(14.8~16.0)mm(n=30)。

2.2.4 孵卵

产卵后的第 2 天,由雌雄鸟轮流抱窝孵卵,这种孵化习性在鸟类中极少见。孵卵期 12~13d(n=7)。对 7 号巢 5 枚卵全天(6:30~18:00)孵卵情况进行观察,结果见表 3。可以看出,随着孵卵天数增加,亲鸟全天坐巢时间也增加,离巢时间缩短。孵化 13d 后,4 只雏鸟出壳。刚出壳的雏鸟头大颈细,腹部如球,双目紧闭,身体乌红,不能站立。

表 3　山鹛孵卵情况统计表

孵卵日期	孵化时间(min)	离巢晾卵时间(min)	雌鸟离巢次数	雄鸟离巢次数	每次离巢时间(min)
1	349	253	9	6	10~30
3	386	210	9	7	10~20
5	423	184	7	5	7~20
7	509	112	6	4	5~15
9	580	88	3	3	3~10
11	625	55	2	1	3~5
13	660	20	2	1	3~5

山鹛繁殖参数见表 4。可以看出,山鹛平均营巢期为 6.7d。平均窝卵数 4~3 枚,平均孵化期 12.3d,巢内育雏平均天数 11.7d,平均孵化率为 80.0%,平均成活率为 91.7%,与三道眉草鸡、鹪鹩、山噪鹛等相比繁殖参数较低。

表 4　山鹛繁殖参数

年份	营巢期(d)	窝数(个)	卵数(枚)	孵化数(d)	未受精卵(枚)	孵化率(%)	雏鸟数(只)	巢内育雏(d)	离巢幼鸟(只)	成活率(%)
2009	7	23	1	4	12	75.0	3	12.0	3	100.00
2010	7	24	3	14	12~13	85.7	12	11.0~12.0	11	91.7
2010	6~7	24	3	12	12~13	75.0	9	12.0	8	88.9

2.2.5　育　雏

刚出壳的山鹛雏鸟需亲鸟在巢内育雏11~12d后离巢,离巢的幼鸟并不能独立生活,仍需雌雄亲鸟共同在巢外育雏6~7d后方可远离巢区,独立生活。

3　食　性

对9只成鸟(6♀,3♂)的胃进行解剖分析,发现山鹛主要以昆虫为食,占总食物频次的77.3%,其中以松毛虫、蝗虫、天牛、尺蠖、蛾类、蝶类、蜂类等昆虫为主,植物性食物以沙棘果实、蓼科及禾本科植物的种子为主,占食物总频次的22.7%。可见,山鹛对森林和农业害虫的控制起着重要作用,应予以保护。

参考文献

[1] 赵正阶. 中国鸟类志,下卷:雀形目[M]. 长春:吉林科学技术出版社,2001.
[2] 王建萍. 山西芦芽山自然保护区三道眉草鹀的繁殖生态[J]. 野生动物,2010,(4):188~191.
[3] 吴丽荣. 山西芦芽山自然保护区山噪鹛的生态观察[J]. 四川动物,2005,24(4):156~157.
[4] 王建萍,郭建荣,吴丽荣,等. 山西芦芽山自然保护区鹪鹩繁殖生态观察[J]. 野生动物,2005,26(3):53~56.

栖息地特征对褐马鸡种群密度和 集群行为的影响 ①

张国钢[1]　郑光美[1]　张正旺[1]　郭建荣[2]　王建平[2]　宫素龙[2]

（1. 北京师范大学　生物多样性与生态工程教育部重点实验室，北京　100875；
2. 山西芦芽山国家级自然保护区，山西　宁武　036707）

集群是许多鸟类利用空间资源的方式之一，在异质性程度较高的环境中常常生活着有集群习性的鸟类[1]。许多研究表明，栖息地特征，如食物的丰富度和隐蔽条件，是影响鸟类集群大小的重要因素[2~5]。鸟类种群密度同样受许多因素影响，如栖息地质量、种内和种间竞争、天敌捕食、气候变化、人类干扰以及环境污染等[1]。余玉群等[6]分析了秦岭北坡栖息地特征对雉类种群密度的影响，发现种群密度与不同栖息地的植被组成和海拔有一定的关系。Stuart 和 John[7]在英国新几内亚岛选择原始和被人为干扰的两种栖息地进行比较研究时发现，岛上的紫腹鹦鹉 *Lorius hypoinochrous* 和蓝喉皱盔犀鸟 *Rhyticeros plicatus* 的种群密度与栖息地中食物和巢址的可获得性密切相关。因此就不同的栖息地而言，由于其结构特征的差异，将会导致物种不同的种群密度和集群大小。

褐马鸡 *Crossoptilon mantchuricum* 是世界易危鸟类[8]，在我国被列为濒危物种[9]，主要栖息于山地森林，在繁殖期占有领域，越冬期为集群生活[10]。以往对褐马鸡种群和栖息地状况调查时发现，褐马鸡种群密度和集群行为存在着区域或局部的差异。那么，导致不同区域褐马鸡种群密度和集群行为差异的主要因子有哪些？为此，我们于 1998~2000 年冬季在山西省芦芽山自然保护区选择 2 个区域，对影响褐马鸡种群密度和集群行为的因子进行了研究。

1　研究地点

芦芽山自然保护区位于吕梁山脉的北端，地理坐标 111°50′00″~112°05′30″E，38°35′40″~38°45′00″N。总面积 214.53km²。海拔 1346~2787m。年降水量 500~600mm，全年无霜期 90~120d。华北落叶松 *Larix principis-rupprechtii* 和油松 *Pinus tabuliformis* 为

① 本文原载于《生物多样性》，2005，13（2）：162~167.

优势树种。

我们在保护区内选择了 2 个研究地：①车道沟村周围的森林。植被以油松为主，间有零星分布的辽东栎 *Quercus wutaishanica*、山杨 *Populus davidiana*、白桦 *Betula platyphylla*、红桦 *B. albo-sinensis* 林。林缘有沙棘 *Hippophae rhamnoides* 灌丛。总面积 753.3hm²。②梅洞村以东的森林。植被以油松林为主，阔叶林面积较车道沟大，成片分布，主要为辽东栎和杨桦林。总面积 444.8hm²。这两个研究地彼此相邻，仅被一条较窄的道路隔开，两地的褐马鸡可能有个体交流。

2 研究方法

2.1 褐马鸡种群密度的调查

采用样线法对褐马鸡种群密度进行调查。在研究地内共选取不重叠的样线 16 条，其中车道沟 9 条，梅洞 7 条。样线设置单侧宽度 0.1km。具体方法与计算公式详见张国钢和张正旺[11]。调查过程中，记录所遇见褐马鸡群体的大小、生境类型、海拔、坡度、坡向、活动方式等参数，并利用 GPS 进行定位。此外，在雪后还采取足迹调查的方法，雪地上每条足迹链记录为 1 只褐马鸡。

2.2 栖息地结构分析

采用 MapInfo 软件将 2 个研究地的植被图（1:10000）进行地理配准、矢量数字化。植被类型可分为针叶林（ZY）、针阔混交林（ZK）、阔叶林（KY）、灌丛（GM）、草丛（CC）、农田（NT）和裸地（LD）等。计算各栖息地类型的面积，进而在植被组成上对 2 个研究地的栖息地结构进行比较。采用连接指数对栖息地连接度（habitat connection）进行衡量[12]。连接指数计算公式如下：

$$PI = \sum_{i=1}^{m} \frac{(A_i/D_i)^2}{\left(\sum_{i=1}^{m} A_i/D_i\right)^2} \tag{1}$$

式中：PI 为连接指数；A_i 为第 i 个栖息地斑块的面积；D_i 是第 i 个栖息地斑块与其最近相邻栖息地斑块质心间的距离。PI 值介于 0~1，越大说明斑块聚集程度越高。D_i 是在 MapInfo 软件中，先利用 Display 模块的 Show Centroids 命令显示出各栖息地斑块的质心，然后利用 Ruler 模块进行测量。

2.3 栖息地变量的选取

在两个研究地内分别选取有代表性的植物群落，在每种植物群落中选取多条样线。在每条样线中每隔 0.1km 左右设置 1 个样方，大小为 10m×10m。对样方进行 GPS 定位，将定位点经纬度坐标导入植被图进行叠置分析。样方内测量和记录的变量，包括：(1)海拔（ALT）(m)，(2)坡度（SLO），(3)胸径（DBH）：>4cm 的乔木胸径平均值；(4)树高（HIG）：>4cm 的乔木高度的平均值；(5)高层盖度（C）：树冠的覆盖度（%）；(6)低层盖度（CO）：指

50cm 以下的覆盖度（%）;(7)距居民点的距离（D1）;(8)距道路的距离（D2）。其中 D1 和 D2 利用 MapInfo 的 Ruler 模块直接测量。

车道沟针叶林、针阔混交林、阔叶林、灌丛和农田等生境的面积比例约为 7:2:1:2:1;而梅洞，这 5 种栖息地的面积比例约为 5:2:2:1:1。利用 χ^2 进行适合性检验，比较褐马鸡对不同类型栖息地利用的差异。在统计软件 SPSS 10.0 中，利用单因素方差分析检验两个研究地微生境结构特征的差异;若原始数据不呈正态分布，采用 Mann–Whitney 非参数检验的方法。

3 研究结果

3.1 种群密度与集群大小

褐马鸡冬季活动比较稳定，通过群体大小以及活动的坡向和坡位，可以确定是否为同一群体。计算种群密度和集群大小时，排除了重复记录的个体。2000 年冬季在车道沟选取样线总长度为 14.54km，共统计到褐马鸡个体 47 只;在梅洞选取样线总长度 13.63km，统计到褐马鸡个体 19 只。可以计算出，车道沟和梅洞褐马鸡种群密度分别为 13.72±3.13 只/km^2 和 7.32±2.38 只/km^2。车道沟褐马鸡越冬期种群密度高于梅洞。

车道沟和梅洞分别记录到褐马鸡 5 群和 3 群，平均集群大小分别为 9.40±2.40 只和 6.33±1.42 只（表 1）。车道沟褐马鸡群体大于梅洞。

表 1　2000 年冬季褐马鸡集群大小在 2 个研究地之间的比较

研究地	频次	集群频率	个体数	集群个体数	集群平均个体数（只/群）
车道沟	5	5	47	47	9.40±2.40
梅洞	3	3	19	19	6.33±1.42

3.2 集群倾向

在 3 年的野外调查中共记录褐马鸡 38 群次，其中车道沟 25 群次，梅洞 13 群次。结果表明，褐马鸡在 2 个研究地的针叶林中集群倾向都较高，且车道沟高于梅洞;而在针阔混交林、阔叶林和灌丛等生境类型则低于梅洞。

3.3 栖息地的利用

3 年野外调查中共记录褐马鸡 238 只次。χ^2 检验表明，褐马鸡对不同栖息地的利用在车道沟和梅洞都有显著差异（车道沟:χ^2=g.72,$P<0.05$;梅洞:χ^2=14.46,$P<0.01$)。结合遇见频次可知，不论在车道沟还是梅洞，在针叶林遇见褐马鸡的频次都较大，表明针叶林是褐马鸡冬季经常利用的栖息地。与梅洞相比，在车道沟灌丛遇见褐马鸡群体的频次也较高，而在针阔混交林、阔叶林和农田遇见的频次相对较低。

3.4　栖息地的结构差异

车道沟栖息地针叶林和灌丛的面积较梅洞大,而针阔混交林和阔叶林面积较梅洞小。车道沟针叶林所占的比例较大,占总面积的69.5%;而梅洞栖息地所占的比例相对较小,为45.3%(表2)。对针叶林、针阔混交林和阔叶林栖息地的连接性进行了计算,表明车道沟栖息地的连接性(PI=0.21)大于梅洞栖息地(PI=0.14)。

表2　两个研究地栖息地结构比较

栖息地类型	占研究地面积的比例(%)	
	车道沟	梅洞
针叶林	69.5	45.3
针阔混交林	12.1	22.9
阔叶林	3.2	15.7
灌丛	12.4	9.0
农田及裸地	2.8	7.1

3.5　微生境特征的差异

显著性检验的结果表明,2个研究地褐马鸡选择的生境特征在下列变量上存在着显著差异(表3):乔木胸径(DBH)、树高(HIG)、高层盖度(C)、低层盖度(CO)和距道路的距离(D2)。张国钢在该保护区内对褐马鸡的越冬栖息地选择进行了多尺度研究,结果表明褐马鸡分布点周围生境针叶林的面积、灌草丛的距离、距居民点的距离、100m范围内针叶林的面积、树高以及食物的丰盛度等是褐马鸡越冬栖息地选择的重要因素。结合上述比较可以认为,在2个研究地有差异的5个变量中,树高和高层盖度在褐马鸡对栖息地的选择上起重要作用。

表3　两个研究地微生境特征的比较

变量	车道沟(n=82)		梅洞(n=65)		F值(Z值)	显著性
	平均值	标准误	平均值	标准误		
海拔	1751.82	7.48	1718.15	15.99	16.87	0.062
坡度	25.30	0.64	27.69	1.17	3.52	0.063
胸径	14.42	0.79	9.86	0.90	14.48	0.000
树高	7.52	0.34	5.19	0.42	18.19	0.000
高层盖度	63.53	3.30	50.92	4.19	5.74	0.018
低层盖度	75.00	1.71	44.00	3.78	63.95	0.000
距居民点距离	0.85	0.13	0.95	0.08	0.26	0.613
距道路的距离	1.08	0.10	0.71	0.11	5.55	0.025

4　讨　论

鸟类地理分布和种群密度与栖息地质量有关[13]。刘焕金等[14]研究表明,针叶林是褐马鸡冬季经常利用的栖息地类型,褐马鸡常常聚集在一起取食松子。与辽东栎、杨树和桦树等组成的阔叶林相比,针叶林在冬季的郁闭度较高,具有较低的捕食压力。此外,灌丛如沙棘、黄刺玫 *Rosa xanthina*、水栒子 *Cotoneaster multiflorus* 等常常具有丰富的浆果,也是褐马鸡冬季的主要食物来源[14]。

与梅洞相比,车道沟栖息地针叶林面积较大,栖息地之间连续性也较好,使车道沟褐马鸡种群拥有更为广阔的取食空间和更多的隐蔽场所,活动的阻碍也较小;而梅洞栖息地的取食空间相对较小,隐蔽场所较少,活动时受到的阻碍也较大,这种限制作用主要来自农田、草地和裸地,因此在车道沟遇见褐马鸡集群倾向较高。灌丛由于具有丰富的浆果类食物,是褐马鸡理想的取食地。如在车道沟褐马鸡对林缘灌丛的利用高于理论值;而梅洞由于林缘灌丛距道路和村庄较近,较大的干扰使其对灌丛的利用率减少。可见不同栖息地类型的面积大小以及人为干扰程度,会导致褐马鸡的集群倾向和出现频次不同。

鸟类所形成的集群大小与其栖息地结构特征是相适应的[15]。孙悦华[2]对长白山栖息地花尾榛鸡 *Bonasa bonasia* 冬季集群特点研究发现针叶林中花尾榛鸡不集群,而在阔叶林中则集群生活。而我们的研究结果正好与此相反,在针叶林面积较大的车道沟栖褐马鸡群体较大;而在针叶林面积较小的梅洞,群体较小。我们认为这是由于两个物种食性差异造成的。花尾榛鸡在冬季主要以阔叶林的嫩芽和嫩枝为主要食物,而针叶林中这种食物较为短缺。褐马鸡冬季的主要食物是松子,针叶林栖息地中食物相对丰富,使得群体中个体间竞争减少,在车道沟易形成较大的群体。而梅洞栖息地中由于阔叶林相对较多,从而导致食物的短缺,这加强了个体间的竞争,使得群体较小。

从栖息地微生境结构方差分析的结果看,车道沟栖息地中乔木较高和高层盖度较大对吸引更多的褐马鸡个体取食和越冬起重要作用。乔木较高大表明其具有丰富的食物(如松子),而且能提供较好的夜宿条件,因为褐马鸡往往选择比较粗大的乔木夜宿[14];较大的高层盖度为褐马鸡提供了良好的隐蔽条件,这对集群取食的褐马鸡来说,尤为重要。因此车道沟的种群密度和集群大小都相对较大。

综上所述,我们认为栖息地结构连续性、微生境结构特征的差异以及人为干扰程度是影响褐马鸡种群密度和集群行为差异的主要因素。

参考文献

[1] 郑光美. 鸟类学[M]. 北京:北京师范大学出版社,1995.

[2] 孙悦华. 长白山不同栖息地花尾榛鸡冬季集群特点的研究[J]. 动物学报,1996,(s1):150~151.

[3] Freifeld H B. Habitat relationships of forest birds on Tutuila Island, American Samoa [J]. Journal of Biogeography,1996,26:1191~1198.

[4] Matthew D J, Thomas W S. Effects of food availability on the distribution of migratory warblers among habitats in Jamaica [J]. Journal of Animal Ecology,2001,70:546~55.

［5］Osamu K M, Kawada M. The effects of individual interactions and habitat preferences on spatial structure in grassland birds community［J］. Ecography, 2002, 25, 200~206.

［6］余玉群, 吴建平, 郭松涛. 秦岭北坡雉类种群密度和群落结构的初步研究［J］. 生物多样性, 2000, 8 (1): 60~64.

［7］Stuart J M, John D P. Factors influencing the abundance of parrots and hornbills in pristine and disturbed forests on New Britain, PNG［M］. Ibis, 2003, 145 (1): 45~53.

［8］IUCN. The 2000 IUCN Red list of Threatened Animals［J］. IUCN Gland, Switzerland and Cambridge, UK, 2000.

［9］郑光美, 王岐山. 中国濒危物种红皮书, 鸟类［M］. 北京: 科学出版社, 1998.

［10］张国钢, 张正旺, 郑光美. 山西五鹿山地区褐马鸡集群行为研究［J］. 北京师范大学学报: 自然科学版, 2000, 36 (6): 817~819.

［11］张国钢, 张正旺. 山西五鹿山保护区褐马鸡种群密度调查［J］. 动物学杂志, 2001, 36 (3): 57~59.

［12］张金屯, 邱扬, 郑凤英. 景观格局的数量研究方法［J］. 山地学报, 2000, 18 (3): 346~352.

［13］Cody M L. Habitat Selection in Birds［M］. Orlando: Academic Press, 1985.

［14］刘焕金, 苏化龙, 任建强. 中国雉类——褐马鸡［M］. 北京: 中国林业出版社, 1991.

［15］Fretwell S D. Population in a Seasonal Environment［M］. Princeton: Princeton University Press, 1972.

山西芦芽山保护区红尾水鸲的繁殖习性[①]

赵惠玲[1]　郭建荣[2]

（1. 太原师范学院　生物系，山西　太原　030001；
2. 山西芦芽山国家级自然保护区，山西　宁武　036707）

红尾水鸲 *Phyacornis fuliginosus* 分布于巴基斯坦、喜马拉雅山脉至我国及中南半岛北部，是常见的候鸟，捕灭大量农林害虫。亚种 *R. f. fuliginosus* 分布于我国西藏南部、海南岛及华南大部，北至青海、甘肃、陕西、山西、河南及山东。樊龙锁等[2]对历山国家级自然保护区红尾水鸲的栖息地、季节迁徙、种群密度、繁殖生态、食物组成等进行了研究，有关其繁殖生物学也曾有过报道[3-4]。2001~2003 年 4~10 月我们在山西芦芽山国家级自然保护区对红尾水鸲的繁殖习性进行了观察，现将结果报道如下。

1　研究地区与方法

山西芦芽山国家级自然保护区位于吕梁山脉北端，地处宁武、五寨、岢岚三县交界，111°50′00″~112°05′30″E，38°35′40″~38°45′00″N。总面积 21453hm²。主峰芦芽山海拔 2772m。年平均气温 4~7℃，年降水量 500~600mm，无霜期 90~120d。研究区植被状况见文献[1]。

红尾水鸲在山西为夏候鸟[2,3]。根据红尾水鸲的生活习性及我们的观察资料，选定梅洞河、圪洞河、高崖底河等流域作为调查区域，调查其繁殖生态及季节迁徙、食物组成等。

2　结果与讨论

2.1　季节迁徙

在 3 条河流域选择固定样线，长不小于 2km，每年 4 中旬至 5 月中旬和 9 月中旬至 10 月中旬，以 2km/h 的步行速度隔日观察红尾水鸲的季节迁徙动态（表 1）。由表 1 可知，红尾水鸲最早迁来为 4 月 21 日至 4 月 26 日，最晚迁离为 10 月 8~12 日。居留期 166~

① 本文原载于《动物学学报》，2005，51（增刊）：27~30.

172d。红尾水鸲季节迁徙相对稳定。

表 1　红尾水鸲季节迁徙动态

年份	首见日期	终见日期	居留期(d)	间隔期(d)
2001	4 月 21 日	10 月 9 日	172	193
2002	4 月 26 日	10 月 8 日	166	199
2003	4 月 24 日	10 月 12 日	172	193

2.2　栖息地

红尾水鸲主要栖息于山涧溪流与河谷沿岸,尤以多石的林间或林缘地带的溪流沿岸较常见。多在沟谷溪流、悬崖峭壁及河边突出的石崖下筑巢产卵,在沟谷溪流、小溪岸边、居民区附近等处觅食和夜宿。在水中巨石、桥洞、山溪边、悬崖峭壁等处作短暂停息。常单个或成对活动。

2.3　繁殖习性

红尾水鸲繁殖期为 5~7 月。5 月初开始发情配对,表现为鸣声增多,相互追逐,边飞边鸣。栖止时尾羽上下摆动,左右开展,雄鸟尾巴频繁扭动,对视雌鸟。配对后即选定巢区确立巢位。巢多筑于悬岩洞隙、岩石或土坎下凹陷处,也在破房、桥梁等缝隙。据对 9 个巢观察,最早筑巢为 5 月 15 日(2001 年,河岸岩石洞隙),最晚为 6 月 8 日(2003 年,破房缝隙),营巢期 6~7d,以雌鸟为主。巢呈碗状,外壁为树皮纤维、苔藓、莎草、狗尾草、薹草叶等,内垫有马毛、牛毛、羊毛、兔毛、鸡毛等。9 个巢的测量结果见表 2。由表 2 可知,红尾水鸲巢大多筑于河流两岸,巢外径 10.8(9.7~11.9)cm,内径 5.49(4.7~6.7)cm,高为 6.6(5.9~7.2)cm,深 4.7(4.2~5.6)cm。

表 2　红尾水鸲巢测量结果

营巢环境	巢数	巢外径(cm)	巢内径(cm)	巢高(cm)	巢深(cm)
岸边岩石洞隙	6	10.5(9.7~11.2)	5.3(4.7~6.7)	6.6(5.9~7.2)	4.6(4.2~5.6)
岸边破房缝隙	2	11.5(11.1~11.9)	5.7(5.4~6.0)	6.8(6.5~7.1)	4.8(4.7~4.9)
桥梁缝隙	1	11.0	5.8	6.5	5.3
平均	–	10.8(9.7~11.9)	5.4(4.7~6.7)	6.6(5.9~7.2)	4.7(4.2~5.6)

2.4　产卵、孵化、育雏

红尾水鸲筑好巢后,隔 1 天开始产卵。最早产卵于 5 月 23 日(2001 年),最晚于 6 月 15 日(2003 年),日产 1 枚,年繁殖 1 次。产卵多在 5:00~6:30,窝卵数为 3~6 枚(多为 4~5 枚)。卵椭圆形,绿白或蓝绿色,杂以红褐色斑点,钝端色斑较密集。9 个巢 40 枚卵的测定结果见表 3。

表3　红尾水鸲繁殖参数

年份	窝卵数（枚）				卵重（g）	卵长径（mm）	卵短径（mm）	孵卵期（d）	出雏数（只）	孵化率（%）
	3	4	5	6						
2001	1	2		2	1.6(1.5~1.8)	17.8(16.8~19.2)	13.2(12.6~14.0)	12~13	15	88.24
2002		1	1		1.7(1.6~1.9)	18.4(17.2~19.0)	12.8(12.2~13.6)	12	9	100
2003		1	2		2.11.9~2.3)	18.6(18.2~20.4)	13.6(12.4~14.6)	12~13	12	85.71
平均					1.8(1.5~2.3)	18.2(16.8~20.4)	13.2(12.2~14.0)	12~13	12	90.00

由3表可知，红尾水鸲卵重1.8(1.5~2.3)g，长径18.2(16.8~20.4)mm，短径13.2(12.2~14.6)mm。产卵完毕即开始孵化。孵卵由雌鸟承担，雄鸟多在巢区巡视，孵化期12~13d。在9巢40枚卵中孵化出雏鸟36只，孵化率90%。雏鸟晚成性。刚出壳的雏鸟全身裸露，皮肤粉红色，仅头顶、背部、肩部等着生灰黑色绒羽，头大颈细，体重1.6(1.3~2.0)g(n=36)。雏鸟出壳第1天，亲鸟不喂食，仍以孵卵方式卧巢抱雏保温。随雏鸟日龄增长，喂食次数增多。6日龄雏鸟眼已睁开，体重8.2(7.6~9.0)g，体羽羽芽明显；12日龄雏鸟外形似成鸟，体重17.6(16.8~19.2)g。雌雄鸟共同育雏，雏鸟在巢内喂育12~13d离巢。离巢后的幼鸟散布于水边草丛，以鸣声呼唤亲鸟喂食，经亲鸟喂育6~7d，其间练习飞行、捕食、觅食以及避敌等，然后开始独立生活。通过雏鸟扎颈法对食性分析(n=21)可知，5~7月红尾水鸲的食物主要为农林害虫，如绿头苍蝇、胡蜂、长腿蚊子、牛虻等。此外，红尾水鸲也吃草籽、野果及其他植物。

2.5　和山西其他地区种群的比较

樊龙锁[2]对山西历山自然保护区红尾水鸲习性进行了研究。历山位于山西南部中条山东段沁水县，年均气温8~12℃，以落叶阔叶林为主；而芦芽山位于山西北部宁武县，两地相距约400km，其海拔也较历山高约400m左右，以寒温性针叶林为主。比较两地红尾水鸲的生活习性对探讨该鸟不同种群的特点有一定的科学意义。两地红尾水鸲每年最早迁入时间基本一致（历山：4月日22~27日，芦芽山：4月2日~26日），但迁离时间有一定差异（历山：10月15日~20日，芦芽山：10月8日~12日），居留期差7~8d。这可能和两地的纬度及温度差异有关，红尾水鸲迁离日期除受光周期影响外，可能也受温度和食物条件等影响。两地红尾水鸲鸟巢内、外径及巢深相似，但巢高有显著不同，历山红尾水鸲鸟巢高12.2(11.3~13)cm，而芦芽山的巢高仅为历山的一半(6.6(5.9~7.2)cm)。这可能和两区的地理位置、植被条件及营巢环境有关，详细原因有待探讨。两地区红尾水鸲的卵大小、重量、孵卵期和孵化率基本一致。

参考文献

[1] 郭建荣，王建萍．芦芽山自然保护区岩鸽繁殖生态的观察[J]．山西林业科技，2000，(1)：40~43.

[2] 樊龙所，张青霞，王臣军．红尾水鸲的习性[J]．野生动物，1999，(2)：18.

[3] 刘焕金，冯敬义，苏化龙，等．山西省的鸫科鸟类[J]．野生动物，1984，(4)：15~20.

[4] 刘焕金，苏化龙，兰玉田，等．红尾水鸲的繁殖生态[J]．野生动物，1986，(6)：34~38.

[5] 赵正阶．中国鸟类志，下卷：雀形目[M]．长春：吉林科学技术出版社，2001.

芦芽山保护区红脂大小蠹
生物学特性及防治研究 ①

郭建荣

（山西芦芽山国家级自然保护区，山西　宁武　036707）

红脂大小蠹 *Dendroctonus valens* 在国外分布于美国、加拿大、墨西哥等地，是近年来发现为害油松 *Pinus tabuliformis* 的入侵种。1998 年秋在山西省阳城、沁水等县首次发现红脂大小蠹，推测与 20 世纪 80 年代后期山西从美国进口木材有关；此后在山西各地陆续发生，涉及 8 个地、市的 54 个县（市、区）和 8 个森林经营局的 74 个林场。到 1999 年底，全省红脂大小蠹发生面积达 24.8 万 hm²，其中成灾面积 12.9 万 hm²，有虫株率最高达 80%，已造成 351.6 万株成材松树枯死。与北美洲发生情况不同的是，红脂大小蠹不仅攻击树势衰弱的树木，也对健康树进行攻击，导致寄主大量死亡，对华北地区森林构成严重威胁。1999 年 9 月芦芽山保护区首次发现红脂大小蠹危害油松林，侵染面积已达 352.6hm²，有虫株率为 2%~3%，根据红脂大小蠹防治技术方案认定为轻度侵染。为了有效控制该虫的危害和蔓延，保护森林林资源不受破坏，从 1999 年开始芦芽山保护区对红脂大小蠹的生物学特性及防治措施进行了综合研究，现将研究结果报道如下。

1　研究地概况

山西芦芽山国家级自然保护区位于吕梁山脉北端，38°35′40″~38°45′00″N，111°50′00″~112°05′30″E，地处宁武，五寨，岢岚三县交界处，总面积 21453hm²。海拔最低 1346m，最高 2787m。年均气温 4~7℃，年降水量 500~600mm，无霜期 90~120d。岩石主要以太古代片麻状花岗岩为主，少数地区分布有石灰岩。海拔 1300~1600m 为山地灰褐土，海拔 1600~2600m 为棕壤，部分阳坡有森林褐土，海拔 2600m 以上为亚高山草甸土。植被类型主要有华北落叶松 *Larix principis-rupprechtii* 林、云杉 *Picea* spp. 林、油松林、辽东栎 *Quercus wutaishanica*、杨树 *Populu* sspp.、桦 *Betula* spp. 林、沙棘 *Hippophae rhamuoilles* 灌丛、灰栒子 *Cotoneaster acutifolius* 灌丛、三裂绣线菊 *Spiraea trilobata* 等组成。油松林主要分布

---

①　本文原载于《山西林业科技》，2007（1）：22~25，47.

于海拔 1600m~1900m 的低中山,面积 1138.4hm²,蓄积量 23 万 m³。

2　研究方法

　　在受红脂大小蠹危害的油松林区,选择不同坡向、不同坡位、不同林分、不同树龄、不同郁闭度的油松林作为样地。每一样地内随机选择 100 株样树,调查红脂大小蠹的危害状况、有虫株率、虫口密度等;选择 5 株受害的伐桩,以伐桩为中心,用铁丝网(网眼大小以不使红脂大小蠹成虫飞出为宜)将其周围 1.5m 半径范围内罩起来,并且铲净铁丝网内地表腐殖质,露出地表土并压实,观察红脂大小蠹越冬出土情况。

　　通过在林内悬挂诱捕器、解剖树干、树根等观察红脂大小蠹生物学特性和发生规律,选择 1 株受害伐桩连根挖起,放在室内观察各虫态历期。防治方法通过剖根法、炸根法、药物处理法、引诱剂法、天敌防治法等进行综合防治。越冬期主要通过剖根法,炸根法进行防治;成虫羽化出孔前,用 0.1mm 厚塑料布围在树干基部,内投 3~5 片(3.2g/ 片)磷化铝片剂密闭熏杀;5 月至 9 月在林内悬挂诱捕器,用敌敌畏泡过缓释芯来毒杀成虫;成虫羽化期在林内超低量喷洒 75% 马拉硫磷乳油;引入天敌进行防治。

3　结　果

3.1　生物学特性

　　通过在油松林内悬挂诱捕器、解剖树干、树根等方法,结果表明,红脂大小蠹在芦芽山 1 年发生 1 代,主要以老熟幼虫(76.5%)、二龄以上幼虫(18.5%)及成虫(5%)在主、侧根的虫道内或土层的干基部分权处越冬。越冬处最深侵入主根达 80cm,侵入侧根最远距主根 3m,且多集中于根部向阳面或侧根下表面。

　　红脂大小蠹 4 月中下旬开始活动,越冬幼虫继续在根部取食为害,老熟幼虫补充营养后开始化蛹,成虫于 5 月上中旬开始出孔扬飞,5 月下旬至 6 月中旬为扬飞盛期;成虫产卵始期在 6 月初,6 月下旬为产卵盛期;初孵幼虫始见于 6 月中旬,7 月上中旬为孵化盛期;8 月上旬为化蛹始期,8 月中下旬为化蛹盛期;8 月中旬成虫开始羽化,9 月中旬为羽化盛期。成虫在树干下部距地面 1m 以下的韧皮部与木质部间补充营养后,进入越冬状态。

　　红脂大小蠹世代不明显,同一时期、同一树干既有成虫,又有幼虫,世代重叠交替。越冬时地下温度低、湿度大,害虫发育较慢,且虫龄不整齐,因而 5~9 月均见成虫在林内扬飞。越冬成虫侵入新寄主后,交配产卵,幼虫孵化后继续危害,10 月上中旬以各种虫态进入越冬状态。通过对 5 株受害伐桩用铁丝网罩住观察其出土情况,2001 年 5 月 8 日最早见到第 1 头成虫出土,5 月下旬成虫出土数量剧增,每日 12:00~15:00 是成虫出土的高峰时期。成虫在根部越冬,从羽化孔爬出,在距干基部较远的根部则从土层直接向上蛀羽化孔出土,出土孔直径 2~3mm,出土孔道为曲线。成虫活动取食期可达几个月。成虫一般入侵新鲜的或 1 年、2 年伐桩以及树势衰弱树,过熟木,胸径一般在 10cm 以上,侵入孔大多集中于树干基部 1m 以下,距地面 20~50cm 的范围内最多,入孔最多达 46 个 / 株,大多为1~2个/株。成虫飞行能力很强,扩散传播速度很快。通过在室内和野外解剖树干观察,雌雄成虫在坑道内交配产卵,卵粒平均为100粒左右,卵期为11~15d。幼虫在形成层韧皮部内背向母坑道集群取食,坑道内充满红褐色细粒状虫粪,幼虫历期45~55d。幼虫老熟后,在坑道外侧边缘形成单独的蛹室化蛹,在根部则稍向下咬食部分木质部做成蛹室,蛹室一般为椭圆形或肾形,蛹期为11~13d。

3.2 发生及危害特点

红脂大小蠹只危害油松树干下部和根部,以幼虫、成虫在根部越冬。一般是雌虫先侵入,然后雄虫进入同一虫道,每一虫道内一般是1雌1雄。成虫侵入树干后,一般先向上蛀食3~5cm,切断输导组织,然后向下蛀食形成母坑道。雌虫向前取食并扩展虫道,雄虫协助排出粪屑,并拓宽坑道。母坑道形状多为长方形,大约为(30~40)cm×5cm,坑道内充满红褐色粒状虫粪和木屑混合物。健康油松分泌的松脂具有天然的抗虫机制,常使初期侵染的成虫死亡。在侵入孔处,油松松脂、成虫排出的虫粪、蛀屑形成不规则漏斗状凝脂,初为暗红色,发软,过一段时间后颜色变为褐色发干,直至变为灰白色颗粒状。当环树干蛀食1周后,整株树死亡,针叶发红,如同火烧一样。红脂大小蠹对油松林的危害情况表1~表3。

表1 不同坡向红脂大小蠹的危害情况

坡向	调查株数	有虫株率(%)	平均侵入孔(个/株)
东	100	8	1.63
南	100	14	3.50
西	100	7	1.71
北	100	5	1.40

表2 不同坡位红脂大小蠹的危害情况

坡向	调查株数	有虫株	平均侵入孔(个/株)
下坡	100	15	2.00
中坡	100	5	1.00
上坡	100	8	1.50

表3 不同林分红脂大小蠹的危害情况

坡向	调查株数	有虫株	平均侵入孔(个/株)
油松纯林	100	12	2.50
油松阔叶树混交林	100	4	1.50
油松针叶树混交林	100	6	2.00

由表1、2和3可知,红脂大小蠹在同一区域南坡危害最重,有虫株率达14%,株平均侵入孔为3.5个,其次为东、西、北坡,南坡的有虫株率是北坡的2.9倍;在同一坡向上,下

坡和上坡危害比中部严重,尤以下坡严重,下坡有虫株率是中坡的 3 倍,是上坡的 1.875 倍;纯林比混交林受害严重,纯林有虫株率是混交林平均有虫株率的 2.4 倍;油松与针叶树的混交林比与阔叶树的混交林危害严重,有虫株率是与阔叶树混交的 1.5 倍。红脂大小蠹在油松树势弱、郁闭度小、立地条件差、林缘等地危害较重,尤其是有新鲜伐桩的区域是其最喜欢的环境,因为从伐桩上流出的大量松脂含有挥发性的萜烯类化学物质,对红脂大小蠹成虫有较强的引诱能力,从而使大量成虫定向飞往这一区域,形成对寄主群体的入侵为害。对成熟林危害较重,对幼林一般不形成危害。在高温干旱、冬季温暖的年份,红脂大小蠹危害较重。

3.3　综合防治方法

3.3.1　越冬期防治

红脂大小蠹在芦芽山保护区以成虫和幼虫在地表下树根的树皮和形成层内越冬,因此,在害虫的越冬期主要采取以下两种方法进行防治。

刨根法:红脂大小蠹越冬在地面封冻不久,11 月上中旬害虫侵入还不太深时,将 1~2 年的伐桩、有害虫侵入的树木、濒死木、枯死木的根部剖开,使主、侧根全部裸露,至少使有虫害的地方全部裸露,然后将越冬虫全部处死。此法防治效果达 100%,但是此方法费时费力,仅限于小面积危害较重的地段。

炸根法:防治时期及对象同刨根法,只是在树根基部掏 1 小洞,塞入 1~2 根炸药(树大时,可把洞掏深一些,多加入 1~2 根炸药)引爆,使树根全部裸露在外,害虫即被炸死或冻死,未死的人工加以处死。防治效果达 95% 以上。此法比刨根法省时省钱,但防治效果不及刨根法,而且安全性较差,也不利于大面积防治。

3.3.2　危害期防治

红脂大小蠹每年 5 月上中旬出土扬飞,10 月上中旬进入越冬状态,这是红脂大小蠹的危害时期期,应采取化学防治措施进行防治。

地面密闭熏蒸:红脂大小蠹在树的主侧根均有分布,且越冬虫大部分处于侧根,成虫羽化时大部分从地表钻出,只有少数从树干上钻出,因此对地面的防治十分重要。在被侵入的树或伐桩根部主侧根方位,距树根约 50cm、100cm、150cm 和 200cm 处呈放射状排列分别打约 15~20cm 深的孔,每个孔内投入 1~2 片磷化铝片剂(3.2g/ 片)并用土填实;每株树或每个伐桩打 9~12 个孔,上面洒上毒土,然后用 0.1nm 厚的塑料布覆盖,周围用土压住,这样刚羽化的成虫即可被毒死。

树干密闭熏蒸:对侵入寄主且虫口密度较大、株侵入孔较多的树适用此法。在成虫出孔扬飞的 5 月中旬,在距地面 80~100cm 的树干处,沿树周锯一凹槽,不伤及油松的韧皮部,用磷化铝毒丸塞入虫孔内用泥土封闭,再用 0.1mm 厚的塑料布绕树干包好,一端用细绳在凹槽处捆紧,另一端沿地面四周铺开,接缝处用透明胶布粘牢,内置 3~5 块磷化铝片剂,然后用土将地面的塑料布压好,防止漏气。此法可防治成虫侵入树干,也使侵入树干内的害虫死亡,防治效果可达 95% 以上。

引诱剂诱杀:油松流出的松脂对红脂大小蠹有很强的引诱作用。根据松脂成分配制的植物引诱剂对红脂大小蠹具有很好的引诱作用。在成虫扬飞的 5~9 月,尤其是 5 月下旬至 6 月下旬,在有危害的林地内,每隔 50~100m 悬挂 1 个诱捕器,诱捕器上挂 1 个内装植物引诱剂的诱芯,诱捕器下方的集水器内放敌敌畏缓释芯,诱捕器距地面高 10cm 左右,成虫进入诱捕器内,即被毒死。在诱杀害虫的同时也会使诱捕器周围虫口密度升高,因此应结合对树干喷药进行防治。

树干喷药:红脂大小蠹危害主要在树干下部,且整个生活史几乎都在寄主树干和根部危害,采用树干喷施残效期长的药剂可有效防止红脂大小蠹的危害。每年 5~9 月,在林缘或虫源木周围 10~20m 范围内超低量喷施 75% 马拉硫磷药剂 100~200 倍液,主要喷在树干 1m 以下。采用该方法的关键是选用专用药剂,在寄主树干上形成有效浓度梯度,可防止雨淋日晒,保持几个月的杀虫活性,在大小蠹整个扬飞期持续发挥杀虫作用。

饵桩诱杀:利用松脂对红脂大小蠹的引诱作用及红脂大小蠹对新鲜伐桩的喜食性,选择胸径 15cm 以上的油松制成 0.5m 的饵桩立于林内,底部用土埋住 20cm,轻灾区埋设 15~30 个 /hm²,饵桩上喷施专用药剂(不要喷在松树截面上),引诱红脂大小蠹侵染,然后集中消灭。

虫孔注药或毒丸毒杀:对于发生较轻、虫口密度较低的林地,在红脂大小蠹第一个侵入高峰期过后,重点检查林缘地带、疏林地、有大量伐桩的林地以及枯死木、濒死木 20m 范围内的油松,发现新侵入孔,可直接从侵入孔注入敌敌畏稀释药剂 300~500 倍液,或在侵入孔的下方 5cm 处的树干上钻一小孔,然后塞入磷化铝毒丸或直接注入防治药剂,最后用凝脂把侵入孔和注药孔堵死,防治效果很好。

3.3.3 天敌防治

许多生物是红脂大小蠹的天敌,对于控制红脂大小蠹种群密度有一定作用。目前发现在红脂大小蠹的成虫、幼虫体上有 1 种寄生螨,吸食大小蠹的体液,对大小蠹的生长发育产生一定的影响,进而影响其繁殖能力。在低温高湿条件下,根部大小蠹可被菌类寄生,严重影响其发育。红脂大小蠹捕食性天敌有啄木鸟、蚂蚁、步行虫、扁谷盗,大唼蜡甲 *Rhizophagus grandis* 等。大唼蜡甲 2001 年中国林科院森保所从比利时引进的专吃红脂大小蠹的天敌,2003 年在我区车道沟林地释放了 500 头大唼蜡甲成虫和 100 头幼虫,调查发现释放大唼蜡甲的树再没有发现红脂大小蠹危害的痕迹,同时这一林地内红脂大小蠹的有虫株率也明显下降。2004 年 4 月 8 日,河北省邯郸市和武安林业部门联合对武安西部山区车谷村进行油松林红脂大小蠹发生情况调查时,无意间发现 1 种天敌正在捕食 1 只红脂大小蠹,且数秒钟就导致害虫死亡。经国家林业部门查证,该天敌属于猎蝽目,在国内从未见报道。有专家认为,这种天敌新物种如能够进行室内大规模饲养并进行林间大规模释放,对防治红脂大小蠹将有很好效果。

3.3.4 严重虫害木的采伐清理及检疫处理

对林地内受害的枯死树、濒死树及时进行砍伐、清理。伐根处理后,应将林地及时更新为其他抗性树种,改变红脂大小蠹的生存环境。对采伐下的油松原木,要及时运出林地进行剥皮处理或药物熏蒸处理,并经森检机构严格检疫合格后,方可调运或使用。

3.3.5 营林措施

伐桩是红脂大小蠹越冬的主要场所,新鲜伐桩和伐木、树势衰弱木是红脂大小蠹的主要寄主,砍伐严重、林分单一的地区是红脂大小蠹发生的主要区域。因此,应加强森林保护,严格控制乱砍滥伐,坚决杜绝偷砍盗伐,严格控制阔叶林砍伐,逐步改变林分组成结构。按照适地适树的原则,加强营林措施,定向培育混交林,提高森林生态系统自控能力,促进油松林的天然更新,维护生态系统的多样性。

4　讨　论

红脂大小蠹是近年发现的为害油松的入侵种,是一种危害大、传播速度快的毁灭性害虫,应尽快控制它的危害蔓延直至彻底消灭。越冬期主要采取物理机械防治,防治虽然效果好,但是需投入大量的人力、物力、财力,且不安全。越冬前,由于红脂大小蠹主要在根部危害,是应用化学措施防治的有利时机。成虫扬飞盛期是应用植物性引诱剂和化学措施(如树干喷雾)防治的有利时机;幼虫孵化盛期是应用化学措施(如磷化铝密闭熏蒸)和生物措施(如天敌)防治的有利时机。在害虫危害期防治,大部分使用化学药剂,虽能有效杀死害虫,防止侵入寄主,但对环境有一定污染,对人畜也不安全,而且还会增加害虫的抗药性,杀死部分天敌。

由于红脂大小蠹的发生主要是由于气温升高、干旱等异常气候、纯林面积大、林相单一、采伐控制不严、伐木处理以及调运检疫把关不严等一系列因素造成,因此,控制红脂大小蠹危害应从改善环境、提高林分质量入手,在"预防为主,综合治理"的森防方针指导下,坚持保护环境的原则,以虫灾范围不再扩散蔓延为前提,以营林技术为基础,通过监测检疫、生物防治、无公害化学防治等综合措施,由外向内、压缩虫源、降低虫口密度,逐步实现持续控灾。

参考文献

[1] 李振宇,解焱.中国外来入侵种[M].北京:中国林业出版社,2002.
[2] 苗振旺,周维民,霍履远,等.强大小蠹生物学特性研究[J].山西林业科技,2001(1):;34~37.
[3] 许佳林,王建军,李红平,等.红脂大小蠹越冬场所及成虫出土观察[J].山西林业科技,2002(4):26~28.
[4] 赵怀俭.红脂大小蠹生物生态学特性及防治的研究[J].山西林业科技,2004(1):16~19.
[5] 许巧玲.管涔林区防治红脂大小蠹初探[J].山西林业科技,2002(3):30.

山西芦芽山保护区大斑啄木鸟的生态观察 [①]

王拴柱 [1] 王建萍 [2]

(1. 山西省吕梁山国有林管理局 管头林场,山西 乡宁 042105;

2. 山西芦芽山国家级自然保护区,山西 宁武 036707)

大斑啄木鸟 *Dendrocopos major* 为留鸟,是一种重要的农林益鸟[1]。作者于 2005~2007 年在山西芦芽山保护区对其生态进行了研究,其目的为管理、保护和合理利用鸟类资源提供科学依据。

1 自然地理概况

山西芦芽山国家级自然保护区位于吕梁山脉北端、晋西北黄土高原上,地处山西省宁武、五寨、岢岚三县的交界,是三晋母亲河——汾河的源头地区。保护区总面积 21453hm²。区内最高海拔 2787m,最低海拔 1346m。森林群落主要由云杉 *Picea* spp. 林、华北落叶松 *Larix principis-rupprechtii* 林、油松 *Pinus tabuliformis* 林、辽东栎 *Qercus wutaishanica* 林、白桦 *Betula platyphylla* 林等组成。灌丛主要由沙棘 *Hippophae rhanmoides* 灌丛、黄刺玫 *Rosa xanthina* 灌丛、忍冬 *Lonicera maackii* 灌丛、三裂绣线菊 *Spiraea trilobata* 灌丛等组成。本区为暖温带季风型大陆性气候。年均气温 4~7℃,年降水量 500~600mm, 无霜期 90~120d。农作物主要有莜麦 *Avena chinensis*、豌豆 *Pisum sativum*、马铃薯 *Solanum tuberosum* 等[2]。

2 研究方法

依据大斑啄木鸟的生活习性、分布规律,按照本区的自然生境特点,选西马坊至坝里、西马坊至馒头山 2 条路线作为调查样线,样线长 2.5km。采用常规路线数量统计法,步行速度 2km/h,左右视距各 50m。每年 3 月和 8 月 8:00~10:00,分别统计每条样线内大斑啄木鸟数量。取每月平均值,以遇见率(只/km)反映其繁殖前后的种群密度。每年繁殖季节寻找其繁殖巢,借助望远镜等对其繁殖习性进行了观察,并于每年采集成鸟和幼鸟标本

——————————————

① 本文原载于《野生动物杂志》,2008,29(6):294~296.

对其进行食性分析。3年的调查路线、工作人员、工作方法一致[2]。

3　结果与分析

3.1　栖息习性

　　大斑啄木鸟分布较广,常活动于海拔1600~1800m的低中山常绿针叶林及落叶阔叶混交林的林缘地带,海拔1346~1600m的疏林、农耕带、村庄及居民点附近。常单独活动,偶尔成对活动。多在杨、柳、杏等树干和粗枝、朽木觅食。觅食时常从树的中下部跳跃式的向上攀爬,搜索完一棵树后再飞向另一棵树。该鸟小心谨慎,常常显得很畏人[3]。

3.2　食性分析

　　通过对大斑啄木鸟8只成鸟及5只幼鸟的胃检及成鸟的野外观察表明:该鸟以动物性食物为主(占90.4%),主要以甲虫、天牛幼虫、吉丁虫、小蠹虫、蛴螬、蝗虫、蜗牛、蜘蛛、蚁科、胡蜂科、鳞翅目、鞘翅目等各种昆虫及昆虫幼虫为食。杂有少量草籽、松子、山刺玫果、沙棘等植物性食物(占9.6%)(表1)。

表1　大斑啄木鸟食性分析

种类	频次	频率(%)	种类	频次	频率(%)
鳞翅目	13	11.3	松毛虫	8	7.0
鞘翅目	13	11.3	小蠹虫	12	10.5
蚁科	9	7.8	蝗虫	6	5.2
胡峰科	5	4.4	蜘蛛	3	2.6
甲虫	11	9.6	草籽	2	1.7
天牛幼虫	10	8.7	松子	3	2.6
蛴螬	9	7.8	山刺玫	4	3.5
吉丁虫	3	2.6	沙棘	2	1.7
蜗牛	2	1.7	总计	115	100.00

3.3　种群密度

　　2005~2007年3月和8月,样线调查结果表明:大斑啄木鸟繁殖前的3月种群密度为0.57只/km,繁殖后的8月为1.03只/km,繁殖后比繁殖前的种群密度增加80.7%(表2)。

表 2　大斑啄木鸟繁殖前后种群密度对比

| 繁殖前后 | 年度 | 调查次数 | 样线总长度(km) | 西马坊至坝里 | | 西马坊至馒头山 | | 均值 |
				遇见数(只)	密度(只/km)	遇见数(只)	密度(只/km)	
繁殖前(3月)	2005	2	5	3	0.6	2	0.4	0.5
	2006	2	5	2	0.4	3	0.6	0.5
	2007	2	5	4	0.8	3	0.6	0.7
	均值	2	5	3.0	0.6	2.67	0.54	0.57
繁殖后(8月)	2005	2	5	5	1.0	4	0.8	0.9
	2006	2	5	4	0.8	6	1.2	1.0
	2007	2	5	7	1.4	5	1.0	1.2
	均值	2	5	5.3	1.06	5	1.0	1.03

3.4　繁殖习性

3.4.1　交　配

大斑啄木鸟在3月下旬开始发情,发情期间雌鸟常用嘴猛烈敲击树干,发出"咣咣咣……"的连续声响,以吸引异性。当雄鸟到来时,雌鸟由所在树干部位向上攀爬,雄鸟迅速追赶直至树的隐蔽处完成交配。有时雌鸟的发情行为会引来2只雄鸟的争斗,彼此搅作一团,上下翻飞,边飞边叫,直至另一雄鸟被赶走为止[4]。

3.4.2　筑　巢

雌雄鸟共同筑巢。巢多筑于高10~15m,胸径20~35cm的杨、柳、榆或杏的树干腐朽部位,或位于枯立木或心腐木,洞口多朝东北方向。通过对大斑啄木鸟10个繁殖巢观察,杨树有4个,榆树有3个,柳树有1个,杏树有2个(表3)。

表 3　大斑啄木鸟巢的测量结果

树种	巢高(m)	洞口直径(cm×cm)	洞内直径(cm×cm)	洞深(cm)
杨	7.1(6.8~7.3)	4.9(4.7~5.2)×5.1(4.9~5.5)	10.2(10.1~10.4)×10.6(10.2~11.0)	32.4(28.8~~36.4)
榆	6.0(5.7~6.4)	4.4(4.6~4.8)×4.8(4.5~5.0)	9.5(9.4~9.6)×10.1(9.9~10.3)	34.3(33.7~~35.0)
柳	6.6	4.6×4.8	9.9×10.4	30.3
杏	5.8(5.5~6.1)	5.0(4.8~5.1)×5.3(5.2~5.4)	10.5×10.9(10.8~11.0)	27.8(26.3~~29.0)

由表3可知,大斑啄木鸟的平均洞高约6.4(5.5~7.3)m,洞口圆形,洞口平均直径为5.0cm×4.8cm,平均内径为10.5cm×10.0cm,平均洞深31.2cm,内无垫被物,整个筑巢过程雌雄鸟用嘴啄凿,筑巢时间为13~15d。

3.4.3　产　卵

大斑啄木鸟在4月上旬,即筑完巢1.2d后开始产卵,日产1枚,多在清晨6:30以前产卵,窝卵数3.6枚。卵呈椭球形,刚产的卵纯白色,光滑无斑,将孵化时卵变成灰白色。通过对 2 窝(10 枚)大斑啄木鸟卵的测量结果得出,大斑啄木鸟的平均卵重为 36.5 (33.8~38.4)g,大小为 25.5(24.6×27.0)mm×19.7(16.6×20.4)mm。

3.4.4　孵　化

大斑啄木鸟在全部产完卵后即开始孵卵,雌雄鸟轮流孵卵,孵化期 11d,在孵卵期间大斑啄木鸟对周围人的警惕性很高。

3.4.5　育　雏

通过 3 年对 7 窝(34 枚卵)大斑啄木鸟的育雏进行观察,共孵出雏鸟 32 只,成活 28 只,孵化率 94.1%,繁殖成功率 87.5%。刚出生的雏鸟全身裸露无羽,颜色为肉红色,双目紧闭,卵齿乳白,由雌雄鸟共同喂育。6 日龄左右雏鸟眼睛睁开,开始站立,并长出羽鞘,羽鞘长约 5mm。雏鸟晚成性,在巢内育雏 21d 后,雏鸟离巢开始独立生活。离巢的雏鸟嘴和跗跖几乎达到了全长,体重已接近成鸟体重,嘴角为黄色,尾较短,羽色较深暗。对其中 2 窝 10 只雏鸟的生长发育过程进行了详细测量记录,可知,大斑啄木鸟雏鸟的体长、翼长、尾长在 7 日龄之后生长迅速,这与雏鸟的进食有关。

4　讨　论

大斑啄木鸟是我国最常见的啄木鸟之一,是蛀干害虫的重要天敌,素有“森林医生”之称[5],其对害虫的控制作用国内外学术界都有过报道,但对其完整的生态观察资料并不多见。本文从大斑啄木鸟的食性和繁殖习性入手,了解该鸟的生态、生物学特性,可为人类的科学保护和合理利用提供基础资料。但由于该鸟在繁殖期十分隐匿和对人类的高度警惕,其繁殖巢很难找到。在 3 年的研究中发现其整个繁殖过程,包括其孵化过程十分严密,很难清楚地观察到其全天坐巢、孵卵的详细情况。一旦遭到人为干扰,繁殖鸟极有可能弃巢,而且每年都要重新筑巢,从不用旧巢。整个繁殖过程中的高度警惕性直至其小鸟出壳后似乎才逐渐减弱,这就为科学研究提供了难度。尽管大斑啄木鸟是一种广布性鸟类,对环境条件的要求并不太严格,但其机警的习性使人类难以控制和人为地应用于农林生产。

参考文献

[1] 赵正阶.中国鸟类手册,上卷:非雀形目[M].长春:吉林科学技术出版社,1995.

[2] 吴丽荣.山西芦芽山自然保护区山噪鹛的生态观察[J].四川动物,2005,24(4):594~595.

[3] 史荣耀,李茂义.灰喜鹊繁殖习性的初步观察[J].四川动物,2007,26(1):165~166.

[4] 刘焕金,申守义.庞泉沟自然保护区黑啄木鸟的繁殖生态[J].四川动物,1988,7(3):21~23.

[5] 靳瑞兰,尹亚宁.大斑啄木鸟抑制山楂蛀干害虫的调查[J].山西林业科技,1988,(3):24~26.

山西芦芽山自然保护区戴胜
繁殖生态初步观察[①]

吴丽荣　郭建荣

（山西芦芽山国家级自然保护区，山西　宁武　036707）

戴胜 *Upupa epops* 隶属于佛法僧目戴胜科戴胜属。本科仅 1 种，对其生态进行研究可以丰富戴胜的研究资料，为管理、保护鸟类资源提供科学依据。我们于 2003~2005 年在山西芦芽山国家级自然保护区对戴胜的繁殖生态进行了观察，现将结果报道如下。

1　研究区概况及方法

芦芽山国家级自然保护区位于吕梁山的北端，地处宁武、五寨、岢岚三县交界处，111°50′00″~112°05′30″E，38°35′40″~38°45′00″N。总面积 21453hm²，主峰芦芽山海拔2772m。该区为暖温带季风型大陆性气候，年均气温 4.7℃。1 月平均温度 –21~–15℃，7 月平均温度 15℃。年降水量 500~600mm，无霜期 90~120d。高层乔木群落由云杉 *Picea* spp.、华北落叶松 *Larix pdncipis-rupprechtii*、油松 *Pinus tabuliformis*、白桦 *Betula platyphylla*、辽东栎 *Quercus wutaishanica* 等组成。灌木有沙棘 *Hippophae rhamnoides*、黄刺玫 *Rosa xanthina*、三裂绣线菊 *Spiraea trilobata* 等种类。草本植物 700 余种。农作物主要有莜麦 *Avena chinensis*、马铃薯 *Solanum tuberosum*、蚕豆 *Vicia faba* 等。

依据戴胜的生物学特性、分布规律及自然生境，选定红砂地、馒头山、吴家沟等 3 条样线，采用样线调查法。每年从 3 月 1 日开始，沿选定的调查路线，以每小时 2km 的速度行走，听其鸣声，并用望远镜观其形影，每隔 1 日观察 1 次，以确定戴胜的季节迁徙情况。每年繁殖季节，寻找其繁殖巢，观察其生态生物学特性，统计繁殖资料数据。3 年的调查路线、工作人员、统计时间、记录方法基本一致。

---

①　本文原载于《四川动物》，2008，27（2）：251~252，258。

2　结果与讨论

2.1　季节迁徙

戴胜季节迁徙调查结果见表1。由表1可知:戴胜为夏候鸟。每年3月下旬至4月初迁来,9月下旬至10月初迁离,居留期180~188d。

表1　戴胜季节迁徙动态

年份	首见日期	终见日期	居留期(d)	间隔期(d)
2003	3月28日	10月1日	188	177
2004	4月3日	9月29日	180	185
2005	4月7日	10月3日	180	185

2.2　繁　殖

2.2.1　求偶期

戴胜每年迁来后,很快进入求偶期,求偶行为不明显。两性常追逐嬉戏于田间地头及牲畜圈棚旁。当受惊时便分散而飞,待周围安定后,各自发出"ji-ji-ji'的鸣叫声,鸣叫时羽冠一起一伏。有时见雄鸟间争雌现象,雌鸟在一旁观望,最后和胜者结合成对。

2.2.2　营巢期

戴胜最早见于4月中旬营巢。巢址多选择在食源丰富的农田、路旁天然树洞,也在废弃房屋墙壁洞和悬崖岩壁缝隙营巢。巢穴营造很简陋,主要以杂草、树叶等组成,并杂有枝、根、羽、发等。4个巢中有两个见于树洞,1个见于旧房屋墙洞,1个见于堤坝窟窿。对旧房屋墙洞穴内的1个巢窝测定,洞口直径8.5cm×5.2cm,洞内径23cm×26cm,巢洞深46cm,洞口距地面2.7m。戴胜有沿用旧巢的习性。

2.2.3　产卵期

戴胜最早见于4月22日开始产卵,日产卵1枚,窝卵数6~7枚,卵为椭圆形,呈白而稍沾乳色或淡绿色光泽,不久就染成了污黄色或淡蓝绿色。测定4窝25枚卵结果见表2。

表2　戴胜卵的测量结果

巢号	营巢环境	窝卵数(枚)	长径(mm)	短径(mm)	卵重均值(g)
01	杨树树洞	6	23.7(23.0~24.2)	16.3(15.9~17.0)	4.1(3.7~4.4)
02	房屋墙洞穴	7	23.0(22.5~24.0)	16.1(15.8~16.8)	3.9(3.6~4.3)
03	堤坝窟窿	6	23.9(23.2~24.4)	16.4(15.9~17.0)	4.2(3.9~4.3)
04	杨树树洞	6	24.0(23.8~24.4)	16.9(16.6~17.0)	4.3(4.0~4.5)
	均值	6.25	23.7(23.0~24.0)	16.4(16.1~16.9)	4.1(3.9~4.3)

2.2.4 孵化期

戴胜产下第1枚卵的当日便由雌鸟开始孵卵。孵卵期间雌鸟恋巢性很强,很少离巢活动,雄鸟承担觅食饲雌工作。每天清晨6:00左右雄鸟出现在巢区附近树上,后迅速离开去田间、畜棚等处觅食。每日饲雌有两个高峰期:上午8:00~9:00和14:00~15:00,阴雨天雄鸟喂食雌鸟的次数有所减少。夜间雄鸟不入巢,在巢区附近夜宿。由于雏鸟粪便亲鸟不处理,加之雌鸟孵卵期间从尾部腺体中排出黑棕色的油状液体,使巢很脏很臭,故戴胜又叫"臭姑子"。孵化期16~18d,孵化率96%。每日孵出1只雏鸟,第6日当雏鸟全部孵出时测量了其体重(表3)。由表3可见,由于出壳时间不同,同一窝内其雏鸟体重相差较大,最大相差28.8g。

表3 雏鸟体重测量结果

序号	1	2	3	4	5	6
体重(g)	32.0	28.1	16.8	5.2	3.4	3.2

2.2.5 育雏期

雏鸟刚孵出时全身肉红色,仅头顶、背中线、肩和尾有纤细灰色绒羽,两眼紧闭,眼泡黑灰色,嘴角及口橘黄色,喙端灰白色。此时,雌鸟坐巢护雏,饲雏主要由雄鸟承担,雄鸟衔食归巢,有时将食物转交给雌鸟喂育,有时直接入巢喂雏。1周后雌鸟参与育雏活动,此时雏鸟体表出现青色羽根,飞羽出鞘,一遇动静,便可伸颈张口"嘶、嘶"鸣叫。至16日龄,雏鸟体表长出羽毛,羽冠形成,飞羽和尾羽放缨,喙和脚爪呈铁灰色,平均体重60.2g,体长116.8mm,翅长59.2mm,跗长21mm,嘴峰25.3mm,尾长29.8mm。24日龄雏鸟,体羽已经丰满,飞羽、尾羽、覆羽、羽冠的色彩斑纹及外形与亲鸟相似,平均体重65g,体长209.5mm,翅长127.2mm,跗趾长21.5mm,嘴峰33.5mm,尾长83.2mm。亲鸟每日喂雏有3个高峰期,分别在6:00~7:00、14:00~15:00和17:00~18:00。16日龄与24日龄雏鸟的测量见表4。

表4 戴胜16与24日龄雏鸟的测量结果

日龄	编号	体重(g)	体长(mm)	翅长(mm)	跗趾(mm)	嘴峰(mm)	尾长(mm)
16日龄	1	72	128	63	20	29	41
	2	68	121	61	21	27	33
	3	66	117	60	21	25	32
	4	54	114	60	22	24	27
	5	51	111	56	21	24	24
	6	50	110	55	21	23	22
	平均	60.2	116.8	59.2	21	25.3	29.8
24日龄	1	73	222	134	23	36	89
	2	69	213	130	21	35	85
	3	67	210	129	21	34	83
	4	61	209	127	22	33	82
	5	60	203	123	21	32	80
	6	60	200	120	21	31	80
	平均	65	209.5	127.2	21.5	33.5	83.2

戴胜雏鸟晚成性。雏鸟经过亲鸟 26~28d 喂养,即可飞翔和离巢。雏鸟出巢常在晴天上午,亲鸟衔食飞来时,停落在巢洞附近,不断点头鸣叫,用食物引诱雏鸟出巢。当雏鸟爬出洞口时,亲鸟连叫数声飞起,落在离雏鸟稍远的树枝上诱导雏鸟试飞。雏鸟出巢后不再入巢。经过 2d 的喂食诱导,雏鸟全部出巢。离巢后的幼鸟在亲鸟带领下进行短距离试飞,此时亲鸟还要继续给幼鸟喂食,但次数明显减少。雏鸟在亲鸟的引导下,在巢区活动约 3~4d 后便迁飞它处。

2.2.6　食　性

戴胜觅食多在林缘草地或耕地,常把嘴插入土中取食。通过对雏鸟扎颈、采集标本剖检鸟胃和野外直接观察,发现戴胜繁殖季节的食物中昆虫占 87.76%,主要有直翅目、膜翅目、鞘翅目和鳞翅目的成虫、幼虫等,如蝗虫、蝼蛄、金龟子、甲虫、金针虫、蛾类和蝶类幼虫等,也吃蠕虫等其他小型无脊椎动物,如蚯蚓、蜘蛛等占 12.24%。戴胜嗜吃昆虫,而所吃的蝼蛄、金针虫等都是严重的地下害虫,可见其在农林中是相当有益的,应积极加以保护。

参考文献

[1] 赵正阶 . 中国鸟类手册[M].长春:吉林科学技术出版社,1995.

[2] 吴丽荣 . 芦芽山保护区山噪鹛的生态观察[J]. 四川动物,2005,24(4):594~595.

山西芦芽山保护区黑枕黄鹂繁殖习性研究 ①

王建萍

（山西芦芽山国家级自然保护区，山西 宁武 036707）

黑枕黄鹂 *Oriolus chinensis* 在芦芽山区为夏候鸟，是常见的食虫益鸟，为山西省重点保护鸟类。芦芽山自然保护区位于山西省吕梁山脉北端、晋西北黄土高原，是山西母亲河——汾河的源头地区。保护区总面积 21453hm²。最高海拔 2787m，最低海拔 1346m。乔木群落由云杉 *Picea* spp.、华北落叶松 *Larix principisrupprechtii*、油松 *Pinus tabuliformis*、辽东栎 *Qercus wutaishanica*、白桦 *Betula platyphylla* 等组成。灌木主要有沙棘 *Hippophae rhamnoides*、黄刺玫 *Rosa xanthina* 等组成。根据黑枕黄鹂的活动规律，在以上选定样线搜集黑枕黄鹂资料，为了科学保护、合理利用鸟类资源，笔者于 2006~2008 年对黑枕黄鹂的繁殖习性进行了观察研究，现将观察结果报道如下。

1 研究方法

1.1 迁徙动态观察

根据多年来对陆生野生动物的监测资料，确定梅洞—西马坊（海拔 1450~1500m）靠近河流的村庄附近是黑枕黄鹂最早迁来并进行繁殖活动的主要区域之一，设置长 200m、宽 200m 样带进行黑枕黄鹂的迁徙观察。2006~2008 年每年 5 月和 9 月，隔日 8~10 时定位观察该鸟最早迁来和最晚迁离的个体。3 年观察的样地、时间、方法和人员不变。

1.2 种群数量统计

根据黑枕黄鹂活动规律，选择梅洞—西马坊长 2.5km，宽 100m；高崖底—北沟滩长 2km、宽 100m 的 2 条样线，采用常规路线数量统计法，以 2km/h 速度行进，左右视距各 50m，每天 8:00~10:00 统计 2 条样线内该鸟出现的数量。5~8 月每月上、中、下旬每条路线各统计 3 次，共统计 30 次，取其最大值作为本月的种群数量。每月统计路线、时间、方法基本一致。

① 本文原载于《现代农业科技》，2009，(19)：307~308.

1.3　繁殖习性观察

沿上述样线调查黑枕黄鹂繁殖巢,借助高倍望远镜观察其繁殖行为,3 年的观察时间和方法一致。

2　结果与分析

2.1　迁徙动态

黑枕黄鹂迁徙动态见表 1。由表 1 可以看出,黑枕黄鹂每年 5 月上旬迁来,9 月上旬迁离。迁来最早时间为 5 月 5 日,最晚为 5 月 11 日。居留期 108~112d,迁离后的间隔期 253~257d,表明黑枕黄鹂季节迁徙动态相对稳定。黑枕黄鹂在春季最早迁来的个体容易发现,而最早迁离的个体迁徙动态观察不易掌握,并且迁来时通常是雄鸟先到 6~8d。

表 1　黑枕黄鹂迁徙时间动态

年份	最早迁入日期	最晚迁离日期	居留期(d)	间隔期(d)
2006	5 月 10 日	8 月 27 日	108	257
2007	5 月 11 日	9 月 1 日	112	253
2008	5 月 5 日	8 月 25 日	112	253

2.2　栖息地

黑枕黄鹂栖息地包括繁殖期的营巢地、取食地、短暂停息地和夜间栖息地等 4 种类型。繁殖期营巢地常见于向阳的河边防护林带、村边杨树林带或低山灌丛带;取食地常见于村边果园、低山灌丛、浅山针阔混交林;短暂停息地常见于杨、柳树冠间、山坡矮灌丛和河漫滩等;夜间栖息地主要为巢区树冠。

2.3　种群密度

黑枕黄鹂种群数量见表 2。从表 2 可知,黑枕黄鹂种群密度为 0.85 只 /km(0.67~1.05)。种群密度在 6 月最少(与进入繁殖期有关),8 月种群数量最多(增加了新个体)。3 年间种群密度差异不显著,相对稳定。

表 2　黑枕黄鹂种群数量动态

年份	5 月 遇见数(只)	5 月 密度(只 /km)	6 月 遇见数(只)	6 月 密度(只 /km)	7 月 遇见数(只)	7 月 密度(只 /km)	8 月 遇见数(只)	8 月 密度(只 /km)	平均密度(只 /km)
2006	4	0.89	3	0.67	5	1.10	7	1.56	1.05
2007	2	0.45	1	0.22	3	0.67	6	1.33	0.67
2008	3	0.67	2	0.45	4	0.89	6	1.33	0.84
均值	3	0.67	2	0.45	4	0.89	6.33	1.40	0.85

2.4　繁殖习性

2.4.1　配对及巢址选择

黑枕黄鹂 5 月上旬迁来的 9~10d 后开始配对,表现为雌雄鸟常隐藏在树冠发出婉转的鸣叫声,雄鸟边叫边追逐雌鸟。雌鸟在树枝间穿梭绕飞,偶尔双双短暂停息互相唱和,经过 2~3d 的追逐嬉戏,雌雄鸟完成配对,并一前一后飞行在树枝间寻找营巢地,占领巢区,选定巢位。

2.4.2　筑　巢

雌雄鸟选定巢位后即进行筑巢,巢多选在离水源较近的高大杨树或栎树水平枝末端枝杈处。筑巢主要由雌鸟承担,营巢期 8~9d。巢呈"吊篮式",以枯草、麻丝、树皮纤维和碎纸片等编成巢体,内垫以毛绒、棉絮等细物,巢结实而精细,用纤维紧紧缠绕在树梢末端。据对 3 个繁殖巢(2 巢在杨树,1 巢在辽东栎)的统计,巢距地面 15.9(15.3~17.5)m,巢外径 11.9(11.4~12.5)cm~13.0(12.5~13.2)cm,内径 9.4(9.0~9.7)cm~10.5(10.1~11.4)cm,巢高 9.6(8.9~9.1)cm,巢深 6.8(6.5~7.1)cm。营巢时间集中于上午 8:00~10:00,10:00 以后营巢次数明显减少,14:50 以后营巢活动停止。巢材多在距巢位半径 600~1000m 的范围内获取。

2.4.3　产卵及孵化

营巢结束后 2~3d 开始产卵,日产 1 枚,窝卵数 3~4 枚,其中 2 窝 3 枚,1 窝 4 枚。卵为椭圆形,呈粉红色,上布有不规则的紫红色斑点,钝端较密集,斑点直径 1~2mm。测量 6 枚卵,平均重 6.9(6.3~8.1)g,长径 24.8(24.5~25.1)mm,短径 17.5(17.0~17.7)mm。产完最后 1 枚卵即开始孵卵,孵卵由雌鸟承担,孵化期 16~17d。

2.4.4　育　雏

雏鸟孵出后,雌雄鸟共同育雏。育雏期前 5d,大部分时间由雌鸟坐窝暖雏,雄鸟寻找食物喂雏。5d 后雌雄鸟喂雏次数差不多,黑枕黄鹂全天育雏次数见表 3。

表 3　黑枕黄鹂每日育雏次数

日龄	5~6	6~7	7~8	8~9	9~10	10~11	11~12	12~13	13~14	14~15	15~16	16~17	17~18	18~19
	3	4	6	8	7	6	6	5	6	4	6	5	8	12	7
	5	6	9	11	9	8	6	7	8	6	6	6	13	8
	9	8	11	14	11	10	10	9	11	10	11	9	15	15	9

注:5~6 为 5:00~6:00,其余以此类推。

从表 3 看出,黑枕黄鹂各日龄全天育雏次数分别为 90 次、114 次、153 次,全天育雏有 2 个高峰期,分别是清晨 6:30~8:00 和下午 4:00~5:00,喂食次数极为频繁,7~8min 喂 1 次,其后喂雏次数明显减少。雏鸟经巢内喂育 16~17d 离巢,进入巢外育雏阶段,离巢后的 5~6d 仍由亲鸟衔食喂给幼鸟。随着幼鸟飞翔能力增强,逐渐远离巢区,独立生活。育雏期间的食物为全部昆虫。据对 3 窝黑枕黄鹂的繁殖观察,共产卵 10 枚,孵出雏鸟 9 只,出壳率 90%。经过育雏后成功出巢的幼鸟 8 只,繁殖成功率 89%。

3　结论与讨论

通过 3 年研究发现,黑枕黄鹂的迁徙、种群密度、繁殖习性与史荣耀[3]等研究的差异较小。黑枕黄鹂是山西省重点保护野生动物之一,啄食大量的农林害虫,是重要的农林益鸟。但目前该鸟赖以生存栖息的村庄、河边、水库、路旁的杨、柳、榆等高大树木逐渐被砍伐,对黑枕黄鹂的栖息环境造成破坏,影响了其繁衍生息,应加强对黑枕黄鹂的宣传保护,特别应加强对其栖息地的保护。

参考文献

[1] 赵正阶.中国鸟类志,下卷:雀形目[M].长春:吉林科学技术出版社,2001.

[2] 庞秉璋.黑枕黄鹂[J].动物学杂志,1996(3):124~126.

[3] 史荣耀,邢明亮,郎彩勤.黑枕黄鹂繁殖生态的初步观察[J].四川动物,2005,24(1):56~58.

[4] 王拴柱,王建萍.山西芦芽山保护区大斑啄木鸟的生态观察[J].野生动物,2008,29(6):294~296.

[5] 李桂垣.黑枕黄鹂在我国的春季迁徙[J].动物学研究,1984,5(4):304~318,352.

[6] 刘多,高玮,王海涛,等.黑枕黄鹂繁殖习性的研究[J].东北师大学报:自然科学版,2003,35(3):53~50.

[7] 孙艾生.黄眉柳莺的繁殖习性[J].现代农业科学,2009(3):184~185.

黄眉柳莺的繁殖习性 [①]

孙艾生

（山西芦芽山国家级自然保护区，山西　宁武　036707）

　　黄眉柳莺 *Phylloscopus inornatus* 为小型鸟类，为中日候鸟保护协定中保护的鸟类，是我国常见的、数量较多的小型食虫鸟类，也是重要的森林益鸟。为了研究黄眉柳莺繁殖生态，保护生物多样性物种提供科学依据，2006~2008 年 4~10 月，我们对山西芦芽山自然保护区黄眉柳莺的繁殖习性进行了初步研究，现将结果报道如下。

1　研究区概况

　　芦芽山保护区位于山西省吕梁山脉北端，地处宁武、五寨、岢岚三县交界处。111°50′00″~112°05′E，38°35′40″~38°45′00″N，主峰芦芽山海拔 2772m。本区气候为大陆性季风气候，其特点是夏季炎热多雨，冬季寒冷干燥，盛行西北风，年均气温 4~5℃，1 月气温 −21~−15℃。7 月气温 15℃左右，年降水量 700~800mm，无霜期 90~100d，农作物主要为莜麦 *Avena chinensis*、豌豆 *Pisum sativum*、马铃薯 *Solanum tuberosum* 等。本区山峦重叠，沟谷交错，森林繁茂，灌木丛生，水资源丰富。主要树种有华北落叶松 *Larix principis-rupprechtii*、云杉 *Picea* spp.、油松 *Pinus tabuliformis*、白桦 *Betula platyphylla*、辽东栎 *Quercus wutaishanica* 等。灌木由沙棘 *Hippophae rhammoides*、黄刺玫 *Rosa xanthina*、忍冬 *Lonicera* spp.、三裂绣线菊 *Spiraea trilobata* 等组成。

2　研究方法

　　依据自然环境和黄眉柳莺的生态及生活习性，在芦芽山自然保护区海拔 1700~2450m 针叶林内收集该鸟的繁殖巢，借助望远镜进行定时定点的观察。3 年内的工作人员、工作方法一致。

①　本文原载于《现代农业科学》，2009，(3)：184~185.

3　研究结果

3.1　巢址选择

黄眉柳莺为夏候鸟,4月下旬至5月上旬迁来本区,9月上旬迁离本区。主要分布于海拔1700~2450m的森林环境,数量较多,为夏季鸟类中的优势种。

3年共收集黄眉柳莺的繁殖巢16个。巢营于海拔1700~1850m的3个、1850~1950m的7个、1950~2000m的3个、2000~2200m的2个和2200~2450m的1个。营巢生境为华北落叶松、杨、桦组成的针阔叶混交林和华北落叶松、云杉组成的针叶林林缘、林隙等阳光相对充足的地段,郁闭度较低。以巢址为中心10m×10m的样方内乔木平均株数6.9(4~18)株,树龄较小,平均胸径12.7m,平均高7.8m;以巢址为中心4m×4m样方内灌木主要有沙棘、绣线菊、虎榛子、悬钩子等,灌木密度中等,最高2.6(1.0~6.0)m,平均高1.5(1.0~4.5)m。营巢多集中于灌木基部和距地面4~5m的灌木,营巢坡向主要为偏东、南方向;坡度5°~12°(65.5%),12°~21°(22.2%),22°~30°(12.3%)。以巢址为中心4m×4m样方内不同层次的植被盖度见表1。

表1　巢址4m×4m样方内不同层次的植被盖度

植被层次(cm)	盖度(%)	变异系数(%)
0~10	92.8(70.0~100.0)	7.9
10~30	31.7(5.0~50.0)	42.2
30~50	24.6(50.0~70.0)	70.2
50~100	25.6(5.0~80.0)	61.9
100~200	21.7(0.0~70.0)	95.3
200~500	18.9(0.0~80.0)	121.1
750以上	9.4(0.0~50.0)	164.6

3.2　筑　巢

黄眉柳莺迁来后即开始占区、配对、营巢进行繁殖活动。巢营于地面小凹穴中,成囊状,侧面开1扁圆形巢孔。巢外层由禾草茎叶编成,外饰以苔藓、枯叶等物,和地面颜色基本一致,内层由细的禾草茎叶编成,个别巢有少许杨树黑色纤维和兽毛等。据对5个巢的测量,巢外径9.7(9.0~10)cm×8.4(8.0~9.0)cm,内径6.0cm×5.8(5.5~6.0)cm,巢高9.8(8.7~10.6)cm,巢孔3.7(3.5~3.9)cm×3.3(3.1~3.6)cm。巢孔方向和坡向一致,一般较为开阔。

3.3　产卵和孵化

最早见黄眉柳莺产卵的时间为5月29日(2006N09A号巢),日产卵1枚,卵粉白色,上布红褐色斑点,呈卵圆形或钝圆形,大小为13.44(12.45~14.66)mm×11.00(10.38~11.60)mm,

重 0.7g(n=20)。16 巢的窝卵数为 4 枚（10 巢）和 5 枚（6 巢），平均窝卵数 4.4 枚。孵卵由雌鸟承担，对 2007N14A 号巢 5 枚卵和 2007N15A 号巢 4 枚卵观察，孵化期均为 12d。

雌雄鸟均参与育雏活动，雏鸟出壳早期，雌鸟有暖窝抱雏行为。表 2 黄眉柳莺 2007N14A 号巢 5 只雏鸟生长发育资料。

表 2 黄眉柳莺雏鸟生长发育参数

日龄 (d)	体重 (g)	体长 (mm)	嘴峰 (mm)	翅长 (mm)	跗跖 (mm)	尾长 (mm)	特征
1	11.1 (1.0~1.5)	23 (22~24)	2.8 (2.5~3.0)	3.7 (3.4~3.9)	3.7 (3.0~3.9)	–	雏鸟刚出壳、双目紧闭，头具灰色绒毛
3	2.7 (2.0~3.0)	35 (30~38)	3.8 (3.5~4.0)	10.1 (9.2~11.0)	38.5 (8.2~9.1)	–	双目微睁，羽区明显，初能飞，羽长出皮肤 1~3mm
7	5.7 (5.3~6.0)	47 (43~54)	6.2 (6.1~6.6)	23 (22.0~24.0)	16 (16.0~17.0)	5 (4.0~5.0)	双目睁开，飞羽放缨，腰部黄色明显
9	7.4 (7.3~7.5)	57 (55~60)	7.7 (7.5~7.9)	28.3 (27.7~30.0)	16 (16.4~17.0)	6 (5.0~7.0)	羽毛基本覆盖体表
12	8.5 (8.3~8.8)	63 (61~66)	9.1 (9.0~9.2)	32 (31.0~33.0)	17.5 (17.1~18.0)	13 (12.0~14.0)	体羽丰满，触之即飞

观察表明：10 个巢 43 枚卵成功孵出雏鸟 39 只，孵化率为 90.7%；6 个巢 26 只雏鸟成功离巢 22 只，出巢率为 82.5%；16 个鸟巢孵化率、出巢率分别为 88.6%、91.2%。黄眉柳莺的繁殖习性，与刘焕金等报道的研究结果较为相似[1]。

参考文献

[1] 刘焕金. 黄眉柳莺的数量及繁殖生态[J]. 生物研究通报，1984，2(4):40~44.

山西芦芽山自然保护区
三道眉草鹀的繁殖生态^①

王建萍

（山西芦芽山国家级自然保护区，山西　宁武　036707）

三道眉草鹀 Emberiza cioides 在我国绝大部分地区均有分布，在芦芽山地区为留鸟[1]。2008~2009 年，我们在山西芦芽山自然保护区对该鸟的繁殖习性进行了观察，现将结果报道如下。

1　自然地理概况及方法

山西芦芽山国家级自然保护区位于吕梁山北端，地处宁武、五寨、岢岚三县交界，111°50′00″~112°05′30″E，38°35′40″~38°45′00″N。海拔 1346~2787m。乔木以云杉 Picea spp.，华北落叶松 Larix principis-rupprechtii、油松 Pinus tabuliformis 为主，灌木以沙棘 Hippophae rhamnoides、黄刺玫 Rosa xanthina、三裂绣线菊 Spiraea trilobata 为主。年均气温 4~7℃，年均降水量 500~600mm，无霜期 90~120d。森林覆盖度 31.6%[2]。

根据芦芽山保护区的植被情况及三道眉草鹀的栖息习性，选择西马坊海拔 1450~1500m 的低山灌丛和河流村庄带，梅洞海拔 1500~1800m 的油松和杨桦林疏林带，圪洞海拔 1900~2600m 的云杉、华北落叶松林带作为研究区。采取路线统计法，每年繁殖前的 3 月和繁殖后的 9 月，每月 5 日、15 日、25 日 8:00~10:00，行进速度 2km/h，左右视距各 50m，调查各样区遇见三道眉草鹀的个体数，最后取其平均值作为该月三道眉草鹀的种群数量。采用样地统计法，每年的 5~8 月，分别在 3 种植被类型样区内各选择调查面积 3hm²，于每月 5 日、15 日、25 日 15:00~19:00，记录三道眉草鹀的巢数，取最大值作为本月三道眉草鹀的营巢数。通过对一固定繁殖巢全天（6:00~18:30）的仔细观察，得到三道眉草鹀营巢、产卵、孵卵和育雏的信息[3]。

①　本文原载于《野生动物》，2010，31（4）：188~191.

2　研究结果

2.1　种群数量

三道眉草鹀种群数量见表1。由表1可知,三道眉草鹀在油松、杨、桦林疏林带的种群数量最高,繁殖前种群遇见率为3.7只/km;在云杉、华北落叶松林带最少,繁殖前种群遇见率为1.9只/km。繁殖前平均种群遇见率为2.9只/km,繁殖后为5.07只/km,繁殖后比繁殖前增长74.8%[4]。

表1　3月和9月不同植被环境下三道眉草鹀种群数量动态

海拔(m)	植被类型	统计路程(km)	遇见数(只)		遇见率(%)	
			3月	9月	3月	9月
1450~1500	低山灌丛和河流村庄	10	31	55	3.1	5.5
1500~1800	油松、杨、桦林疏林带	10	37	64	3.7	6.4
1800~2600	云杉—华北落叶松林带	10	19	33	1.9	3.3
总计		30	87	152	8.7	15.2
平均		10	29	50.7	2.9	5.07

2.2　营巢密度

三道眉草鹀的繁殖期较长,为4~7月,繁殖高峰为5~6月,未见年繁殖2窝的现象[1]。最早4月中旬开始配对,最晚7月初产卵。3个样区内三道眉草鹀巢密度见表2。

表2　不同植被带类型三道眉草鹀营巢密度

海拔(m)	植被类型	样地面积(hm²)	鸟巢数	平均鸟巢(个/hm²)
1450~1500	低山灌丛和河流村庄	3	8	2.7
1500~1800	油松、杨、桦林疏林带	3	6	2.0
1800~2600	云杉—华北落叶松林带	3	3	1.0

由表2可知,三道眉草鹀巢在低山灌丛和河流村庄带密度最高,达2.7个/hm²;其次是油松、杨、桦疏林带,为2.0个/hm²;巢密度最小的是云杉、华北落叶松林带,为1.0个/hm²。由此可知,三道眉草鹀繁殖期间较喜欢温暖、向阳、植被较少、较矮的低山地区。

2.3　繁　殖

2.3.1　求　偶

三道眉草鹀雌雄鸟配对多在营巢前大约4~5d进行。开始雄鸟鸣声明显增加,鸣声婉转动听,多为"zidiu-zidiu,jiu-jiu-ge",并且活动频繁,在灌丛间上急下窜非常活泼,发现雌鸟立即尾追,雌鸟同时发出"diu-diu-diu"的清脆叫声。经过雄鸟嬉戏追逐后,雌雄鸟相随不离,结成配偶,配对后1~2d,雌雄鸟共同选择巢区,确立巢位。雌雄鸟活动多在巢区附近,偶尔也远离巢区。

2.3.2　交　尾

雌雄鸟交尾多在配对后1~2d,多在6:00~7:00进行。交尾前雌雄鸟一起短飞鸣叫数次,一般飞到树枝或灌丛较为隐蔽的地方,偶尔也飞到裸石上。雄鸟迅速追雌鸟到两翼低垂,伸颈低头时,跳跃到雌鸟背部,煽动双翼,尾羽下斜,紧贴于雌鸟尾基部,泄殖腔口相对,完成交尾。交尾时间一般为4~5s。

2.3.3　营　巢

三道眉草鹀营巢在选择好巢位后2~3d进行。共发现繁殖巢9个(2008年3个,2009年6个),其中营建于绣线菊枝杈4个,蒿丛1个,山杏枝杈1个,林缘小油松枝杈2个,路边沙棘灌丛1个。巢距地面高0.5~1.5m。三道眉草鹀营巢最早在4月16日。据2009年对4号巢的筑巢观察发现,营巢任务主要由雌鸟完成,巢材取自周围500m以内,主要为枯草茎、茅草细叶、兽毛、鸟羽、苔藓等。巢呈碗状,做工精细紧密,营巢期6d。据对9个巢的测量,巢平均重30.4(29.8~35.5)g(为了不影响其繁殖,只对2009年4号、5号和6号巢进行了称重),外径平均12.5(10.9~13.3)cm×12.0(10.5~13.0)cm,内径平均8.3(7.5~8.8)cm×7.9(7.0~8.5)cm,巢高平均9.3(8.7~9.6)cm,巢深平均5.7(5.5~6.4)cm。经过对4号巢的营巢观察发现,营巢过程中随着天数的增加,雌雄鸟衔材次数逐日减少,衔材距离越来越远。这可能与巢的做工一天比一天精细有关。

2.3.4　产　卵

巢筑好后,1~2d开始产卵,日产1枚,窝卵数3~5枚,产卵多在6:00~7:30。卵呈椭圆形,白色,有褐色斑点,钝端斑点较多。据38枚卵的测量,卵平均重2.2(2.0~2.4)g,长径×短径20.0(19.8~20.2)mm×15.3(14.9~15.5)mm。

2.3.5　孵　卵

产卵后的第2天,由雌鸟开始孵卵,雄鸟担任保卫工作。孵卵期12~13d。2009年对4号巢孵卵情况进行观察,结果见表3。

表3　三道眉草鹀孵卵情况

巢号	孵卵日期	孵化时间(min)	离巢晾卵时间(min)	离巢次数	每次离巢时间(min)
4	1	477	260	24	5~30
	3	564	180	21	5~20
	5	601	106	17	5~20
	7	624	90	13	3~15
	9	636	63	9	3~10
	11	650	28	3	1~5

由表3可知,随着孵卵天数的增加,雌鸟全天坐巢时间增加,离巢时间缩短。对第4、5、6、8、9号巢中22枚卵在孵化过程中每隔2d称量卵的重量变化可知,三道眉草鹀孵卵

过程中,前 1~9 天卵重量减幅较大,每枚卵平均减轻 0.1g/d;第 9~11 天稍有减轻,每枚卵平均减轻 0.03g/d;第 11 天以后,卵重量基本不再减轻,卵的重量保持在 1.4g 左右。孵化 12~13d 后,共有 19 只雏鸟出壳,孵化率为 86%。刚出壳的雏鸟头大颈细,双目紧闭,嘴角乳黄色,全身赤裸无羽,身体呈粉红色,腹部如球,不能站立,只发出"ji-ji"的叫声,雏鸟出壳后,残碎的卵壳由亲鸟衔出巢外。

3　育雏与幼雏生长

3.1　育　雏

雏鸟出壳的当天,亲鸟并不立即离巢衔食喂雏,而是继续抱雏保温。第 2 天,雌雄共同衔食喂雏。第 4 号巢 5 只雏鸟,2~12 日龄的育雏行为结果见表 4。由表 4 可知,随着日龄的增长,雏鸟全日进食次数增多;到 8 日龄,喂食次数骤然减少;到 10 日龄雏鸟体态丰满,接近成鸟,基本具有飞翔能力时,喂食次数再次大幅减少;到 12 日龄,幼鸟即将出巢时,喂食次数达到最低水平,幼鸟在巢中基本不再排泄。

表 4　2~12 日龄雏鸟喂食情况

巢号	雏鸟数	日龄	喂食次数	每日雏鸟平均得食次数	亲鸟清除雏鸟粪便次数	平均雏鸟每日排泄次数
4	5	2	153	30.6	37	7.4
		3	198	39.6	43	8.6
		4	206	41.2	52	10.4
		5	245	49.0	59	11.8
		6	289	57.8	66	13.2
		7	292	58.4	71	14.2
		8	239	47.8	51	10.2
		9	101	20.2	16	3.2
		10	27	5.4	7	1.4
		11	13	2.6	2	0.4
		12	5	1	0	0

3.2　雏鸟生长

据对 19 只幼雏的生长发育过程观察发现,有 2 只幼雏未成活,其余幼雏经巢内喂育 12~13d 后全部离巢,雏鸟成活率为 89.5%。对第 4 号巢 5 只雏鸟 1~11 日龄各器官生长发育及形态特征进行了观察,结果见表 5。

表5　雏鸟各器官生长发育动态

日龄	体重(g)	体长(mm)	嘴峰(mm)	跗跖(mm)	翼长(mm)	尾长(mm)	体态特征
1	1.34 (1.2~1.5)	26.02 (24.1~27.4)	2.56 (25.0~26.0)	6.88 (6.84~7.10)	–	–	头大颈细,双目紧闭,腹部如球,全身赤裸无羽,嘴角乳黄
3	2.66 (2.4~2.9)	33.64 (30.5~35.6)	3.33 (3.17~346)	8.27 (8.01~8.48)	–	3.4 (3.0~3.9)	头顶、背部有灰黑色绒羽,翅上、尾部有灰黑色羽基
5	2.66 (2.4~2.9)	47.64 (43.3~51.0)	4.20 (4.01~4.30)	11.42 (10.1~12.6)	17.28 (16.9~17.8)	8.3 (7.0~8.9)	头顶、背部、翅有灰黑色绒毛,长出尾羽,眼未睁开
7	3.54 (3.2~3.9)	57.28 (54.2~58.9)	5.00 (4.88~5.20)	13.5 (12.2~14.6)	23.96 (22.6~25.1)	12.34 (12.0~12.9)	全身绒毛开始变灰褐色,出现花斑,尾羽增长,飞羽增多
9	5.48 (5.0~5.9)	62.5 (60.8~63.5)	6.26 (5.88~6.56)	15.04 (14.4~16.1)	28.88 (27.0~30.0)	17.98 (17.5~18.4)	全身绒毛开始变灰褐色,出现花斑,尾羽增长,飞羽增多
11	6.62 (6.2~6.7)	69.54 (66.8~71.2)	7.22 (7.00~7.40)	16.42 (16.0~17.0)	33.96 (33.7~32.2)	26.72 (24.2~27.9)	全身绒毛开始变灰褐色,出现花斑,尾羽增长,飞羽增多
13	7.66 (7.2~8.1)	78.44 (76.0~86.00)	8.4 (8.10~9.00)	17.5 (17.0~18.0)	41.48 (40.0~42.9)	33.04 (30.3~35.0)	金身羽毛已长全,羽色接近成鸟羽毛似成鸟,但羽色较淡

　　通过仔细观察并对幼鸟进行扎颈法(n=22)分析,雏鸟5日龄前,食物大部分为松毛虫、步行虫、蛾类、蚂蚁等幼虫。随着日龄的增大,除上述食物外,还有少数松子、草籽、浆果(如沙棘果)类等植物,可见该鸟为农林益鸟,应加强保护[4]。

　　亲鸟完成巢内育雏后,带领幼鸟离巢。刚离巢的幼鸟生活不能自理,只在巢区生活,大约需亲鸟在巢外喂食7~8d后,幼鸟由近到远,逐步离开巢区,独立生活。

4　结　论

　　本研究发现,三道眉草鹀繁殖时间较长白山三道眉草鹀繁殖时间略早,巢的大小较长白山的繁殖巢略大,卵的大小相差较小,这可能与本区平均气温较长白山平均气温较高有关。三道眉草鹀在全国分布范围较大,食物以昆虫和草籽为主,对农林生产有益。但随着近年来环境和气候因素影响,在本地区该鸟的种群数量呈下降趋势,应加强和保护[5]。

参考文献

[1] 赵正阶.中国鸟类志,下卷[M].长春:科学技术出版社,2001.

［2］郭建荣,王建萍,吴丽荣,等.山西芦芽山自然保护区灰头鹀的繁殖记述［J］.四川动物,2002,21(2):
98.

［3］王建萍,郭建荣,吴丽荣,等.山西芦芽山自然保护区鹪鹩繁殖生态观察［J］.野生动物,2005,26(3):
53~56.

［4］吴丽荣,王建萍,宫素龙.山西芦芽山自然保护区山麻雀的生态资料［J］.四川动物,2004,23(2):
129~131.

［5］王建萍.山西芦芽山保护区黑枕黄鹂繁殖习性［J］.现代农业科技,2009,19:307~308.

山西芦芽山自然保护区星鸦的繁殖生态[①]

王建萍

(山西芦芽山国家级自然保护区,山西　宁武　036707)

星鸦 *Nucifraga caryocatactes* 是芦芽山自然保护区的常见留鸟,生活在针叶林或针阔混交林地带,对消灭林业害虫和森林更新有一定的意义。2007~2009 年我们对芦芽山自然保护区星鸦的繁殖生态进行了研究,目的在于为合理保护和利用鸟类资源,维护生态环境提供科学依据[1]。

1　研究地点

山西芦芽山自然保护区位于山西省吕梁山脉北端,地处山西省宁武、五寨、岢岚三县的交界,是三晋母亲河——汾河的源头地区。保护区总面积 21453hm²。最高海拔 2787m,最低海拔 1346m。该区为暖温带季风型大陆性气候,年均气温 4~7℃,年降水量 500~600mm,无霜期 90~120d。森林群落由云杉 *Picea* spp.、华北落叶松 *Larix principis-rupprechtii*、油松 *Pinus tabuliformis*、白桦 *Betula platyphylla*、辽东栎 *Quercus wutaishanica* 等组成。灌木主要有沙棘 *Hippophae rhamnoides*、黄刺玫 *Rosa xanthina*、忍冬 *Lonucers chrysantha*、三裂绣线菊 *Spiraea trilobata* 等。农作物主要有莜麦 *Avena chinensis*、豌豆 *Pisum satirum*、马铃薯 *Solanum tuberosum* 等[2]。

2　研究方法

依据星鸦的栖息生境和分布,按照自然生境,选定海拔 1400~1500m 西马坊红沙地荒坡灌草农耕带,海拔 1500~1600m 车道沟圪梁油松疏林灌丛带,海拔 1550~1700m 油松林针叶林带,海拔 1600~1900m 梅洞进石洼油松与辽东栎、杨、桦针阔混交林带,海拔 1800~2100m 枪杆沟道岔子华北落叶松针叶林带,海拔 2100~2500m 干沟滩臭柳沟华北落叶松与云杉针叶混交林带等 6 个样线。每条样线长 2000m,宽 100m。调查人员分成 6 组,每组 2 人调查 1 条样线,采用常规路线数量统计法,以 2km/h 速度行进,左右视距各 50m。

---

①　本文原载于《野生动物》,2010,31(5):259~261.

每年 3 月和 8 月,每日 8:00~10:00 统计各样线该鸟出现的数量,取每月平均值,以种群遇见率(只 /km)反映其繁殖前后各生境类型内的种群密度。每年繁殖季节在上述样带内寻找其繁殖巢,借助望远镜等观察工具对其繁殖习性进行了观察,并于每年采集若干成鸟和幼鸟标本对其进行食性分析。3 年的调查路线、工作人员、工作方法一致[3]。

3 结果与分析

3.1 生境及分布

星鸦活动大多在油松林带和云杉、华北落叶松林带高大乔木树冠层,很少到地面或树干活动,且多是单独活动。繁殖季节在云杉、华北落叶松针阔混交林和针叶林深处的悬崖峭壁见有 2~3 只活动的,常听到其 "gar-gar-gar" 的鸣叫声。油松疏林灌丛带很少见,仅在繁殖后的 8~9 月和冬季在海拔 1500~1600m 的油松疏林灌丛带偶尔可见,荒坡灌草农耕带未发现该鸟活动。

3.2 种群数量密度

星鸦种群数量动态调查结果见表 1。由表 1 可知,星鸦在华北落叶松、云杉针叶混交林带及油松针叶林带的数量最高,繁殖前的 3 月 0.48 只 /km、0.36 只 /km,繁殖后的 8 月为 0.88 只 /km、0.55 只 /km。繁殖前的 3 月种群平均密度为 0.25 只 /km,繁殖后的 8 月种群平均密度为 0.43 只 /km,繁殖后比繁殖前增加 0.18 只 /km[4]。

表 1　星鸦繁殖前与繁殖后不同海拔生境的种群密度

时间	生境	海拔(m)	统计时数(h)	统计距离(km)	遇见数(只)	遇见率(只 /km)
繁殖前 3 月	荒坡灌草带	1400~1500	180	360	0	0
	农耕和村庄带	1300~1500	180	360	47	0.130
	低山杨树林	1400~1600	180	360	130	0.36
	油松针叶林带	1600~1800	180	360	108	0.3
	油松、辽东栎、山杨混交林	1800~2100	180	360	90	0.25
	华北落叶松、云杉针叶纯林和混交林带	2100~2500	180	360	173	0.48
	平均	1300~2500	180	360	90	0.25
繁殖后 8 月	荒坡灌草带	1400~1500	180	360	0	0
	农耕和村庄带	1300~1500	180	360	65	0.18
	低山杨树林	1400~1600	180	360	198	0.55
	油松针叶林带	1600~1800	180	360	187	0.52
	油松、辽东栎、山杨混交林	1800~2100	180	360	155	0.43
	华北落叶松、云杉针叶纯林和混交林带	2100~2500	180	360	317	0.88
	平均	1300~2500	180	360	155	0.43

3.3　繁　殖

4~7月为星鸦繁殖期。4月开始求偶、配对、占巢、营巢开始繁殖活动[1]。

3.3.1　巢　期

最早于2008年4月19日在枪杆沟华北落叶松林发现星鸦营巢活动,将此巢定为01号巢。3年来共观察星鸦的繁殖巢5个,其中华北落叶松树冠有2个,分别距地面9.1m(01号巢)和12m(04号巢);油松树冠1个,距地面6.5m(02号巢),云杉树冠2个,分别距地面8.4m(03号巢)、13m(05号巢)。营巢期为6~8d,雌雄鸟共同筑巢。巢多用华北落叶松、忍冬等枯枝,菊科等枯草,薹草等根,以及松针、地衣、苔藓等组成。巢呈碗状,外径为21.6(19.4~22.5)cm,内径为16.3(15.5~17.4)cm,巢深8.6(7.3~9.5)cm,巢高为17.8(17.2~19.0)cm。

3.3.2　产卵及孵化

星鸦筑好巢的翌日即开始产卵,日产1枚,多在6:00~7:30产出。卵淡绿色,具暗黄色斑点。据对16枚卵的测定,卵重9.0(8.3~9.7)g,长径37(36.6~39.5)mm,短径24.3(23.8~25.0)mm。雌雄鸟共同承担孵化,孵化期17~18d。雏鸟晚成性,孵出后在巢内育雏18~19d后,雏鸟离巢独立生活(表2)

表2　星鸦的繁殖参数

年份	窝数	营巢期(d)	产卵日期	窝卵数(枚)	共计卵数(枚)	孵卵数(d)	未受精卵(枚)	孵化率(%)	巢内育雏(d)	离巢幼鸟(只)	离巢率(%)
2007	1	6	4月28日	4	4	17	1	75	18	3	100、100
2008	2	7	4月19、5月6日	4、5、	9	17、17	0、1	88.9	19、18	4、4	100、80
2009	2	17	5月9、5月17日	3、4	7	17、18	0、0	85.7	19、19	3、4	100、100
平均	1.67	6~7	–	4	4	–	0.4	83.2	–	3.6	96

从表2可看出,星鸦产卵期为4月19~5月17日,每年繁殖1次,平均孵化率为83.2%,巢外育雏9~10d,平均离巢率96%。由于星鸦在繁殖期行动十分隐蔽,加之林木郁闭度大,林下草木繁茂,观察十分困难,其中2窝(03号、05号)幼鸟的巢外育雏没有观察到。星鸦巢外育雏在距巢100~200m的树冠间练飞,偶尔也到地面上来做短飞或觅食活动。食物来源主要依靠亲鸟从远处衔喂,未发现天敌。

3.3.3　育　雏

刚出壳的雏鸟全身赤裸无羽,头大颈细,双目紧闭,腹部如球。繁殖期76.7%的食物为昆虫。01号巢雏鸟平均体重6.9(6.0~23.3)g,体长48(44~51)mm,嘴峰7(6~8)mm,跗跖长16(17~18)mm;10日龄雏鸟体重77(71~83)g,体长136(129~137)mm,翼长66(61~69)mm,嘴峰14(13~15)mm,跗跖27(25~29)mm,尾长11(9~12)mm;18日龄幼鸟体重为130(120~140)g,体长210(200~220)mm,翼长106(98~110)mm,嘴峰23(21~24)mm,跗跖42(38~44)mm,尾长55(51~56)mm(表2)。

3.4　食物组成

通过对 04、05 号巢 7 只雏鸟（10 日龄）采取扎颈法进行食物分析，星鸦食物组成结果见表 3。由表 3 可知，星鸦在繁殖期 76.7% 的食物为昆虫，23.3% 的食物为植物。植物性食物中以果实、种子为多，有利于植物的繁殖。

表 3　星鸦的食物组成

食物组成	食物种名	啄食部位					占总食物的比例（%）	百分比（%）
		叶	花	果实	种子	扎颈法		
植物性食物	油松				有	0	0	23.3
	落叶松				有	3	5.4	
	刺梨			有	有	0	0	
	山里红	有	有	有	有	1	1.8	
	野山楂			有	有	2	3.6	
	广布野豌豆	有	有	有	有	1	1.8	
	沙棘			有		4	7.1	
	其他植物				有	2	3.6	
动物性食物	尺蠖			成、幼虫		5	8.9	76.7
	天牛			成、幼虫		5	8.9	
	胡峰			成、幼虫		3	5.4	
	蚂蚁			成、幼虫、卵		5	8.9	
	象甲			成、幼虫		3	5.4	
	绿头蝇			成、幼虫		2	3.6	
	牛虻			成、幼虫		3	5.4	
	蚊子			成虫		5	8.9	
	金龟子			成、幼虫		4	7.1	
	蚂蚱			成、幼虫		1	1.8	
	蝼蛄			成、幼虫		2	3.6	
	蟑螂			成、幼虫		2	3.6	
	其他甲虫					3	5.4	
合计						56	100.00	

4　讨　论

星鸦在我国分布较广，数量较多。从食性分析看，大部分为昆虫，对农林生产有很大益处，应加强宣传保护。本研究表明星鸦繁殖期较赵正阶[1]报道的长，巢距地面高度、卵的大小、窝卵数、孵化期等测量值均较赵正阶报道的略大,这可能与气温、生境等因子有关。由于星鸦繁殖生境的特殊性(高层树冠),加之其繁殖期警惕性极高,很难找到更多的繁殖巢,且巢内育雏的过程也难以观察到,有待进一步深入研究。

参考文献

［1］赵正阶.中国鸟类志,下卷［M］.长春:吉林科学技术出版社,2001.

［2］吴丽荣,王建萍,宫素龙.山西芦芽山自然保护区松鸦的繁殖生态［J］.四川动物,2003,22(3):168~170.

［3］王拴柱,王建萍.山西芦芽山保护区大斑啄木鸟的生态观察［J］.野生动物,2008,29(6):294~296.

［4］王建萍,郭建荣,吴丽荣,等.山西芦芽山自然保护区鹪鹩繁殖生态观察［J］.野生动物,2005,26(3):53~56.

［5］吴丽荣,王建萍,宫素龙.山西芦芽山自然保护区山麻雀的生态观察［J］.四川动物,2004,23(2):129~130.

释放大唼蜡甲控制红脂大小蠹技术效果评价[①]

赵建兴[1,2,3] 　杨忠岐[1,2] 　李广武[1,2] 　魏建荣[1,2] 　郭建荣[4]

(1. 中国林业科学院　森林生态与保护研究所,北京　100091;
2. 国家林业局森林保护学重点实验室,北京　100091;
3. 内蒙古大学　农学院,内蒙古　呼和浩特　010019;
4. 山西芦芽山国家级自然保护区,山西　宁武　036707)

　　油松 *Pinus tabuliformis* 是我国的重要绿化和经济树种,占我国针叶树种的第 2 位,主要分布于 31°~43°N,103°~105°E,包括 12 个省(自治区、直辖市),其中陕西和山西面积最大[1]。1998 年以来山西省部分地区油松林开始发现红脂大小蠹,严重危害油松干部和根部,造成树木长势衰弱甚至死亡,随后又在河南、河北、陕西部分地区发现该虫。1999 年底,各地发生面积 52 万 hm²,死亡的油松 600 万株[2]。近年来,国家林业局及各地林业部门投入了大量人力和物力,采取了一些措施来控制红脂大小蠹的危害和扩散,取得了一定效果,其中药物熏杀和成虫引诱剂的使用起到了及时扑杀、压制种群的积极作用[3,4]。但这些措施大都费工费时或者成本较高,同时在害虫低密度下,不同发育期其作用受到一定限制,迫切需要长期的、环境友好的措施与其他措施综合运用,才能实现长期控制红脂大小蠹的目标。引进和释放对小蠹虫食量大、适应性强的专食性天敌昆虫是符合现代先进的害虫控制理论生物防治的重要内容。

　　最早的天敌利用记载是 19~20 世纪之交的比利时,而最早认识到大唼蜡甲可以作为对云杉大小蠹生防措施的潜在可能则是 20 世纪 60 代早期的格鲁吉亚[5]。国外应用大唼蜡甲防治云杉大小蠹的成功实践从 1978 年由比利时、法国和 1983 年英国开始进行,在随后的几年里连续释放获得了成功,并且实现了林间长期控制云杉大小蠹的目标[6-10]。

　　能否适应我国红脂大小蠹发生区的环境,在我国林地红脂大小蠹种群间有效地定殖,是成功引进大唼蜡甲作为防治红脂大小蠹的有效生防措施的关键。本课题组在查阅了大量有关文献和实验室成功饲养基础上,分别选择山西省 3 个发生红脂大小蠹的地区进行大唼蜡甲大量释放,并且对天敌控制红脂大小蠹的危害效果进行了连续监测。

① 　本文原载于《现代农业科技》,2010,(3):161~163.

1　材料与方法

1.1　试验材料

按照红脂大小蠹主要发生区——山西南部、中部、北部设立试验点,选择太岳山林局灵空山林场、关帝山林局白虎岭林场、管涔林局芦芽山自然保护区等 3 个释放点,各点选择红脂大小蠹发生较重的油松林约 5000m²,并且隔 5km 以上设同等立地条件和害虫发生程度地块各 1 块作为对照。各点基本自然状况见表 1。大唼蜡甲虫源于 2002 年引自比利时布鲁塞尔自由大学,经中国林科院森林生态环境与保护研究所天敌昆虫室室内繁殖获得。

表 1　试验点基本情况

地点	纬度	海拔(m)	年降水量(mm)	年均温(℃)	1 月均温(℃)
灵空山	36°31′~36°43′	1583~1674	600~650	8	−5~5
白虎岭	37°24′~37°30′	1590~1613	520	4~5	
芦芽山	38°35′~38°45′	1612~1678	500~600	−4	−21~−15

1.2　试验方法

1.2.1　大唼蜡甲释放

2003 年 6 月 29 日至 7 月 3 日,释放前首先调查各试验地,对有当年新侵入坑道的油松记载并标记、GPS 定位;以成虫 10♀+4♂(当时试验材料的实际情况)和 14 头成虫 +10 头幼虫 2 个处理,放在有当年新侵入坑道的油松基部和坑道口。释放幼虫用软毛笔将天敌幼虫送入害虫坑道。每点处理 42 株,释放 500 头成虫和 100 头幼虫。大量释放时,首先调查受害率和每株平均受害坑道数量,以每坑道释放 5~10 对成虫于受害株下,用板斧打开红脂大小蠹部分坑道以帮助天敌尽快进入坑道。

1.2.2　大唼蜡甲释放效果评价方法

天敌释放后 68~74d,剖查所有标记坑道,记载其中害虫、天敌数量,害虫、天敌的虫态,计算新侵入坑道有虫株率、有大唼蜡甲株率;同时剖查对照地油松,采集同样的数据进行比较。在各释放点,选择与释放时间一致的季节,连续年份在各释放点调查有红脂大小蠹新侵入孔的比例、坑道中有虫比例,进行对照区和释放区红脂大小蠹为害率比较。

1.2.3　数据处理方法

用 SPSS10.0 统计软件进行处理区和对照区各平均数的比较和分析。

2　结果与分析

2.1　天敌释放当年释放区和对照区害虫存活情况

在各点释放后的 68~74d,分别对标记树的坑道进行剖查,灵空山、白虎岭、芦芽山试验点分别剖查 40、45、30 株油松上的所有坑道。另外对各点的对照地也进行了 60~100 株的坑道剖查,以坑道中有红脂大小蠹株率进行释放区和对照区比较(表2)。

表2　释放区和对照区当年受害坑道中有红脂大小蠹株率比较

处理	有虫株率(%)				t	P
	灵空山	白虎岭	芦芽山	平均		
释放区	20.0	42.2	30.	30.67	–6.4	<0.05
对照区	28.6	51.2	44.4	41.33		

从表2可以看出,3个试验区油松当年受害坑道中,释放区有红脂大小蠹的株率比对照区低,平均相差约10%,且差异显著(P<0.05)。这表明大唼蜡甲能显著减少红脂大小蠹为害率和害虫在坑道中的数量。另外,3个释放区之间新侵坑道中受害株率有一定差异,反映了各地害虫发生程度和发育期不一致。

2.2　大唼蜡甲的定殖

2.2.1　释放时害虫虫态与天敌定殖

释放天敌时,首先剖查部分坑道,明确各点害虫的主要虫态。灵空山林场油松受害坑道中,害虫虫态为成虫和卵期;白虎岭和芦芽山释放点坑道中,害虫主要虫态为幼虫期。释放大唼蜡甲 68~74d 后的坑道剖查中,灵空山释放点发现 1 株坑道中有大唼蜡甲成虫 1头,白虎岭释放点 2 株坑道中分别发现 2 头成虫和 3 头幼虫,芦芽山释放点发现 3 头幼虫,平均约占调查坑道中有害虫株数的 11.4%(表3)。以上结果表明,释放时害虫虫态为卵和幼虫时,大唼蜡甲都可以取食和定殖;而白虎岭和芦芽山释放点发现的天敌数量多于灵空山点,显示释放时害虫发育期是幼虫期更加适合天敌定殖,这与英国和法国的实例相似。

表3　处理区大唼蜡甲定殖情况

试验点	有当年坑道株数	有天敌株数	坑道有害虫株数	天敌株/害虫株(%)
灵空山	40	1	8	12.5
白虎岭	45	2	19	10.5
芦芽山	30	1	9	11.1
平均	–	–	–	11.4

2.2.2　天敌定殖及发育

当年对天敌防治效果检查时,白虎岭和芦芽山释放点的坑道剖查中都发现了天敌幼虫,认为虽然在这两地当时都释放了幼虫,但是根据国外资料和室内饲养的情况,大唼蜡甲幼虫期一般为 35~40d,所以此时发现的幼虫不可能是当时释放的幼虫,应该是释放的成虫在以后繁殖的,表明天敌成虫在林间可以正常发育繁殖。而在白虎岭和灵空山释放点发现的天敌成虫,既可能是原来释放的成虫,也可能是释放的幼虫发育而来。

2.2.3　大唼蜡甲 2 种释放方法效果比较

由于在 2003 年释放当年找到的天敌较少,难以对成虫释放与成虫和幼虫混放 2 种方法的效果做统计分析。但从调查数据看,找到天敌成虫和幼虫的寄主树都处在当时的天敌成虫和幼虫混合释放区,说明天敌的成虫和幼虫混合释放比单放成虫更易定殖成功,因为这增加了天敌适应猎物不同虫态和不同环境条件的可能。

2.3 大唼蜡甲林间大量释放和持续控制红脂大小蠹种群的效果

2.3.1 红脂大小蠹在天敌释放区的种群变化

2004 年在 4 个红脂大小蠹发生省份的多个地区进行了大面积释放天敌防治红脂大小蠹,历时 3 个月,共释放大唼蜡甲 42566 头,随后的连续观察显示,取得了良好的防治效果(表 4)。山西省安泽县良马林场、关帝山白虎岭林场和三道川林场、管涔山接官厅林场和芦芽山自然保护区作为固定监测点,同时在山西、河北、河南和山西部分地区的 21 个点作为踏查林地,监测不同年份红脂大小蠹的发生和大唼蜡甲的定居、控制效果。

表 4　2004 年 3 个固定观测点 10 个坑道中红脂大小蠹的数量

地点	老成虫	卵	幼虫	蛹	新成虫	合计
小干沟(桩)	13	130	0	0	0	143
花豹沟	11	180	47	0	0	238
对久沟	11	250	110	0	0	371
合计	35	560	157	0	0	752

2.3.2 释放天敌的定殖和防治效果的连续监测

2005 年对 2002 年、2003 年和 2004 年释放的大唼蜡甲在野外定殖和种群建立情况进行了调查,从春季到秋末对 4 省 17 点次,利用大唼蜡甲专用诱捕器和林间剖查坑道的 2 种方法进行检查。在 4 个地点找到了大唼蜡甲,分别为安泽县良马林场、白虎岭林场、接官亭林场和芦芽山自然保护区。结果表明,大唼蜡甲在山西南部、中部和北部红脂大小蠹发生区都可以顺利越冬且可以正常发育。特别是在芦芽山,2003 年 7 月释放天敌后,间隔 2 年后仍然查到了大唼蜡甲成虫,表明该天敌已经很好地生存下来,可以认为它们已经正常地产生了后代。由表 5 可知,2005 年大唼蜡甲各释放点的红脂大小蠹为害率比 2004 年平均减少了约 14.8%,除了其他因素的影响外,天敌也发挥了重要作用(对照区平均减少了约 7%)。

表 5　大唼蜡甲各释放点 2004 年和 2005 年红脂大小蠹发生情况

监测点	2004 年		2005 年	
	检查日期	受害率(%)	检查日期	受害率(%)
鹿跳沟	7 月 2 日	10.0	7 月 23 日	6.00
对久沟	6 月 29 日	25.6	9 月 4 日	6.70
外沟口	7 月 1 日	25.0	9 月 8 日	3.60
东方红	7 月 2 日	10.9	7 月 22 日	0
花豹沟(火灾点)	7 月 2 日	20.0	7 月 22 日	20.0
对久沟	6 月 29 日	25.6	7 月 20 日	4.70

续表

监测点	2004 年		2005 年	
	检查日期	受害率(%)	检查日期	受害率(%)
拐岭底	8 月 14 日	17.0	7 月 21 日	4.00
水石坡	8 月 14 日	22.0	9 月 5 日	2.40
小干沟	7 月 1 日	52.6	9 月 8 日	5.08
雷寺庄	7 月 18 日	2.5	7 月 25 日	0
活水乡	7 月 31 日	4.8	9 月 19 日	1.00

3 结论与讨论

林间释放天敌试验表明,在山西 3 个红脂大小蠹要发生区,大唼蜡甲都可以在当地定殖,并且可以有效控制红脂大小蠹的种群。释放大唼蜡甲防治红脂大小蠹采用"接种法"是可行的。释放数量以综合林地受害率及平均受害坑道考虑,以每坑道释放 5~10 对成虫为宜。天敌被释放的时间要选择红脂大小蠹的卵期和幼虫期,特别是幼虫期更适合大唼蜡甲在当地的定殖。

小规模天敌释放试验取得了平均约 11.4% 的定殖效果,这低于比利时、法国、英国首次应用大唼蜡甲林间防治云杉对红脂大小蠹大小蠹的定殖率[1]。但是应用大唼蜡甲林间防治红脂大小蠹的实践在国内外尚属首次,在此之前天敌与该害虫还没有建立起自然的营养关系;另外大唼蜡甲第 1 次进入我国,还需要进一步适应,这有别于该天敌在欧洲已经有 100 多年自然分布的历史。因此,有必要连续几年、多批次释放,以实现大唼蜡甲在我国的完全定殖。

由于天敌数量的原因,没有实施"淹没法"释放,采用的是"接种法",设置了释放成虫和成虫与幼虫混放 2 个处理,还不能完全确定防治效果是成虫还是幼虫起主要作用;另外"接种法"释放不同数量天敌的效果如何也有待于今后进一步的试验,如果取得良好效果将会大大提高人工释放天敌的效率。

引进外来有效天敌控制外来入侵害虫是害虫生物防治的经典理论和科学实践。比利时、英国、法国和土耳其从 20 世纪 80 年代以来引进大唼蜡甲防治云杉大小蠹取得了极大的成功[6,7,11,12],在这些国家由于大唼蜡甲的作用,使得云杉大小蠹[8]被控制在很低水平,已经完全不再使用药剂防治。迄今为止,利用大唼蜡甲控制红脂大小蠹已经得到了林间的验证,但对于天敌的使用还有很多重要的工作需要进一步深入研究和应用,其中进一步提高天敌的生产量并且保证天敌的生产质量,提高天敌的保藏和种群复壮技术,各地最佳释放时间的确定,天敌林间效果的持续评价等都是当务之急。

天敌释放后的效果评价比较困难,特别是对于隐蔽环境下的害虫种群的影响尤其如此,这是因为人们对于生物防治认识还处于认识的初级阶段,常常只从显效的迅速程度和害虫种群下降的程度与化学农药比较;同时,对这类害虫的评价还缺乏足够科学和有效的方法和指标,操作起来也比较困难。今后的研究中有必要对各类害虫、不同类型的天敌昆虫(如寄生性捕食性)的相互作用效果的评价指标要分别对待,提出能反映其真实生态效应的科学指标,使生物防治的作用更容易令公众信服和接受。

参考文献

[1] 郭泉水,徐德应,阎洪.气候变化对油松地理分布影响的研究[J].林业科技,1995(5):394~401.

[2] 李计顺,常国彬,宋玉双,等.实施工程治理 控制红脂大小蠹虫灾——对红脂大小蠹暴发成因及治理对策的探讨[J].中国森林病虫,2001,20(4):41~44.

[3] 常宝山,刘随存,赵小梅,等.红脂大小蠹发生规律研究[J].山西林业科技,2001(4):1~4.

[4] 宋玉双,杨安龙,何嫩江.森林有害生物红脂大小蠹的危险性分析[J].森林病虫通讯,2000(6):34~37.

[5] Kobakhidze D N. Some results and prospects of the utilization of beneficial entomophagous insects in the control of insects pests in Georgian SSR(USSR)[J]. Entomophaga,1965(10):323~330.

[6] Evans H F,King C J. Biological control of *Dendroctonus micans*(Coleoptera:Scolytidae):British experience of rearing and release of *Rhizophagus grandis* Gyll.(Coleoptera:Rhizophagidae)[C]. In:Kulhavy,D L & Miller,M C(Eds.),Potential for Biological Control of Dendroctonus and Ips Bark Beetles. Nagocdoches,Texas:Stephen Austin ,University Press,1989.

[7] Gregoire J C,Baisier M,Merlin J,et al. Interactions between *Rhizophagus grandis* Gyll.(Coleoptera:Rhizophagidae) and *Dendroctonus micans*(Coleoptera:Scolytidae) in the Field and the Laboratory:Their Application for the Biological control of *Dendroctonus micans* in France[C] In:Kulhavy,D.L.& Miller,M. C.(Eds.),Potential for Biological Control of Dendroctonus and Ips Bark Beetles.Nagocdoches,Texas:Stephen Austin University Press,1989.

[8] Vanaverbeke A,Gregoire J C. Establishment and spread of *Rhizophagus grandis* Gyll.(Coleoptera:Rhizophagidae) 6 years after release in the foret domanial du Mezenc(France)[J]. Annales Des Sciences Forestieres,1995,52(3):243~250.

[9] King C J,Fielding N J,O'Keefe T. Observations on the life-cycle and behavior of the predatory beetle,*Rhizophagus grandis*(Coleoptera:Rhizophagidae) in Britain[J]. Journal of Applied Entomology,1991(111):286~289.

[10] Evans H F,Fielding,N J. Integrated management of *Dendroctonus micans* in the UK[J]. Forest ecology and management,1994,65(1):17~30.

[11] Fielding N J,Evans H F. Biological control of *Dendroctonus micans*(col. Scolytidae) in Great Britain [J]. Biocontrol News and Information,1997,18(2):51N~60N.

[12] Gregoire J C,Merlin J,Pasteels J M,et al. Biocontrol of Dendroctonus micans by *Rhizophagus grandis* Gyll.(col. Rhizophagidae) in the Massif Central(France). A first appraisal of the mass-rearing and release methods[J]. Journal of Applied Entomology-Zeitschrift fur Angewandte Entomologie,1985,(99):182~190.

山西芦芽山国家级自然保护区
黑啄木鸟的生态习性观察 ①

郭建荣

(山西芦芽山国家级自然保护区,山西 宁武 036707)

黑啄木鸟 *Dryocopus martius* 是一种对森林有益的鸟类,分布于山西芦芽山国家级自然保护区的为指名亚种 *D. martiusmartius*,有关其生态习性方面的研究文献报道并不多见,尤其是繁殖生态方面仅刘焕金[1]等有过报道。为了更深入地研究其生态习性,为合理保护该物种提供科学依据,笔者于 2008~2010 年在山西芦芽山自然保护区对黑啄木鸟的生态习性进行了观察。

1 研究区概况与研究方法

1.1 保护区自然概况

山西芦芽山国家级自然保护区位于吕梁山脉北端,$111°50'00''$~$112°05'30''$E,$38°35'40''$~$38°45'00''$N,地处宁武、五寨、岢岚三县交界。总面积 21453hm²。芦芽山是管涔山的主峰,也是三晋母亲河汾河的源头地区,是我国暖温带天然次生林保存较完整的地区之一。最低海拔 1346m,最高海拔 2787m,年平均气温 4~7℃,年降水量 500~600m,无霜期 90~120d。境内森林繁茂、灌木丛生、水源充沛、生境多样。森林覆盖率 36.1%。森林群落以云杉 *Picea* spp.、华北落叶松 *Larix principis-rupprechtii*、油松 *Pinus tabuliformis* 为主,其次为辽东栎 *Quercus wutaishanica*、白桦 *Betula platyphylla* 等组成。灌木有沙棘 *Hippophae rhamnoides*、黄刺玫 *Rosa xanthina*、三裂绣线菊 *Spiraea trilobata* 等。农作物主要有莜麦 *Avena chinensis*、马铃薯 *Solanum tuberosum*、蚕豆 *Vicia faba* 等。

1.2 研究方法[2]

选择冰口洼、柳林沟、干沟滩、东沟、车道沟、梅洞为研究样地,采用常规的路线统计

---

① 本文原载于《安徽农业科学》,2009,39(21):12874~12875,12891.

法,每年3月(繁殖前)和8月(繁殖后)每月调查4次,每次5km,以步行2km/h速度,左右视距各50m范围内黑啄木鸟的分布及活动情况,统计其种群数量,以种群遇见率(只/km)来反映其在该区的种群密度。寻找其繁殖巢,对其繁殖生态进行观察,利用高倍望远镜观察其生活习性,对其食性进行分析。

2　结果与分析

2.1　栖息生境及习性

研究表明:黑啄木鸟主要栖息于针叶林和针阔混交林,尤其喜欢在针阔混交林活动,有时也出现于阔叶林和林缘次生林,常单独活动。觅食时常用嘴敲击树干,很远就能听见"guang-guang"的啄木声。飞行呈波浪式,常由一棵树飞至另一棵树。平时鸣叫少而单调,其声似"ge-la";繁殖期鸣声增多,也稍曲折,其声似"gelalala-ge1alala"。

2.2　种群密度

黑啄木鸟为留鸟。由表1可知,黑啄木鸟种群密度为0.261只/km。海拔1900~2300m的针阔混交林黑啄木鸟的种群数量最多,其种群遇见率平均为0.417只/km;海拔2300~2600m针叶林种群数量次之,种群遇见率为0.238只/km;海拔1600~1900m疏林灌丛种群数量很少,只有0.129只/km。由此可知,黑啄木鸟最喜欢在郁闭度较大的针阔混交林内活动。

表1　黑啄木鸟种群数量动态

研究样地	生境	海拔(m)	植被类型	调查次数	调查里程(km)	遇见数(只) 繁殖前(3月)	遇见数(只) 繁殖后(8月)	种群密度(只/km) 繁殖前(3月)	种群密度(只/km) 繁殖后(8月)	种群密度(只/km) 平均
冰口洼	针叶林带	2300~2600	云杉+华北落叶松	12	60	13	18	0.217	0.300	0.259
柳林沟	针叶林带	2300~2600	云杉+华北落叶松	12	60	11	15	0.183	0.250	0.217
干沟滩	针阔混交林带	1900~2300	云杉+华北落叶松+桦	12	60	22	27	0.367	0.450	0.409
东沟	针阔混交林带	1900~2300	云杉+华北落叶松+桦	12	60	23	28	0.383	0.467	0.425
车道沟	疏林灌丛地带	1600~1900	油松+杨、桦、栎+绣线菊+黄刺玫	12	60	5	8	0.083	0.133	0.108
梅洞	疏林灌丛地带	1600~1900	油松+杨、桦、栎+绣线菊+黄刺玫	12	60	7	11	0.117	0.183	0.150
平均				–	–	13.5	17.8	0.225	0.297	0.261

每年繁殖前的 3 月份黑啄木鸟的种群密度为 0.225 只 /km,繁殖后的 8 月份其种群密度为 0.297 只 /km,可见黑啄木鸟是相对稳定的扩展型种群。

2.3　繁　殖[3]

2.3.1　营　巢

黑啄木鸟繁殖期为 4~6 月,多营巢于柳、白桦、杨等乔木,且多为心材腐朽的枯立木。巢多位于树干的中上部,巢洞由雌雄鸟共同筑成。4 月初开始营巢活动,雌雄鸟共同营巢,但以雄鸟为主。在树上凿洞为巢,营巢期 9~10d,巢内无任何铺垫物,仅底部有少量的木屑。黑啄木鸟洞口呈长方形,距地面高约 454cm,洞口直径 13.7cm×11.6cm,洞内直径 19.8cm×17.9cm,洞深 32cm(表 2)。

表 2　黑啄木鸟营巢环境及巢测量结果(n=5)

年份	地点	营巢环境	洞口直径(cm×cm)	洞内直径(cm×cm)	洞深(cm)	洞口距地高(cm)
2008	干沟滩	杨	14.6×12.1	19.8×18.1	42	440
2008	梅洞	柳	14.4×11.6	20.2×18.9	30	560
2009	东沟	白桦	12.8×11.0	18.8×17.0	27	470
2010	车道沟	杏	13.5×12.8	19.7×18.2	28	430
2010	梅洞	柳	13.1×10.6	20.6×17.4	33	370
平均	–	–	13.7×11.6	19.8×17.9	32	450

2.3.2　产　卵

黑啄木鸟筑好巢洞后即开始产卵,最早产卵见于 4 月 27 日。黑啄木鸟多数在 5 月初开始产卵,窝卵数 4~5 枚。卵重平均 12.1g,长径 36.1mm,短径 24.3mm(表 3)。卵为椭圆形,白色光滑无斑。

表 3　黑啄木鸟平均繁殖参数

年份	产卵日期	窝卵数	孵化期(d)	育雏期(d)	卵重(g)	长径(mm)	短径(mm)
2008	5 月 4 日	4	13	24	12.4	36.8	24.6
2008	4 月 27 日	4	15	26	12.8	36.4	24.4
2009	5 月 7 日	5	14	24	11.6	35.8	23.8
2010	4 月 30 日	5	14	25	11.4	35.5	24.0
2010	5 月 3 日	4	13	24	12.3	36.1	24.5

2.3.3　孵　卵

黑啄木鸟产完卵后即开始孵化,孵卵由雌雄鸟轮流承担,两亲鸟孵卵交换时几乎无间隙。夜间多由雌鸟负责,每晚 19:30 前后,雌鸟回洞过夜,次日早晨 6:00 前,雄鸟开始替换雌鸟坐巢孵卵。雄鸟飞回时,并不是直接飞入洞中,而是落于距巢洞不远的树干上鸣叫几声,当发现有人时,立即攀至树干背侧,过一会儿再飞至洞口,将头部向洞口内伸缩几次,然后坐巢的雌鸟飞出,雄鸟才飞入巢洞中。笔者于孵卵第 5 天进行了全天观察,发现白天雌鸟每次抱卵时间最长为 145min,最短为 57min,而雄鸟每次抱卵时间最长为 125min,最短为 23min。可见雌鸟抱卵时间较雄鸟长。孵化期为 13~15d。

2.3.4　育　雏

雏鸟晚成性。雌雄亲鸟共同育雏,亲鸟每次回巢喂食,把大量的食物装在嗉囊里,喂雏时逐渐将食物吐出,期间两亲鸟还轮换在巢中暖雏。雏鸟 20 日龄快离巢时,雏鸟已能攀登洞壁,亲鸟不再进巢喂食,而是雏鸟把嘴伸出洞口,亲鸟喂完食仍需要进巢。24~25 日龄后,雏鸟即可离巢。据对 5 个巢 22 枚卵的观察,共孵出幼鸟 19 只,离巢 16 只,孵化率为 86.36%,繁殖成功率为 84.21%。

2.4　食性分析

黑啄木鸟主要在树干、粗枝和枯立木上取食,也常在地面的腐朽木上取食。觅食时用嘴敲击树干,发出 "guang-guang" 的啄木声。黑啄木鸟主要以昆虫为食,夏季主要以蚂蚁成虫、幼虫、卵及金龟子、磕头虫、吉丁虫、蛾类、蜂类、蟋蟀类、蝗虫类、蜘蛛类等其他昆虫及卵与蛹为食;冬季主要以树干内越冬的昆虫幼虫为食;食物匮乏时,也常吃一些杂草种子及林木种子与果实。

3　结　论

(1) 由于黑啄木鸟营巢的特殊性,其巢的洞口大小仅能容纳其自身通过,且洞内较深,因此难以获得其详细的繁殖情况及数据。

(2) 出于对野生动物的保护,对黑啄木鸟的食性分析只能通过望远镜观察其觅食环境,然后再调查觅食地食物的分布种类和情况,同时通过剖检死亡个体来进行分析。

(3) 由于黑啄木鸟的主食是害虫,且多为林业害虫,故为森林益鸟。因此,黑啄木鸟对防止森林虫害、发展林业、维护生态、保护森林健康有很大的益处。据统计,在 13.33hm^2 的森林中,若有 1 对啄木鸟栖息,1 个冬天就可啄食吉丁虫 90% 以上,啄食天牛 80% 以上。

参考文献

[1] 刘焕金,申守义.庞泉沟自然保护区黑啄木鸟的繁殖生态[J].四川动物,1988,7(3):21~23.

[2] 郭建荣.王建萍.芦芽山自然保护区岩鸽繁殖生态的观察[J].山西林业科技,2000,(1):40~43.

[3] 王栓挂,王建萍.山西芦芽山保护区大斑啄木鸟的生态观察[J].野生动物,2008,29(6):294~296.

山西芦芽山自然保护区小蛾类种类调查 ①

赵世林¹　郭建荣²　郝淑莲³

（1. 长治医学院，山西　长治　046000；
2. 山西芦芽山自然保护区管理局，山西　宁武　036707；
3. 天津自然博物馆，天津　300074）

芦芽山自然保护区位于 111°50′~112°5′30″E，38°35′40″~38°45′N。总面积 21453hm²。华北落叶松林、云杉林是山西省寒温性针叶林发育良好、林相整齐、单位面积蓄积量最高的区域，在华北和全国均具代表性和典型性。植被垂直带划分为：①灌草丛及农垦带，海拔 1300~1600m；②常绿针叶林及针阔叶混交林带，海拔 1600~1800m；③针叶林带，海拔 1800~2600m；④亚高山灌丛和草甸带，海拔 2600m 以上。笔者于 2011 年 6~7 月 2 次对芦芽山自然保护区进行了鳞翅目小蛾类种类的调查、采集及鉴定，旨在为我国昆虫系统分类研究及昆虫资源保护和持续利用提供依据。

1　材料与方法

1.1　材　料

2011 年 6~7 月 2 次对芦芽山自然保护区鳞翅目小蛾类资源进行了调查和采集，共采集标本 2000 余号。

1.2　方　法

选取保护区管理局机关、细腰、干沟滩等地进行采集，主要采取白天扫网和晚上定点灯诱的采集方法，对采集的标本进行鉴定。高海拔地方晚上天气很冷，几乎诱不到任何昆虫。主要的小蛾类均出现在低海拔的管理局机关和细腰村。调查区主要植被类型为灌丛、草丛和农田地。

---

①　本文原载于《安徽农业科学》，2012，40（33）：16131~16135，16223。

2　结果与分析

2.1　谷蛾科[1,2]

（1）截端斑谷蛾 *Monopis trunciformis* Xiao & Li。分布：山西（芦芽山）、内蒙古、黑龙江、青海。

（2）褐斑宇谷蛾 *Cephitinea colonella* Erschoff。分布：山西（芦芽山）、华北、华东、湖南、西北；日本、哈萨克、中亚。

2.2　织蛾科[2-4]

西锦织蛾 *Promalactis sinevi* Lvovsky。分布：山西（芦芽山）、华北、辽宁；俄罗斯（远东）。

2.3　小潜蛾科[2,5]

（1）白点矩宽蛾 *Exaeretia indubitatella* Hannemann。分布：山西（芦芽山）、华北和青海；蒙古和阿富汗。

（2）板矩宽蛾 *Exaeretia praeustella* Rebel。分布：山西（芦芽山）、内蒙古、青海；蒙古及欧洲。

（3）青海矩宽蛾 *Exaeretia qinghaiana* Wang & Zheng。分布：分布：山西（芦芽山）、内蒙古、甘肃和青海。

（4）背突异宽蛾 *Agonopterix abjectella* Christoph[2]。分布：山西（芦芽山）、华北、福建、西藏、陕西、宁夏和黑龙江。

（5）多异宽蛾 *Agonopterix muhiplicella* Erschoff。分布：山西（芦芽山）、华北、西南、辽宁、湖北、广西、西北；韩国、日本、欧洲。

（6）俄宽蛾 *Depressaria golovushkini* Lvovsky。分布：山西（芦芽山）、河北、内蒙古、山西、陕西、宁夏；俄罗斯。

（7）密云草蛾 *Ethmia cirrhocnemia* Lederer。分布：山西（芦芽山）、华北、东北、西北；蒙古、韩国、日本、伊朗、哈萨克斯坦、俄罗斯、土耳其。

2.4　巢蛾科[2]

柳巢蛾 *Yponomeuta rorrellus* Hübner。寄主：白柳 *Salix alba* 和绢柳 *S. viminalis*。分布：山西（芦芽山）、河北、河南、西北；俄罗斯远东地区及欧洲。

2.5　卷蛾科[2,6,7]

（1）尖瓣灰纹卷蛾 *Cochylidia richteriana* Fischer von Röslerstamm。分布：山西（芦芽山）、华北、辽宁、黑龙江、湖南、四川、青海、宁夏；蒙古、韩国、日本、俄罗斯、欧洲。

（2）胡麻短纹卷蛾 *Falseuncaria kaszabi* Razowski。寄主：亚麻 *Linum usitatissimun*。分布：山西（芦芽山）、西北、内蒙古；蒙古。

（3）斜短纹卷蛾 *Falseuncaria lechriotoma* Razowski。分布：山西(芦芽山)、河北、内蒙古；蒙古。

（4）三斑银纹卷蛾 *Eugnosta hydrargyrana mongolica* Razowski。分布：山西(芦芽山)、华北、陕西；蒙古。

（5）金黄窄纹卷蛾 *Cochylimorpha pallens* Kuznetzov。分布：山西(芦芽山)、西北、华北；俄罗斯。

（6）尖突窄纹卷蛾 *Cochylimorpha cuspidate* Ge。分布：山西(芦芽山)、华北、西北、东北、湖北、安徽；韩国。

（7）黄斑长翅卷蛾 *Acleris fimbriana* Thunberg。分布：山西(芦芽山)、华北、辽宁、陕西；韩国、日本、俄罗斯(远东)及欧洲。

（8）针卷蛾 *Tortrix sinapina* Butler。分布：山西(芦芽山)、华北、湖北、陕西；韩国、日本、俄罗斯(远东)。

（9）青云卷蛾 *Cnephasia stephensiana* Doubleday。分布：山西(芦芽山)、河北、四川、西北；韩国、日本、中亚、小亚细亚、俄罗斯(远东)及中欧。

（10）忍冬双斜卷蛾 *Clepsis rurinana* Linnaenus。分布：山西(芦芽山)、华北、东北、西南、西北、华中、华东；韩国、日本、中亚、俄罗斯(远东)及欧洲各国。

（11）泰丛卷蛾 *Gnorismoneura orientis* Filipev。分布：山西(芦芽山)、华北、黑龙江、西北；韩国、日本、俄罗斯(远东)。

（12）曲褐卷蛾 *Pandemis ignescana* Kuznetsov。分布：山西(芦芽山)、河北、吉林、四川、甘肃；韩国、日本、中亚、俄罗斯(远东)。

（13）保花翅小卷蛾 *Lobesia yasudai* Bae & Komai。寄主：红玫瑰 *Rosa rugosa*、牛蒡 *Arctium lappa*。分布：山西(芦芽山)、黑龙江、安徽、河南、华中、云南、陕西、甘肃；韩国、日本。

（14）柳斜纹小卷蛾 *Apotomis lineana* Denis & Schiffermuller。分布：山西(芦芽山)、东北、西北；蒙古、俄罗斯、欧洲。

（15）大豆食心虫 *Leguminivora glycinivorella* Matsumura。分布：山西(芦芽山)、华北、西北、东北、华东、西南、华中、湖南；朝鲜、日本、越南、印度、俄罗斯、西伯利亚。

（16）豆小卷蛾 *Matsumuraeses phaseoli* Matsumura。寄主：草木樨 *Melilotus suaveolens*、紫花苜蓿 *Medicago sativa* 等。分布：山西(芦芽山)、华北、东北、西南、江苏、江西、湖北、陕西、甘肃；朝鲜、日本、印度尼西亚、尼泊尔、俄罗斯。

（17）华微小卷蛾 *Dichrorampha sinensis* Kuznetsov。分布：山西(芦芽山)、河北、上海。

2.6　羽蛾科[2,8-11]

（1）灰棕金羽蛾 *Agdists adactyla* Hübner。寄主：猪毛蒿 *A.scoparia* 等。分布：山西(芦芽山)、华北、辽宁、西北；欧亚广布。

（2）细锥羽蛾 *Gillmeria stenoptiloides* Filipjev。(山西新记录)。分布：山西(芦芽山)、华北、吉林、四川、甘肃、宁夏；蒙古、日本、俄罗斯、北美。

（3）蔷薇纹羽蛾 *Cnaemidophorus rhododactylus* Denis & Schiffermüller。寄主：玫瑰 *R. rugosa* 等。天敌膜翅目茧蜂科：*Apanteles spurius*。分布：山西(芦芽山)、河北、东北、新疆；

朝鲜、日本、印度、中东、欧洲、美洲。

(4) 白滑羽蛾 *Hellinsia albidactyla* Yano。分布:山西(芦芽山)、华北、东北、安徽、四川、贵州、西北;朝鲜、日本、俄罗斯。

(5) 艾蒿滑羽蛾 *Hellinsia lienigiana* Zeller。寄主:北艾 *A. vulgarisIfinn*。分布:山西(芦芽山)、华北、华东、华中、四川、贵州、陕西、台湾;世界广布。

(6) 长须滑羽蛾 *Hellinsia osteodactyla* Zeller。寄主:林荫千里光 *Senecio nemorensis*、千里光 *S. fuchsii*、艾 *Artemisia vulgaris* 等。分布:山西(芦芽山)、西北、黑龙江、山东、四川、云南;蒙古、朝鲜、日本、土耳其、欧洲。

2.7 螟蛾科[2,12-17]

(1) 金黄螟 *Pyralis regalis* Schiffemüller & Denis。分布:山西(芦芽山)、华北、东北、西南、华东、华中、广东、海南、陕西、甘肃、台湾;俄罗斯(远东)、朝鲜、日本、印度、欧洲。

(2) 白条峰斑螟 *Acrobasis injunctella* Christoph。分布:山西(芦芽山)、华北、辽宁、上海、江苏、江西、湖北、贵州、云南、陕西;日本、朝鲜、俄罗斯。

(3) 钝小峰斑螟 *Acrobasis obtuse* Hubner。分布:山西(芦芽山)、华北、广西、贵州、陕西;俄罗斯、巴勒斯坦、中欧。

(4) 红缘峰斑螟 *Acrobasis rufilimbalis* Wileman。分布:山西(芦芽山)、华北、东北、西北;韩国、日本。

(5) 三枝峰斑螟 *Acrobasis sasakii* Yamanaka。分布:山西(芦芽山)、河南、湖北、广西;日本。

(6) 斑曲斑螟 *Ancylosis (Ancylosis) maculifera* Staudinger。分布:山西(芦芽山)、华北、云南、新疆、台湾;罗马尼亚、保加利亚、中东、阿富汗、俄罗斯、乌克兰、亚美尼亚、中亚、蒙古、北非。

(7) 光圆曲斑螟 *Ancylosis (Cabotia) oblitella* Zeller。分布:山西(芦芽山)、华北、东北、西北;欧洲。

(8) 白条暗斑螟 *Euzophera (Euzophera) costivittella* Ragonot。分布:山西(芦芽山)、河北;欧洲。

(9) 须裸斑螟 *Gymnancyla (Gymnancyla) barbatella* Erschoff。分布:山西(芦芽山)、华北、西北;乌兹别克斯坦、蒙古。

(10) 尖裸斑螟 *Gymnancyla (Gymnancyla) termacerba* Li。分布:山西(芦芽山)、华北、辽宁、西北。

(11) 钝拟柽斑螟 *Merulempista cingillella* Zeller。分布:山西(芦芽山)、华北、西北;欧洲、中亚。

(12) 山东云斑螟 *Nephopterix shantungella* Roesler。分布:山西(芦芽山)、华北、吉林、安徽、湖北、陕西。

(13) 烟灰云斑螟 *Nephopterix fumella* Eversmann。分布:山西(芦芽山)、华北、云南;俄罗斯、日本、欧洲。

(14) 红云翅斑螟 *Oncocera (Oncocera) semirubella* Scopoli。分布:山西(芦芽山)、华北、

东北、华东、华中、西南、西北;日本、俄罗斯、印度、英国、匈牙利、保加利亚。

（15）棘下类斑螟 *Phycitodes albatella* Ragonot。分布:山西(芦芽山)、华北、西北、吉林、湖北、湖南、西藏;中东、阿富汗、克什米尔。

（16）豆锯角斑螟 *Pinta boisduvaliella* Guenée。分布:山西(芦芽山)、河北、内蒙古、西藏、西北;欧洲、加拿大。

（17）银翅亮斑螟 *Selagia argyrella* Denis & Schiffermüller。分布:山西(芦芽山)、华北、西北、四川;中欧、亚洲。

（18）中华软斑螟 *Asclerobia sinensis* Caradja。分布:山西(芦芽山)、华北、黑龙江、安徽、四川、云南、西北。

2.8　草螟科[2, 14-16]

（1）银翅黄纹草螟 *Xanthocrambus argentarius* Staudinger。分布:山西(芦芽山)、华北、东北、四川、西北;哈萨克斯坦、俄罗斯。

（2）简白草螟 *Pseudocatharylla simplex* ZeNer。分布:山西(芦芽山)、华北、华东、西南、黑龙江、华中、广西、西北;日本、俄罗斯(远东)。

（3）岷山目草螟 *Catoptria mienshani* Bleszynski。分布:山西(芦芽山)、华北、西南、西北。

（4）饰纹广草螟 *Platytes ornatella* Leech。分布:山西(芦芽山)、华北、东北、华东、西南、西北、湖北;朝鲜、日本、俄罗斯。

（5）银光草螟 *Crambus perlellus* Scopoli。分布:山西(芦芽山)、华北、西南、西北、东北、江西;日本、英国、西班牙、意大利、北非。

（6）元参棘趾野螟 *Anania verbascalis* Denis et Schiffermüller。寄主:藿香 *Agastache sus* 等。分布:山西(芦芽山)、华北、西南、西北、福建、湖南、广东;朝鲜、日本、南亚、西亚、俄罗斯(远东)、欧洲。

（7）横线镰翅野螟 *Circobotys heterogenalis* Bremer。分布:山西(芦芽山)、华北、华东、湖南、贵州;朝鲜、日本、俄罗斯(远东)。

（8）旱柳原野螟 *Euclasta* (*Proteuclasta*) *stoetzneri* Caradja。寄主:旱柳 *S. matsudana*。分布:山西(芦芽山)、华北、东北、西南、西北、湖北、福建;蒙古。

（9）夏枯草线须野螟 *Eurrhypara hortulata* Linnaeus。分布:山西(芦芽山)、吉林、江苏、广东、河南、云南、西北;欧洲。

（10）艾锥额野螟 *Loxostege aeruginalis* Hübner。分布:山西(芦芽山)、华北、湖北、西北;欧洲。

（11）网锥额野螟 *Loxostege sticticalis* Linnaeus。寄主:藜 *Chenopodium album*、紫花苜蓿 *Medicago sativa*、大豆 *Glycine max*、豌豆 *Pisum sativum*、蓖麻 *Ricinus communis*、向日葵 *Helianthus annuus*、菊芋 *H. tuberosus*、马铃薯 *Solanum tuberosum*、葱 *Allium fistulosum*、洋葱 *A. cepa*、胡萝卜 *Daucus carota* var. *sativa*、亚麻 *Linum usitatissimum*、玉米 *Zea mays*、高粱 *Sorghum vulgare*。分布:山西(芦芽山)、西北、华北、吉林、江苏、四川、西藏;朝鲜、日本、印度、俄罗斯、德国、东欧、奥地利、意大利、美国、加拿大。

（12）伞双突野螟 *Sitochroa palealis* Denis et Schiffermüller。寄主:幼虫为害茴香

Foeniculum vulgare、防风 *Saposhnikovia divaricata*、独活 *Heracleum hemsleyanum*、白芷 *Angelica dahurica*、胡萝卜、败酱 *Patrinia villosa*。分布：山西（芦芽山）、华北、黑龙江、江苏、湖北、广东、云南、陕西、新疆；朝鲜、印度、欧洲、俄罗斯（西伯利亚）。

（13）黄翅双突野螟 *Sitochroa umbrosalis* Warren。分布：山西（芦芽山）、华北、华南、浙江、西南、青海；朝鲜、日本。

（14）黄翅缀叶野螟 *Botyodes diniasalis* Walker。分布：山西（芦芽山）、华北、西南、西北、辽宁、华东、华南、湖北、台湾；朝鲜、日本、缅甸、印度。

（15）稻纵卷叶野螟 *Cnaphalocrocis medinalis* Guenée。寄主：马唐 *Digitaria sanguinalis* 等。分布：山西（芦芽山）、华北、东北、西南、华东、华中、华南、陕西；朝鲜、日本、东南亚、菲律宾、印度、澳大利亚。

（16）桃多斑野螟 *Conogethes punctiferalis* Guenée。寄主：桃 *Amygdalus persica* 李 *Prunus salicina*、樱桃 *Cerusus pseudocerasus*、向日葵、高粱、玉米、蓖麻等。分布：山西（芦芽山）、华北、辽宁、华东、华南、华中、西南、陕西；朝鲜、日本、印度尼西亚、印度、斯里兰卡。

（17）四斑绢丝野螟 *Glyphodes quadrimaculalis* Bremer et Grey。分布：山西（芦芽山）、华北、东北、华东、西北、湖北、广东、西南；朝鲜、日本、俄罗斯（远东）。

（18）棉褐环野螟 *Haritalodes derogate* Fabricius。寄主：棉、木槿 *Hibiscus syriacus*、蜀葵 *Althaea rosea*、锦葵 *Malva sinensis*、冬葵 *M. crispa*、野棉花 *Anemone vitifolia* 等。分布：山西（芦芽山）、华北、华东、西南、华中、华南、陕西；朝鲜、日本、东南亚、印度、非洲、夏威夷、南美洲。

（19）杨芦伸喙野螟 *Mecyna tricolor* Butler。分布：山西（芦芽山）、华北、西南、黑龙江、华东、华中、广东、甘肃；朝鲜、日本。

（20）白蜡绢须野螟 *Palpita nigropunctalis* Bremer。寄主：白蜡 *Fraxinus* spp.、女贞 *Ligustrum lucidum*、丁香 *Syringa* spp. 等。分布：山西（芦芽山）、华北、东北、华东、西南、湖北、西北；朝鲜、日本、东南亚、印度、斯里兰卡。

（21）甜菜青野螟 *Spoladea recurvalis* Fabricius。寄主：甜菜 *Beta vulgaris*、藜、苋 *Amaranthus tricolor* 等。分布：山西（芦芽山）、华北、东北、西南、华东、华南、陕西；朝鲜、东南亚、非洲、澳大利亚、美洲。

（22）梳角栉野螟 *Tylostega pectinata* Du & Li。分布：山西（芦芽山）、湖北、华东、广西、西南、河南、甘肃。

3　结　论

鳞翅目是昆虫纲的第二大目，两对膜质翅及身体盖满鳞片，口器一般为虹吸式。小蛾类昆虫是鳞翅目中占比重很大的类群，约占鳞翅目科级阶元的 2/3。本文共记述了鳞翅目小蛾类 8 科 74 种。其中螟蛾科、草螟科和卷蛾科种类较丰富，尤其是胡麻短纹卷蛾，标本量非常丰富，是当地的优势种。

参考文献

［1］Xiao Y L. Li H H. A review of the genus *Monopis* Hübner from China (Lepidoptera, Tineidae, Tineinae) ［J］. Mitt Mus Nat kd Berl, Dtseh.Entomol, 2006.53：193~212.

［2］李后魂, 王淑霞. 河北动物志. 鳞翅目：小蛾类［M］. 北京：中国农业科学技术出版社, 2009.

［3］Wang S X. Oecophofidae of China (Inseceta：Lepidoptera) ［M］.Beijing：Science Press, 2006.

［4］Lvovsky A L. New species of broad-winged moths of the genus of *Promlactis* Meyriek (Lepidoptera：Oecophoridae) of the USSR Far East. ［M］//LER P A. Systematics and ecology of Lepidoptera from the Far East of the USSR.Vladivostok：DVO ANSSSR Press, 1986.

［5］Kun A. Taxonomic notes on the Korean *Ethmia* (Lepidoptera：Oecoohoridae：Ethrniinae) ［J］.Insecta Koreana, 2002, 19 (2)：131~136.

［6］Razowski J. Cochylidae ［M］//Amsel H G, Gregor F, Reisser H.Micmlepidoptera Palaearetica 3, Wien：Verlag Georg Fromm & Co.1970.

［7］刘友樵, 李广武. 中国动物志. 昆虫纲：鳞翅目, 卷蛾科［M］. 北京：科学出版社, 2002.

［8］Li H H, Hao S L, Wang S X. Catalogue of the Pterophoridae of China (Lepidoptera：terophoroidea) ［J］. SHILAP Revista de Lepidopterologia, 2003, 31 (122)：169~192.

［9］Arenberger E. Pterophoridae ［M］//Braun K G. Micrdepidoptera Palaearctica 9. Karlsruhe：i-xxv. Karlsruhe：Druckerei CmbH8cCo., 1-258, plates 1~153.

［10］Gielis C. Pterophoridae ［M］//Huemer P, Karsholt O, Lyneborg L. Microlepidotera of Europe 1. Apollo Books, Stenstrup, 1996

［11］Hao S L, Li H H, Wu C S. Study on the genus *Gillmeria* Tutt from China, with descriptions of three new species (Lepidoptera, Pterophoridae) ［J］. Acta Zootaxonomica Sinica, 2005, 30 (1)：135~143.

［12］Roesler R U, Kuppers P V. Beitrage zur Kenntnis der Insektenfauna Sumatras.Teil 9. Die Phycitinae (Lepidoptera：Pyralidae) von Sumatra；Taxonomie Teil B, Okologie und Geobiologie. Beitrage zur Naturkundlichen Forschung in Südwestdeutschland ［M］. Karlsruhe：Beih 4, 1981.

［13］Roesler R U. Phycitinae, Trifine Acrobasiina ［M］//Amsel H G, Gregor F, Reisser H. Microlepidotera Palaearctica 4. Wien：Geog Fromme & Co., 1973.

［14］李后魂, 任应党. 河南昆虫志. 鳞翅目：螟蛾总科［M］. 北京：科学出版社, 2009.

［15］王平远. 中国经济昆虫志. 第二十一册. 鳞翅目：螟蛾科［M］. 北京：科学出版社, 1980.

［16］Roesler R U. Die Phycitinae von Sumatra (Lepidoptera：Pyralidae) ［M］. Keltern：Diehl und Heterocera Sumatrana Society, 1983.

［17］刘家宇, 李后魂. 中国裸斑螟属分类研究 (鳞翅目, 螟蛾科, 斑螟亚科)［J］. 动物分类学报, 2010, 35 (3)：619~626.

山西芦芽山保护区楔尾伯劳的
生态习性研究 ①

吴丽荣

（山西芦芽山国家级自然保护区，山西　宁武　036707）

楔尾伯劳 *Lanius sphenocercus* 为食虫益鸟，已列入《国家保护的有益的或者有重要经济、科学研究价值的陆生野生动物名录》。楔尾伯劳在我国分布范围虽广，但种群数量较少，已列为山西省重点保护鸟类，为夏候鸟[1]。为了科学研究鸟类资源，我们于 2008~2010 年的 3~9 月在山西芦芽山保护区对楔尾伯劳的生态习性进行了观察，现将结果报道如下。

1　研究地点

山西芦芽山国家级自然保护区位于吕梁山脉北端，地处宁武、五寨、岢岚三县的交界，111°50′00″~112°05′30″E，38°35′40″~38°45′00″N。总面积 21453hm²，主峰芦芽山海拔 2772m，最低海拔 1346m，最高海拔 2787m。森林群落由云杉 *Picea* spp.、华北落叶松 *Larix principis-rupprechtii*、油松 *Pinus tabuliformis*、辽东栎 *Qercus wutaishanica*、白桦 *Betula platyphylla* 等组成。灌丛由沙棘 *Hippophae rhamnoides*、黄刺玫 *Rosa xanthina*、忍冬 *Lonucers chrysantha*、绣线菊 *Spiraea trilobata* 等组成。该区为暖温带季风型大陆性气候。年均气温 4~7℃，年降水量 500~600mm，无霜期 90~120d。农作物主要有莜麦 *Avena chinensis*、马铃薯 *Solanum tuberosum*、蚕豆 *Vicia faba* 等。

2　研究方法

2.1　迁徙动态

选定红砂地、吴家沟、梅洞（海拔 1350~1700m）低山农田、灌丛、疏林灌丛、油松林、辽东栎林和山杨林等，设置长 200m、宽 100m 的样地进行楔尾伯劳迁徙观察。2008~2010 年，

---

① 本文原载于《野生动物》，2012，33（2）：71~73.

每年3月和9月,隔日8:00~10:00定位观察该鸟最早迁来和最晚迁离的个体,以确定该鸟居留期限。3a观察的样地、时间、方法和人员不变。

2.2 种群数量统计

在上述3个地区分别选择长4km,宽100m的样线,采用常规路线数量统计法,以行程2km/h的速度,左右视距各50m,每天8:00~10:00统计3条样线内该鸟出现的数量。每月统计路线、时间、方法基本一致。

2.3 繁殖习性

在以上地区搜集楔尾伯劳的繁殖巢,借助高倍望远镜定时观察其繁殖行为,3a的观察时间和方法一致。

3 结果与分析

3.1 迁徙动态

楔尾伯劳的迁徙动态见表1。由表1可知,楔尾伯劳最早迁来为3月22日,最晚迁离为9月22日,居留期179~181d;间隔期184~187d。由此看出:楔尾伯劳每年迁徙日期、居留时间相对稳定。

表1 楔尾伯劳的季节迁徙动态

年份	首见日期	终见日期	居留期(d)	间隔期(d)
2008	3月23日	9月18日	179	187
2009	3月22日	9月19日	181	184
2010	3月26日	9月22日	180	185

3.2 栖息地

楔尾伯劳栖息地包括其繁殖期营巢地、觅食地、短暂停息地和夜间栖息地等。营巢地常见于林缘和低山农田灌丛带,取食地常见于村边农田带、低山灌丛带、针阔混交林带,短暂停息地常见于杨、柳的树冠、灌丛和河漫滩等,夜间栖息地主要为巢区树冠和灌丛。

3.3 种群数量

楔尾伯劳种群密度见表2。由表2可知:楔尾伯劳在油松、辽东栎、山杨针阔混交林带种群数量最多为0.5只/km,在红砂地村边农田带种群数量最少为0.25只/km。

表 2　楔尾伯劳种群密度

年份	吴家沟			红砂地			梅洞			总计		
	调查公里(km)	遇见数(只)	密度(只/km)	调查公里(km)	遇见数(只)	密度(只/km)	调查公里(km)	遇见数(只)	密度(只/km)	调查公里(km)	遇见数(只)	密度(只/km)
2008	4	1	0.25	4	0	0	4	2	0.50	12	3	0.25
2009	4	2	0.50	4	1	0.25	4	1	0.25	12	4	0.33
2010	4	2	0.50	4	2	0.50	4	3	0.76	12	7	0.58
平均	4	1.7	0.42	4	1	0.25	4	2	0.50	36	14	0.39

3.4　繁　殖

楔尾伯劳繁殖期为 4~6 月,雌鸟比雄鸟一般晚 2~3d 迁到。雄鸟活动频繁,追逐雌鸟,且发出粗哑的 ga-ga-ga 叫声,性行为表现明显。

3.4.1　营　巢

最早发现楔尾伯劳 4 月 24 日雌雄鸟共同营巢,营巢期 6~7d。巢多筑在山杨、榆等枝上,位于枝叶茂密的树冠中上部。巢距地面 1.5~4.5m。巢呈杯状,巢材主要为枯榆树枝、蒿、细树根、枯草、树叶、花序等,内垫以细草茎、兽毛、鸟羽和纸屑等,营巢环境及巢的测定见表 3。由表 3 可知,楔尾伯劳繁殖营巢较喜欢隐蔽条件较好的针阔混交林带,在这种环境下其繁殖成功率相对较高。

表 3　楔尾伯劳营巢环境及巢的测定

营巢环境	营巢树种	巢数(个)	巢距地面(m)	巢的测定(mm)			
				内径	外径	巢高	窝深
居民边,低山灌丛带	榆树	3	1.5~3.8	98.5	120.5	90.0	78.2
疏林灌丛带	山杨	4	2.8~4.0	114.6	190.0	130.6	108.8
油松、辽东栎、山杨林	辽东栎	9	1.7~4.5	100.8	172.6	110.0	99.0

3.4.2　产　卵

楔尾伯劳巢筑好后,间隔 3~5d 开始产卵,最早产卵见于 5 月 4 日,卵多在 6:00 前产出,日产 1 枚,乳白色或灰白色,有不规则的锈褐色斑点和条纹。据 4 个巢 21 枚卵的测定结果见表 4。由表 4 可知,楔尾伯劳多在 5 月初开始产卵,窝卵数 5~6 枚,卵椭圆形,重 4.5(4.1~5.6)g,长径 26.4(24.0~27.3)mm,短径 19.6(19.0~21.4)mm。

表 4　楔尾伯劳繁殖参数

年份	产卵日期	窝卵数(枚)	卵重(g)	长径(mm)	短径(mm)	孵化期(d)	育雏数(只)
2001	5.4	5	4.8(4.4~5.6)	26.9(26.4~27.3)	19.6(19.2~21.4)	16	17
2009	5.13	6	4.2(4.1~4.5)	26.2(25.1~26.7)	19.3(19.0~20.2)	17	18
2009	5.7	5	4.5(4.3~4.8)	26.3(24.0~26.8)	20.1(19.3~21.2)	16	15
2.10	5.7	6	4.5(4.2~5.0)	26.3(24.3~27.1)	19.4(19.2~20.4)	16	17
平均	–	5~6	4.5(4.1~5.6)	26.4(24.0~27.3)	19.6(19.0~21.4)	16~17	15~18

3.4.3　孵　化

卵产齐后即开始孵卵,主要由雌鸟孵卵,雄鸟担任警戒和觅食。孵化期16~17d。4窝21枚卵孵出雏鸟18只,孵化率为85.7%。雏鸟出壳当天,雌鸟整日坐巢暖雏,由雄鸟衔来食物喂给雌鸟,再由雌鸟啄碎食物分给每个雏鸟。雏鸟晚成性,雌雄亲鸟共同在巢内育雏15~18d。离巢后的雏鸟仍不能自行觅食,而是在离巢1m左右鸣叫,招引雏鸟取食,雏鸟出巢取食后仍飞回巢中,经亲鸟喂育9~12d后,幼鸟方可自食其力。

3.4.4　食性分析

通过野外观察和剖检8只鸟胃(5雄3雌)鉴定食物组成发现,楔尾伯劳在繁殖季节食物主要以昆虫为主,包括鳞翅目、鞘翅目等成、幼虫(表5),均属农林害虫,应积极加以保护。

表5　楔尾伯劳食物组成

食物组成	学名	出现频次	出现频率(%)	重量(g)	占总食物量的比例(%)
蝼蛄	*Gryllotalpa unispina*	4	11.43	0.5	15.16
金龟甲	*Anomala corpulenta*	4	11.43	0.6	18.18
菜青虫	*Pieris rapae*	5	14.29	0.4	12.12
尺蠖	*Semiothisa cinerearia*	3	8.57	0.3	9.09
松毛虫	*Dendrolimus*	2	5.71	0.2	6.06
步行虫	*Platymetopus flavilabris*	6	17.14	0.5	15.50
叩头虫	*Pleonmus canaliculatus*	3	8.57	0.2	6.06
天牛	Cerambycidae	2	5.71	0.1	3.03
瓢虫	*Cocinella septempunctata*	4	11.43	0.3	9.09
虻科	Tabanidae	1	2.86	0.1	3.03
蟑螂	*Blattella asahinai*	1	2.86	0.1	3.03
合计		35	100.00	0.3	100.00

参考文献

[1] 吴丽荣,王建萍.山西芦芽山自然保护区山麻雀的生态资料[J].四川动物,2004,23(2):129~131.

[2] 赵正阶.中国鸟类志,下卷:雀形目[M].长春:吉林科学技术出版社,2001.

[3] 马敬能.中国鸟类野外手册[M].长沙:湖南教育出版社,2000.

[4] 邱富才,王建萍.芦芽山自然保护区太平鸟冬季种群密度及食性[J].四川动物,2000,19(2):84~85.

山西芦芽山自然保护区四声 杜鹃的生态习性观察 ①

王建萍

（山西芦芽山国家级自然保护区，山西　宁武　036707）

四声杜鹃 *Cuculus micropterus* 为山西省重点保护鸟类，在芦芽山为夏候鸟，常年食虫，在森林生态和农业生产中起着重要作用[1]。为了保护鸟类资源，我们于 2009~2011 年 5~8 月对芦芽山保护区四声杜鹃的生态习性进行了研究，现将调查结果报道如下。

1　自然地理概况

山西芦芽山国家级自然保护区位于吕梁山脉北端，地处宁武、五寨、岢岚三县交界（111°50′00″~112°05′30″E，38°35′40″~38°45′00″N）。最高海拔 2787m。本区属暖温带大陆性季风气候，年均气温 4~7℃，年均降水量 500~600mm，无霜期 90~120d。乔木主要由云杉 *Picea* spp.、华北落叶松 *Larix principis-rupprechtii*、油松 *Pinus tabuliformis*、白桦 *Betula platyphylla*、辽东栎 *Quercus wutaishanica* 等组成；灌木主要由沙棘 *Hippophae rhamnoides*、黄刺玫 *Rosa xanthina*、金华忍冬 *Lonucera chrysantha*、三裂绣线菊 *Spiraea trilobata* 等组成；草本植物以禾本科、豆科、菊科等植物为主。植被覆盖率 31.6%[2]。农作物以莜麦 *Avena chinensis*、豌豆 *Pisum satirum*、马铃薯 *Solanum tuberosum* 等为主。

2　研究方法

依据四声杜鹃活动和分布特点，选定西马坊—吴家沟片，海拔 1450~1600m 的村庄河流带；吴家沟—营房沟片，海拔 1600~1800m 的低山灌丛和油松、辽东栎、杨桦林带；圪洞—冰口洼片，海拔 1800~2400m 的云杉、华北落叶松林带等 3 个区域为观察生境，对四声杜鹃迁徙时间、栖息环境、种群密度和寄生性繁殖等进行了研究。每年 5~8 月每个生境各统计 4km，3 年共统计 144km。以步行 2km/h 的速度，左右视野以能看到四声杜鹃的踪迹和

① 本文原载于《野生动物》，2012，33（4）：184~186.

叫声为限,计算四声杜鹃密度(只/km),观察其栖息生境和寄生习性。

3 结果与分析

3.1 迁徙动态

四声杜鹃迁徙动态结果见表1。表1显示,四声杜鹃每年5月上旬迁来,最早迁来时间为5月6~12日;8月下旬迁走,最晚迁离时间为8月19~27日。居留期为99~111d[4]。

表1 四声杜鹃季节迁徙动态

年份	首见日期	终见日期	居留期(d)	间隔期(d)
2009	5月10日	8月27日	108	257
2010	5月12日	8月19日	99	266
2011	5月6日	8月25日	111	254
合计	5月6~12日	9月19~25日	99~111	254~266

3.2 栖息生境与习性

四声杜鹃主要栖息于低山疏林地带和村庄附近单独活动,5月中旬偶能听到鸣叫声,鸣声悦耳动听,声音大多为四声一度。每年6~7月四声杜鹃大量迁来,是鸣声的"热闹"时期。四声杜鹃在黎明之时鸣声频繁,至天刚放亮达到高潮,甚至于会彻夜不停地啼鸣,鸣声由远及近,叫声在"布谷–快锄"与"快快割麦"之间转换,有时叫到声音接近嘶哑,这种感觉像是在催人不误农时,及早劳作。四声杜鹃飞翔姿势很像猛禽岩鹞 *Circus melanoleucos*,飞得很低,一会儿向左,一会儿向右地急剧转弯。间或在鸣叫时拍打着翅膀,声音很响;有时鸣叫时俯首隆翅,翘动尾羽,常常在电线上或树梢上作短暂的停留,虽然多在村庄地头活动,但行动极其敏锐和隐蔽,即便常能听到声音,但很少暴露在人前。

3.3 种群密度

四声杜鹃种群密度见表2。由表2可知,四声杜鹃种群密度6、7月最大,分别为1.17只/km和1.25只/km;8月种群密度最小,为0.47只/km。种群密度平均为0.89只/km。

表2 四声杜鹃种群密度

年份	5月			6月			7月			8月			合计		
	调查公里(km)	遇见数(只)	密度(只/km)	调查公里(km)	遇见数(只)	密度(只/km)	调查公里(km)	遇见数(只)	密度(只/km)	调查公里(km)	遇见数(只)	密度(只/km)	调查公里(km)	遇见数(只)	密度(只/km)
2009	12	8	0.67	12	12	1.00	12	13	1.08	12	7	0.58	12	40	0.83
2010	12	6	0.50	12	14	1.17	12	15	1.25	12	5	0.42	12	40	0.83
2011	12	11	0.92	12	16	1.33	12	17	1.42	12	5	0.42	12	49	1.02
平均	12	8.33	0.70	12	14	1.17	12	15	1.25	12	5.67	0.47	12	43	0.89

3.4　寄生性繁殖

　　四声杜鹃繁殖为卵寄生,即四声杜鹃本身并不亲自营巢、孵卵、育雏,而是每年5月下旬到6月上旬,将卵产于其他鸟巢,让其他亲鸟代其孵化和育雏[5]。雄鸟求偶时尾羽张开,两翅隆起,头略下垂,极像鸣叫时的样子,但不出声,紧追雌鸟,直至追到雌鸟时,一般双双飞入隐蔽的树梢间完成交尾。2011年5月27日,发现1只四声杜鹃将卵产于山噪鹛 *Garrulaxdavidi* 巢中(此山噪鹛巢营于黄刺玫灌丛,巢距地面2.1m)。四声杜鹃产卵时,雌鸟将山噪鹛的4枚卵掀出巢外,然后自己产卵2枚,产完后随即离去。其卵为灰绿色,有褐色细斑,卵重3.3~3.5g,卵大小为22×17mm~23×18mm。卵经孵化18d后出壳,出壳后的小鸟仍由山噪鹛喂育14d后离巢。由于仅找到1窝四声杜鹃的寄生巢,且寄产卵数少,巢极为隐蔽,资料十分宝贵,生怕我们的观察影响山噪鹛对其的孵育,所以未对其孵化过程进行更详细的观察。仅对孵出的2只四声杜鹃雏鸟隔2d进行了测量,结果列入表3。刚出壳的雏鸟两眼紧闭,眼圈表黑,眼球大而向外凸出,腹部如球,全身赤裸无羽且黑红色,嘴裂嫩黄而长,不时的张大嘴巴翻滚着身子。

表3　四声杜鹃雏鸟各器官的测量结果

日龄	体重(g)	体长(mm)	嘴长(mm)	跗跖(mm)	翅长(mm)	尾长(mm)
1	4.0	44.5	7.8	8.3	8.0	–
4	13.0	60.5	12.3	12.9	18.4	6.2
7	24.5	75.2	14.5	16.0	30.5	9.5
10	35.8	89.6	17.3	21.5	42.2	16.4
13	51.2	118.8	20.1	22.8	74.5	35.5

3.5　食性分析

　　经过观察和对5只四声杜鹃成鸟(3♀2♂)的解剖发现,四声杜鹃主要以昆虫为食,占总食物量的95.5%,其中松毛虫所占比例最大,占昆虫食物重量的24.1%。四声杜鹃食物组成见表4。

表4　四声杜鹃的食物组成

食物组成	食物种名	出现频次	食物出现频率(%)	食物重量(g)	食物多度(%)	比例(%)
植物果食	沙棘果	1	4.2	0.07	1.2	4.5
	山楂果	1	4.2	0.09	1.6	
	油松籽	1	4.2	0.09	1.6	
昆虫类	松毛虫	5	20.8	1.3	23.0	95.6
	尺蠖	3	12.5	1.00	17.7	
	蚂蚁	1	4.2	0.1	1.8	
	蝗虫	1	4.2	0.30	5.3	
	蜂类	2	8.3	0.20	3.5	

续表

食物组成	食物种名	出现频次	食物出现频率（%）	食物重量（g）	食物多度（%）	比例（%）
昆虫类	蛾类	2	4.2	0.20	3.5	
	蝇类	3	12.5	0.80	14.2	95.6
	叶蝉类	1	4.2	0.50	8.8	
	甲虫类	3	12.5	1.00	17.7	
合计			100.0	5.65	100.00	100.00

4 讨论

　　四声杜鹃虽在我国广泛分布，但由于其繁殖习性的特殊性，收集其繁殖资料比较困难，有关四声杜鹃繁殖的报道并不多见。从本区四声杜鹃的生态习性看，尽管我们收集到该鸟的繁殖资料很少，但从四声杜鹃每年的活动数量看，其繁殖成功率和生命力应该相对较高，特别是寄生生存能力较强。虽然四声杜鹃没有被列入保护对象，但其似乎早已成为了老百姓心目中从事农林生产的"信号"鸟，该鸟的活动规律与当地的农林生产息息相关，不仅其鸣叫声对农林生产具有一定的指导和指示作用，而且该鸟主要以昆虫为食，是重要的农林益鸟，应予以重视和保护。我们将会对本区四声杜鹃繁殖习性作更深入细致的研究，为广大鸟类研究和爱好者提供更翔实全面的基础资料。

参考文献

［1］赵正阶．中国鸟类手册，上卷：非雀形目［M］．长春：吉林科学技术出版社，1995.
［2］王拴柱，王建萍．山西芦芽山保护区大斑啄木鸟的生态观察［J］．野生动物，2008，29（6）：294~296.
［3］王建萍．山西芦芽山自然保护区星鸦的繁殖生态［J］．野生动物，2010，31（5）：259~261.
［4］樊龙锁，刘荣，宁秋菊．历山自然保护区鹰头杜鹃夏季生态考察［J］．四川动物，2000，19（2）：85~86.
［5］王众，贾陈喜，孙悦华．中杜鹃寄生繁殖及雏鸟生长一例［J］．动物学杂志，2004，39（1）：103~105.

山西芦芽山自然保护区星头啄木鸟
繁殖生态研究①

马丽芸

（山西芦芽山国家级自然保护区，山西　宁武　036707）

星头啄木鸟 *Dendrocopos canicapillus* 是芦芽山自然保护区的常见留鸟，是山西省重点保护鸟类，对消灭林业害虫有着重要意义。2010~2012 年，我们研究了芦芽山自然保护区的星头啄木鸟繁殖生态，为保护星头啄木鸟提供科学依据[1]。

1　研究区自然概况[2]

山西芦芽山自然保护区在五寨、宁武、岢岚三县交界处的晋西北黄土高原，亦为汾河源头地区。保护区总面积 21453hm²。最高和最低海拔分别为 2787m 和 1346m。气候属于暖温带季风型大陆性气候，年均气温 4~7℃，年降水量 500~600mm，无霜期分别 90~120d。云杉 *Picea* spp.、华北落叶松 *Larix principis-rupprechtii*、油松 *Pinus tabuliformis*、白桦 *Betula platyphylla*、辽东栎 *Quercus wutaishanica* 等为主构成森林群落。沙棘 *Hippophae rhamnoides*、黄刺玫 *Rosa xanthina*、忍冬 *Lonucers chrysantha*、三裂绣线菊 *Spiraea trilobata* 等构成了灌丛群落。农作物主要有莜麦 *Avena chinensis*、豌豆 *Pisum satirum*、土豆 *Solanum tuberosum* 等[2]。

2　研究方法[2]

根据自然生境，结合星头啄木鸟的分布和栖息生境，选定海拔 1300~1500m 的农耕和村庄带，海拔 1400~1500m 的荒坡灌草带，海拔 1400~1600m 的细腰周围低山杨树林带，海拔 1600~1800m 的吴家沟油松林带，海拔 1800~2100m 的梅洞周围油松、辽东栎、山杨混交林带和海拔 2100~2500m 的冰口洼云杉、落叶松林带。样线长 2000m、宽 100m。每年 3 月、8 月，每 2 人为 1 组调查 1 条样线，采用常规路线数量统计法，步行速度为 2km/h，左右视

---

①　本文原载于《现代农业科技》，2012，(22)：257~258.

距各 50m,通常在 8:00~10:00 进行调查,记录鸟的数量,计算月平均值。以种群遇见率(只 /km)作为指标,反映其繁殖前后各生境类型内的种群密度。繁殖季节调查繁殖巢、繁殖习性,同时采集若干幼鸟、成鸟标本分析其食性。共计调查 3 年,期间调查人员、路线、方法基本相同[2]。

3　结果与分析

3.1　星头啄木鸟的生境与分布

　　星头啄木鸟主要活动在海拔 1400~1600m 的细腰杨树林带,海拔 1600~1800m 的吴家沟油松林带和海拔 2100~2500m 的冰口洼云杉、华北落叶松林带。多穿梭于林间树杆,常单独活动。走进林间常听到星头啄木鸟取食时用喙敲击树干的“笃笃笃笃”声音。鸣声似“gui-gui-gui”。星头啄木鸟偶见于村庄、耕地,在荒坡灌草带基本没有分布。

3.2　星头啄木鸟种群数量密度

　　由表 1 可知,星头啄木鸟在油松林种群密度最高,繁殖前 3 月为 0.200 只 /km,繁殖后 8 月为 0.356 只 /km;在农耕和村庄带星头啄木鸟的种群密度最低,繁殖前 3 月为 0.036 只 /km,繁殖后 8 月为 0.053 只 /km。星头啄木鸟繁殖前的 3 月、繁殖后的 8 月种群平均密度分别为 0.115、0.189 只 /km,繁殖后比繁殖前增加 0.074 只 /km。

表 1　星头啄木鸟繁殖前后不同海拔生境的种群密度比较

时间	生境	海拔（m）	统计时数（h）	统计距离（km）	遇见数（只）	密度（只 /km）
繁殖前 3 月	荒坡灌草带	1400~1500	180	360	0	0
	农耕和村庄带	1300~1500	180	360	13	0.036
	低山杨树林	1400~1600	180	360	59	0.164
	油松针叶林带	1600~1800	180	360	72	0.200
	油松、辽东栎、山杨混交林	1800~2100	180	360	38	0.106
	华北落叶松、云杉林和混交林带	2100~2500	180	360	66	0.183
	平均	1300~2500	180	360	–	0.115
繁殖后 8 月	荒坡灌草带	1400~1500	180	360	0	0
	农耕和村庄带	1300~1500	180	360	19	0.053
	低山杨树林	1400~1600	180	360	92	0.256
	油松针叶林带	1600~1800	180	360	128	0.356
	油松、辽东栎、山杨混交林	1800~2100	180	360	60	0.167
	华北落叶松、云杉林和混交林带	2100~2500	180	360	109	0.303
	平均	1300~2500	180	360	–	0.189

3.3　繁　殖

4~7月为星头啄木鸟繁殖期。一般4月初见有成对活动的个体,接着求偶、配对、占巢区、营巢,开始繁殖活动。

3.3.1　筑巢　2011年4月9日在吴家沟油松林林缘的枯死油松树洞发现星头啄木鸟营巢活动,将该巢定为01号巢。3年共发现星头啄木鸟繁殖巢7个,距地面4~13m,其中杨树树干2个,杏树树干2个,油松树干1个,辽东栎树干1个,华北落叶松树干1个。营巢期14~15d,雌雄鸟共同筑巢。洞口呈圆形,平均直径4.2cm,平均深25cm,内径平均10cm。洞内基本没有垫物,有极少量枯草。整个筑巢过程雌雄鸟用嘴啄凿,筑巢时间13~15d。

3.3.2　产卵与孵化　筑好巢的翌日,星头啄木鸟即开始产卵,一般在6:30产卵,每天产1枚,每窝产卵3~5枚,卵呈白色。据对28枚卵的测定,卵重7.0(6.3~7.7)g,长径20.4(20.1~20.7)mm,短径14.3(14.0~14.5)mm。卵产齐后雌雄鸟开始孵卵,孵化期12~13d,巢内育雏期11~12d,之后雏鸟离巢(表2)。

表2　星头啄木鸟繁殖参数

年份	窝数	营巢期(d)	产卵日期	窝卵数(枚)	共计卵数(枚)	孵化数(d)	未受精卵(枚)	孵化率(%)	巢内育雏(d)	离巢幼鸟	离巢率(%)
2010	2	14、15	4月9日、4月17日	4、5	9	12、12	1、1	78	12、11	3、4	100、100
2011	3	14、15、15	5月19日、6月4日、4月15日	4、5、3	12	12、11、33	0、1、1	83	11、12、11	4、4、2	100、80、67
2012	2	15、15	5月8日、6月26日	3、4	7	13、13	0、1	86	11、12	3、3	100、75
平均	2.3	14.7	–	4	9.3	112.6	1.7	82	11.4	3.3	89

由表2可知,星头啄木鸟产卵期为4月9日至6月26日,繁殖1次,平均孵化率82%,繁殖成功率(离巢率)89%,这表明星头啄木鸟繁殖成功率较高。繁殖过程中受损因素主要来自于人为干扰和部分猛禽,如红隼等对其繁殖卵的取食。

3.3.3　雏鸟　生长刚出壳的雏鸟全身赤裸无羽,头大颈细,双目紧闭,腹部如球。对02号、03号和06号巢刚出壳雏鸟进行测量,结果为:平均体重4.5(4.0~5.0)g,体长42(38~44)mm,嘴峰6(5~7)mm,跗跖长11(10~12)mm。巢内育雏5d后,雏鸟体重13(12~14)g,体长65(60~70)mm,翼长21(18~22)mm,嘴峰8(7~9)mm,跗跖14(13~15)mm,尾长9(8~10)mm。巢内育雏10d后,幼鸟体重21(19~23)g,体长127(124~130)mm,翼长90(85~95)mm,嘴峰15(14~16)mm,跗跖16(15~17)mm,尾长50(45~55)mm。由此可知,星头啄木鸟雏鸟在巢内育雏期的后期生长速度较快。

3.4　食物组成

对星头啄木鸟的5只成鸟(3♂,2♀)和03、06号巢7只雏鸟(10日龄)采取胃检和扎颈法进行食物分析(表3)。由表3可知,星头啄木鸟食物以昆虫为主,占食物总量的90.3%。植物性食物仅占9.7%。由此可知,星头啄木鸟在当地对林木生长和天然林保护具有十分重要的意义。

表3 星头啄木鸟食物组成

种类	频次	频率(%)	种类	频次	频率(%)
鳞翅目	12	100	松毛虫	10	83
鞘翅目	10	83	小蠹虫	12	100
蚁科	9	75	蝗虫	6	50
胡峰科	4	33	蜘蛛	2	17
甲虫	11	92	草籽	2	17
天牛幼虫	10	83	松子	3	25
蛴螬	9	75	山刺玫	4	33
吉丁虫	6	50	沙棘	2	17
蜗牛	1	8	总计	113	

4 讨 论

星头啄木鸟在山西芦芽山自然保护区的种群数量比大斑啄木鸟和黑啄木鸟的数量少。一方面,由于其巢穴的特征比较明显,容易被人为发现并干扰或破坏;另一方面,其繁殖卵常受到猛禽的袭击,导致其繁殖成功率不高。通过3年的观察发现,星头啄木鸟行动较其他啄木鸟敏捷,且多数在针叶或阔叶林内活动,对森林的生长和更新有极为重要的作用,应加强对该鸟的保护和利用[3]。

参考文献

[1] 赵正阶. 中国鸟类手册:上卷[M]. 长春:吉林科学技术出版社,1995.

[2] 王建萍. 山西芦芽山自然保护区星鸦的繁殖生态[J]. 野生动物,2010,31(5):259~261.

[3] 王拴柱,王建萍. 山西芦芽山保护区大斑啄木鸟的生态观察[J]. 野生动物,2008,29(6):294~296.

[4] 孙明荣,李克庆,朱九军,等. 三种啄木鸟的繁殖习性及对昆虫的取食研究[J]. 中国森林病虫,2002(2):12~14.

[5] 赛道建,徐成钢,张永艳,等. 黄河林场3种啄木鸟繁殖期生态位的研究[J]. 山东林业科技,1994(1):22~25.

[6] 高玮,李万超,吕杰娣. 三种啄木鸟的生态位和竞争[J]. 东北师大学报:自然科学版,1997,29(1):85~88.

芦芽山自然保护区普通翠鸟生态记述^①

邱富才　谢德环　温　毅

（山西芦芽山国家级自然保护区，山西　宁武　036707）

1　研究方法

依据普通翠鸟 *Alcedo atthis* 的生物学特性，沿芦芽山自然保护区 3 条主要河流梅洞河、圪洞河、汾河为调查路线，调查普通翠鸟的种群密度和习性。每年 5、6 月进行，每条河流每周调查 1 次，每次 3km，每次调查路线左右视距各 100m，由 2 人 1 组记录飞翔、河滩巨石停息、取食和鸣声、土坎、岩石、堤坝等处普通翠鸟的个体数。3 年共调查样线 72km。确定其居留情况时，选定西马坊至榆木桥沿河生境，每年 3~4 月和 9~10 月，隔日观察 3h 为 1 次，统计其最早和最晚获见日期。

表 1　普通翠鸟季节迁徙调查

年份	最早迁来日期	最晚迁出日期	居留期限（d）
1996	4 月 1 日	9 月 25 日	178
1997	4 月 3 日	9 月 27 日	178
1998	4 月 2 日	9 月 29 日	181

2　结果与分析

2.1　季节迁徙

普通翠鸟迁徙结果见表 1。由表 1 可知，普通翠鸟每年最早迁来日期 4 月 1~3 日，最晚迁离日期为 9 月 25~29 日，居留期 178~181d，这表明普通翠鸟在本区的居留相对稳定。

2.2　栖息环境

普通翠鸟栖息环境见表 2。

---

① 本文原载于《四川动物》，2000，19（5）：34~35

表 2　普通翠鸟栖息地概况

繁殖期营巢地	觅食地或取食地	短暂停息地	夜间栖息地
水冲沟岸边、陡直的土坎、沙岩壁上、林区溪间两岸	林地溪流间、河谷河岸边、水库水沟边、水塘、池边	河边树桩、溪间巨石、水沟土坎、河边幼树低枝	繁殖期多接近于巢位、秋季食物丰富常上随处栖息

2.3　种群密度

3 条河流生境普通翠鸟的调查结果见表 3,可知本区普通翠鸟种群密度为 0.29 只 /1km。

表 3　普通翠鸟种群密度

年份	5 月			6 月			合计		
	调查里程(km)	遇见数(只)	密度(只/km)	调查里程(km)	遇见数(只)	密度(只/km)	调查里程(km)	遇见数(只)	密度(只/km)
1996	12	4	0.33	12	3	0.25	24	7	0.29
1997	12	3	0.25	12	4	0.33	24	7	0.29
1998	12	4	0.33	12	3	0.25	24	7	0.29
均值	12	3.67	0.30	12	3.33	0.28	24	7	0.29

2.4　繁殖生物学

每年 5~8 月为繁殖期。最早发现 4 月 20 日配对,表现形式为活动力增强,鸣声增多,活动范围扩大,边飞边鸣,近似单声的“chee--”,或连续不断的“chee--chee--chee”,抑扬而悠长。嗣后,多见雌雄鸟在溪间追逐、嬉戏,时而飞至溪间岩峭,时而飞至土坎,更多的则是飞翔于池塘水边木桩上对视。

2.4.1　掘洞筑窝

最早发现在 5 月 2 日掘洞筑窝。掘洞于距水较远的土坎或沙土沟壁。用喙啄土,再用脚往洞口处扒土,雌雄鸟轮流交替。两个洞穴作完需 12~14d。窝巢内无任何铺垫物,仅有自身羽毛和沙质土。洞口具有山榆灌丛,隐蔽良好。洞穴为圆形,呈隧道状,洞口 11cm×10cm。

2.4.2　产　卵

据对 6 个巢的观察,巢筑好后隔 1 天产卵。全天观察 2 号和 4 号窝的产卵时间,产卵最早在 5 月 18 日,每日产卵 1 枚,窝卵数 4~5 枚,年产 1 窝。产卵时间多在早晨 5:00~6:00。卵为白色,光滑,几呈圆形,大小平均 20mm×18mm($n=9$),卵重 3.5(3~4)g($n=7$)。

2.4.3　孵卵与育雏

孵卵由雌雄鸟共同承担。夜间和早晨由雌鸟负责,上午和下午由两亲鸟轮流交替孵卵,孵卵时间雌雄鸟之比 3:1。孵化期 19~20d。雏鸟为晚成鸟。刚出壳的雏鸟全身赤裸,仅头部、颈侧、背部着生灰黑色绒羽,皮肤肉粉色,体重 3~3.2g。头大颈细,双目紧闭,腹部如球,侧身躺卧,触动勉强摇头,不能站立。据 2 号和 4 号巢 9 枚卵孵出 8 只雏鸟,孵化率为89%。雏鸟经喂育26~28d后,分别在一日之内全部飞出,降落于草丛。捕获1号巢中4只出飞的幼鸟,测定体重为20(19~22)g,体长123(119~126)mm,嘴峰38(37~40)mm,翅68(64~70)mm,尾长26(24~27)mm,跗跖6(5~6.5)mm。

2.5 食物组成

在繁殖季节,其育雏期间衔回的食物遗留在洞口外,先后又采集6只(♀4,♂2)成体标本,分析食物组成,见有多种小鱼、小蛙和虾。

参考文献

[1] 郑作新.中国经济动物志:鸟类[M].北京:科学出版社,1966.

山西芦芽山自然保护区
虎纹伯劳生态习性研究^①

郭瑞萍

（山西芦芽山国家级自然保护区，山西　宁武　036707）

虎纹伯劳 *Lanius tigrinus* 在山西芦芽山自然保护区为夏候鸟[1]，主要以昆虫为食，有重要的观赏价值，在森林生态和农业生产中起着重要作用。为了环境监测和科学保护鸟类资源，我们于 2011~2013 年 4~10 月对芦芽山自然保护区虎纹伯劳的繁殖生态习性进行了观察研究，现将结果报道如下。

1　自然地理概况^[2]

山西芦芽山国家级自然保护区位于吕梁山脉北端，地处宁武、五寨、岢岚三县交界处，地理位置为 111°50′00″~112°05′30″E，38°35′40″~38°45′00″N。最高海拔 2787m。该区属暖温带大陆性季风气候，年均气温 4~7℃，年均降水量 500~600mm，无霜期 90~120d。森林群落主要由云杉 *Picea* spp.、华北落叶松 *Larix principis-rupprechtii*、油松 *Pinus tabuliformis*、白桦 *Betula platyphylla*、辽东栎 *Quercus wutaishanica* 等组成；灌丛主要由沙棘 *Hippophae rhamnoides*、黄刺玫 *Rosa xanthina*、三裂绣线菊 *Spiraea trilobata* 等组成；草本植物主要以禾本科、豆科、菊科等植物为主。农作物主要以莜麦 *Avena chinensis*、豌豆 *Pisum sativum*、马铃薯 *Solanum tuberosum* 等为主。植被覆盖率 31.6%。

2　研究方法

依据虎纹伯劳的活动范围和分布特点，选定西马坊—吴家沟，海拔 1450~1600m 的村庄河流带；吴家沟—营房沟，海拔 1600~1800m 的低、中山灌丛和油松、辽东栎、杨桦林带；圪洞—冰口洼，海拔 1800~2400m 的云杉、华北落叶松高山林带等作为观察生境，对虎纹伯劳的迁徙时间、栖息环境、种群密度和寄生性繁殖等进行了调查。每年 4~10 月每个生

---

①　本文原载于《现代农业科技》，2013（24）：267~268，275.

境各统计 5km,3 年共统计 315km。步行速度 2km/h,左右视野以能看到虎纹伯劳的踪迹、听到虎纹伯劳的叫声为限,计算该鸟遇见数 /km,观察其栖息生境和繁殖等习性[2]。

3　结果与分析

3.1　迁徙动态

虎纹伯劳迁徙动态观察结果见表 1。由表 1 可知,虎纹伯劳每年 4 月下旬至 5 月上旬迁来,最早迁来时间为 4 月 23 日,最晚迁来时间为 5 月 3 日;9 月下旬迁走,最早迁离时间 9 月 22 日,最晚迁离时间 9 月 27 日。居留时间为 147~155d。

表 1　虎纹伯劳季节迁徙动态

年份	首见日期	终见日期	居留期(d)	间隔期(d)
2011	5 月 3 日	9 月 27 日	147	218
2012	4 月 26 日	9 月 22 日	149	217
2013	4 月 23 日	9 月 25 日	155	210

3.2　栖息生境与习性

虎纹伯劳主要栖息于低、中山疏林地带和河谷灌丛带。迁来初期,虎纹伯劳常在低山灌丛带、河谷地带的向阳处或电线、电杆活动。进入繁殖期,虎纹伯劳多转移到中海拔的疏林灌丛带,在枝叶间或稀疏灌丛间活动。常单独活动,偶尔也见有成对活动的,踪迹较为隐蔽,很少在人为活动较为频繁的环境下活动。

3.3　种群密度

3a 来在上述 3 种生境下调查虎纹伯劳的种群密度,结果见表 2。

表 2　虎纹伯劳种群密度

年份	4 月			5 月			6 月			7 月		
	调查路线(km)	遇见数(只)	密度(只/km)	调查路线(km)	遇见数(只)	密度(只/km)	调查路线(km)	遇见数(只)	密度(只/km)	调查路线(km)	遇见数(只)	密度(只/km)
2011	15	0	0	15	4	0.27	15	2	0.13	15	4	0.27
2012	15	3	0.20	15	5	0.33	15	3	0.20	15	3	0.20
2013	15	5	0.33	15	6	0.40	15	3	0.20	15	4	0.27
合计	45	8	0.53	45	15	1.00	45	8	0.53	45	11	0.74
年均值	15	2.67	0.18	15	5	0.33	15	2.67	0.18	15	3.67	0.25

续表

年份	8月			9月			10月			合计		
	调查路线(km)	遇见数(只)	密度(只/km)	调查路线(km)	遇见数(只)	密度(只/km)	调查路线(km)	遇见数(只)	密度(只/km)	调查路线(km)	遇见数(只)	密度(只/km)
2011	15	6	0.40	15	6	0.40	15	0	0	15	22	0.21
2012	15	8	0.53	15	9	0.60	15	0	0	15	31	0.30
2013	15	9	0.60	15	11	0.73	15	0	0	15	38	0.36
合计	45	23	1.53	45	26	1.73	45	0	0	45	91	0.87
年均值	15	7.67	0.51	15	8.70	0.58	15	0	0	15	30.33	0.29

由表2可知,虎纹伯劳种群密度8、9月最大,分别为0.51/km、0.58只/km;4月和6月种群密度最小,均为0.18只/km;10月全部迁离。种群密度平均为0.29只/km。繁殖前(5月)密度为0.33只/km,繁殖后(9月)密度为0.58只/km,繁殖后比繁殖前密度增长76%。

3.4 繁殖习性

虎纹伯劳繁殖期为5月下旬至7月中旬。繁殖期雌雄鸟求偶配对后成对活动,常在枝叶繁茂的疏林间及灌丛间占领巢区。

3.4.1 营 巢

选定巢位后,虎纹伯劳于5月上旬开始营巢,雌雄鸟共同衔材营巢,巢多筑于灌丛、林缘、向阳山坡小树上。营巢期7~8d。巢呈浅杯状,巢主要由细枝、树皮、枯草茎、草叶等构成。虎纹伯劳6个繁殖巢测量结果见表3。由表3可知,虎纹伯劳巢喜欢筑在海拔1600~1800m的低、中山灌丛和油松、辽东栎、杨桦林带。巢平均大小:外径12.5cm、内径9.3cm、高7.6cm、深5.5cm,巢距地面平均3.3m。不同环境下巢的大小和形状相差较小。

表3 虎纹伯劳的营巢环境及巢的测量结果

营巢环境	营巢树种	巢数(个)	巢距地面(m)	巢的尺寸(cm)			
				内径	外径	巢高	窝深
海拔1450~1600m的村庄河流带	山坡农田边柳树上1个、杨林边缘沙棘灌丛中1个	2	6.0、2.5	9.5	12.4	6.2	4.4
海拔1600~1800m的低、中山灌丛和油松、辽东栎、杨桦林带	油松幼树枝叶间1个,黄刺玫和忍冬灌丛中各1个	3	5.0、2.0、1.3	8.1	11.3	8.0	5.7
海拔1800~2400m的云杉、华北落叶松高山林带	华中山楂树枝杈间1个	1	3.2	10.3	13.8	8.7	6.5
平均		2	3.3	9.3	12.5	7.6	5.5

3.4.2 产卵和孵化

虎纹伯劳筑好巢后的第2天或第3天开始产卵,日产1枚,窝卵数4~6枚。卵椭圆形,淡粉红色,密被大小不一的蓝灰色斑点。测量6窝29枚卵,平均重4.2(3.5~4.8)g,短径 18.1(17.3~19.2)mm,长径 25.4(23.0~26.9)mm,孵卵期 15~16d。孵卵主要由雌鸟承担,雄鸟担任警戒和觅食。

3.4.3　出雏和育雏

一窝雏鸟全部出壳一般需要 4~5h。雌鸟待全部雏鸟出壳后,离巢与雄鸟共同衔食以喂育雏鸟。雏鸟晚成性。刚出壳的雏鸟赤裸无羽,双目紧闭,嘴峰和跗跖及爪肉黄色,不能站立。巢内育雏 14~16d。刚离巢的雏鸟不能独立生活,仍然需要亲鸟带领一段时间后才能自由活动。对 6 窝 25 只刚出壳雏鸟进行测量:平均体重 3.2(2.8~3.5)g,体长 36.4(31.5~38.6)mm,嘴峰长 4.3(4.0~4.6)mm,跗跖长 7.5(7.0~8.0)mm,翅长 3.7(3.4~4.6)mm。6窝虎纹伯劳的繁殖数据见表 4。

表 4　不同年度和生境虎纹伯劳的繁殖参数

年份	巢数	窝卵数（枚）	最早产卵日期	孵化期（d）	无受精卵（枚）	孵化率（%）	出雏数（只）	离巢幼鸟数（只）	成活率（%）	巢内育雏（d）
2011	1	5	5.25	15	0	100.0	5	5	100.0	14.0
2012	2	4	5.19	15	1	75.0	3	3	100.0	14.0
		4	6.21	16	0	100.0	3	3	100.0	15.0
2013	3	5	6.16	15	1	80.0	4	3	75.0	15.0
		6	5.20	16	1	83.0	5	4	80.0	14.0
		5	5.14	15	0	100.0	5	4	80.0	16.0
总计	6	–	–		3.0	–	25.0	22.0	–	88.0
平均	2	–		15.3	0.5	89.7	4.2	3.7	89.2	14.7

由表 4 可知,虎纹伯劳 6 窝 29 枚卵的平均窝卵数为 4.8 枚,平均孵化期为 15.3d,平均孵化率为 89.7%,平均成活率为 89.2%,巢内育雏时间平均为 14.7d。依据 Nici 公式[3]:繁殖力 = 平均窝卵数 × 孵化率 × 年繁殖次数 /2(1 对亲鸟)计算,虎纹伯劳繁殖力为 2.2 只。

3.5　食　性

通过野外观察成鸟取食和育雏期亲鸟的育雏行为,并对 5 只虎纹伯劳扎颈剖检其食性,可以看出:虎纹伯劳主要以昆虫为食,食物中以甲虫类和蛾类、步行虫类为主,偶尔见有极少量植物茎叶碎片,昆虫类食物占比逾 98%。

4　讨　论

虎纹伯劳芦芽山保护区分布数量较少,种群密度最大仅有 0.58 只 /km。虎纹伯劳与楔尾伯劳生态习性[4]大同小异,种群数量和栖息生境相差较小,虎纹伯劳成鸟个体较楔尾伯劳稍小;最早迁来日期比楔尾伯劳晚,最晚可迟 1 个月左右,最晚迁离日期差异较小。从繁殖习性方面看,虎纹伯劳繁殖期较楔尾伯劳晚约 20d,虎纹伯劳繁殖巢比楔尾伯劳繁殖巢稍小,但营巢期长 1~2d;卵的颜色有差异,卵的大小较楔尾伯劳的卵稍小,营巢完毕后的产卵时间虎纹伯劳要比楔尾伯劳早1~2d。巢内育雏虎纹伯劳比楔尾伯劳短1~2d。两者均以昆虫为食。该鸟已被列入《国家保护的有益的或者有重要经济、科学研究价值的陆生野生动物名录》,应加强保护。

参考文献

[1] 赵正阶.中国鸟类手册,下卷[M].吉林:吉林科学技术出版社,2001.
[2] 王建萍.山西芦芽山自然保护区四声杜鹃的生态习性观察[J].野生动物,2012,33(4):184~186.
[3] 王建萍,郭建荣,吴丽荣,等.山西芦芽山自然保护区鹪鹩繁殖生态观察[J].野生动物,2005,26(3):53~56.
[4] 吴丽荣.山西芦芽山保护区楔尾伯劳的生态习性研究[J].野生动物,2012,33(2):71~73.

山西芦芽山自然保护区山噪鹛的生态观察 ①

吴丽荣

（山西芦芽山国家级自然保护区，山西　宁武　036707）

山噪鹛 *Garrulax davidi* 为我国特产鸟类，我们于 2002~2004 年对其进行了观察，以期为管理、保护鸟类资源和环境监测提供科学依据。

1　研究区概况

山西芦芽山国家级自然保护区位于吕梁山脉北端，行政区划属于忻州市宁武、五寨和岢岚县，111°50′00″~112°05′30″E，38°35′40″~38°45′00″N。总面积 21453hm²。主峰芦芽山海拔 2772m，最低海拔（坝门口，汾河河漫滩）1346m，最高海拔（荷叶坪）2787m。气候类型属于暖温带季风型大陆性气候。年均气温 4~7℃，年降水量 500~600mm，无霜期 90~12d。森林群落建群种主要由云杉 *Picea* spp.、华北落叶松 *Larix principis-rupprechtii*、油松 *Pinus tabuliformis*、辽东栎 *Quercus wutaishanica*、白桦 *Betula platyphylla* 等组成。灌丛建群种主要由沙棘 *Hippophae rhamnoides*、黄刺玫 *Rosa xanthina*、忍冬 *Lonicera* spp.、三裂绣线菊 *Spiraea trilobata* 等组成。农作物主要有莜麦 *Avena chinensis*、马铃薯 *Solanum tuberosum*、蚕豆 *Vicia faba* 等。

2　研究方法

依据山噪鹛的生物学特性、分布规律及分布生境，在芦芽山自然保护区选定红砂地、梅洞沟、东沟和冰口洼等 4 条路线进行调查。调查采用样线法，步行速度 2km/h，左右视距各 50m，听其鸣声，观其形影，记录山噪鹛的个体数。逐月统计山噪鹛的种群数量，求出种群遇见率（只/km），以反映各调查路线的种群密度。每年繁殖季节寻找繁殖巢，观察山噪鹛繁殖生态生物学特性。3 年的调查路线、工作人员、统计时间、记录方法基本一致。

---

①　本文原载于《四川动物》，2005，24（4）：594~595.

3 研究结果

3.1 栖息环境

山噪鹛常 3~5 只结群活动觅食,叫声多变,富于音韵而动听,鸣叫时常振翅展尾,在树枝间跳上跳下,非常活跃。山噪鹛多栖于丛生灌木和矮树的山坡,在坡度较小的阳坡下部或沟谷黄刺玫、绣线菊、沙棘灌丛的高处筑巢。在撂荒地、灌丛、田地边活动较为频繁,也短暂停息于林缘旷地、水边、巨石、枯树枝等处。夜间多选择在向阳背风的灌丛或幼树的枝桠过夜。

3.2 种群数量

山噪鹛在不同生境的种群遇见率见表 1。由表 1 可知,山噪鹛在本区分布较为广泛,平均种群遇见率为 2.35 只 /km。生境主要集中于荒坡灌丛、农耕带及疏林灌丛带;随着海拔升高,种群数量呈逐渐递减趋势。

表 1 山噪鹛种群数量调查结果

地点	海拔(m)	生境	调查里程(km)	数量(只)	种群遇见率(只 /km)
红砂地	1346~1550	荒坡灌丛农耕带	60	240	4.0
梅洞沟	1550~1770	疏林灌丛带	60	174	2.9
东沟	1700~1900	针阔混交林带	60	108	1.8
冰口洼	1900~2400	云杉落叶松林带	60	42	0.7
	均值		60	141	2.35

3.3 繁殖生物学

3.3.1 营 巢

山噪鹛在芦芽山为留鸟。繁殖期为 4~7 月。每年 4 月中旬即有配对的,多在 4 月下旬开始营巢,由雌雄鸟共同进行。巢多筑在坡度较小的阳坡下部或沟谷间高大的灌丛,多在绣线菊、刺梨、沙棘等枝杈上筑巢。6 个巢的测量结果见表 2。

表 2 山噪鹛巢的测量结果

巢号	营巢环境	巢高(cm)	巢深(cm)	外径(cm)	内径(cm)	距地面(m)
1	绣线菊灌丛	8.4	4.4	12.7×13.0	7.0×7.5	0.7
2	绣线菊灌丛	8.9	5.0	15.2×16.0	8.0×8.4	1.0
3	沙棘灌丛	9.4	5.7	15.1×17.8	8.2×9.0	1.7
4	黄刺玫灌丛	10.0	5.5	17.0×19.6	9.0×9.5	0.9
5	刺梨灌丛	9.6	5.2	15.9×17.0	7.9×8.7	2.0
6	绣线菊灌丛	8.7	4.2	13.0×15.1	7.9×8.5	1.4
	均值	9.17	4.83	15.0×16.2	8.1×8.5	1.35

据 6 个巢观察表明,山噪鹛巢址上方和巢周一侧盖度较大,而下部或巢周另一侧比较开阔,这样既便于蔽敌,又便于在灌丛间活动。巢呈浅杯状,巢材由 2~4cm 长的刺梨、绣线菊等小枝作骨架,中层由禾本科的茎、铁线莲藤等编成,内垫以细小的灌木叶柄。营巢期 6~9d。

3.3.2　产卵

山噪鹛在营巢完毕后当日或次日即开始产卵,最早产卵见于 4 月 29 日。日产卵 1 枚,多在 6:00 前产出,窝卵数 3~5 枚。卵椭圆形,无斑点,光滑,天蓝色。据 32 枚卵的测定,卵重为 5.01(4.8~53)g,长径为 25.8(24.0~27.0)mm,短径为 20.2(18.2~23.2)mm。

3.3.3　孵卵

山噪鹛在产卵期间不孵卵,产完最后 1 枚卵的翌日开始由雌鸟孵卵,最早孵化见于 5 月 3 日。雌鸟孵卵时,雄鸟在巢周围活动,有时鸣叫。随着孵卵天数的增加,卵色渐渐变暗。孵卵期间若无较强干扰,雌鸟一般不离巢。孵化期 13~14d。在 10 个巢 39 枚卵中有未受精卵 1 枚,孵化率为 97.44%。

3.3.4　育雏及雏鸟的生长情况

雏鸟最早 5 月 15 日出壳。刚出壳的雏鸟头大颈细,两眼紧闭,腹部如球,体被绒毛,用手触之,勉强抬头,生命力非常微弱。4 日龄雏鸟双目刚睁,雌雄亲鸟共同衔食喂育雏鸟。喂雏次数最多一天达 44 次,多集中在 6:00~8:00 和 18:00~20:00,亲鸟往往归巢时嘴里衔着食物,离巢时经常将巢内的粪便顺便衔出巢外。雏鸟经双亲喂育 12~13d,即可离巢,离巢后的幼鸟分散于巢区的灌丛,大约还需亲鸟巢外喂育 9d 左右,幼鸟才能独立生活,但防敌、觅食和飞翔能力均不及亲鸟。现以 1 号巢 3 只雏鸟来说明山噪鹛各器官的发育情况(表 3)。

表 3　山噪鹛雏鸟各器官的生长动态

日龄	体重(g)	体长(mm)	嘴峰(mm)	翼长(mm)	尾长(mm)	跗跖(mm)	备注
1	4.8(4.6~4.9)	43(40~45)	4.7(4.5~5.0)	5.2(5.0~5.6)	–	5.0(4.9~5.2)	体具绒毛,双目紧闭
4	13.0(12.0~14.0)	43(40~45)	8.2(7.9~8.4)	16(15~17)	–	10.6(10~11)	双目刚睁,飞羽放缨
8	25.0(24.0~27.0)	43(40~45)	12(11~13)	31(29~32)	3.7(3.1~4.0)	27(26~28)	各羽区放缨成灰褐色
12	33.0(31.0~34.0)	43(40~45)	15(14~16)	56(55~57)	17(16~19.0)	30(29~31)	羽丰满体似成鸟,触之欲飞

3.4　食性分析

通过对雏鸟扎颈、冬季采集标本剖检鸟胃和野外直接观察得知,繁殖季节山噪鹛的食物主要为昆虫类,包括鳞翅目、直翅目、鞘翅目、双翅目等昆虫。冬、春季则以杂草种子、灌丛浆果为主要食物,野外多见停留于沙棘、胡颓子等灌丛吃食;剖胃还见有狗尾草、薹草等的草籽。

参考文献

［1］赵正阶.中国鸟类志［M］.长春:吉林科学技术出版社,2001.

［2］杨向明,李世广.山噪鹛繁殖习性的观察［J］.动物学杂志,1998,33(2):35~37.

［3］吴丽荣,王建萍,宫素龙.山西芦芽山自然保护区松鸦的繁殖生态［J］.四川动物,2003(3):168~170.

山西芦芽山自然保护区斑翅山鹑的生态研究①

王建萍

（山西芦芽山国家级自然保护区，山西　宁武　036707）

斑翅山鹑 *Perdix dauuricae* 是重要的狩猎鸟，在本区为留鸟。有关该鸟繁殖生态方面的研究，张正旺等[1]、赵柒保[2]曾有过报道。为了进一步了解近年来山西芦芽山自然保护区斑翅山鹑繁殖生态学信息，为合理保护鸟类资源、环境监测提供依据科学依据，我们于2011~2013 年 3~9 月对山西芦芽山自然保护区斑翅山鹑的繁殖生态习性进行了观察研究，现将研究结果报道如下。

1　研究区概况

山西芦芽山自然保护区位于吕梁山北端，地处宁武、五寨、岢岚三县交界处（111°50′00″~112°05′30″E，38°35′40″~38°45′00″N）。主峰芦芽山海拔 2772m。总面积 21453km²。年均气温 4~7 ℃，年降水量 500~600mm，无霜期 90~120d[3]。乔木以云杉 *Picea* spp.、华北落叶松 *Larix principis-rupprechtii*、油松 *Pinus tabuliformis* 为主，灌木以沙棘 *Hippophae rhamnoides*、刺梨 *Ribes nurejensa*、三裂绣线菊 *Spiraea trilobata* 等为主。农作物主要有莜麦 *Avena chinensis*、马铃薯 *Solanum tuberosum*、豌豆 *Pisum satirum* 等。森林覆盖率 36.1%。

2　研究方法

根据斑翅山鹑的栖息特性，选定 3 块样地，即十里桥大北沟低山丘陵灌草带（112°02′45″E，38°36′56″N）、西马坊榆林沟村庄农耕带（112°00′14″E，38°38′58″N）、馒头山低山疏林灌丛带（112°00′03″E，38°40′52″N），于 2011~2013 年每年 3 月和 9 月采用小区域绝对数量调查法统计其种群数量，并于同年 3~9 月期间对样地内发现的巢进行标记，定位观察记录各项繁殖参数[4]。

①　本文原载于《野生动物学报》，2014，35（3）：316~319.

3 结果

3.1 栖息环境与种群数量

斑翅山鹑主要栖息于低山丘陵灌丛、草地、农田和荒山荒地、疏林灌丛地,偶尔到河漫滩或路边活动。繁殖季节(4~7月)主要在植被繁茂的低山灌草坡上雌雄成对活动。非繁殖季节(8月到次年3月)多以9~30只成群活动。炎热的夏天中午,斑翅山鹑多出现沙浴的行为,在沙土地上用爪刨一浅坑,然后趴在坑里扑腾着翅膀和身体进行沙浴[5]。斑翅山鹑种群数量见表1。

表1 3月和9月不同生境下斑翅山鹑种群数量

海拔(m)	生境类型	调查面积(hm²)	繁殖前的3月		繁殖后的9月		繁殖后比繁殖前增加(%)
			数量(只)	密度(只/hm²)	数量(只)	密度(只/hm²)	
1400~1480	十里桥低山丘陵灌草带	16.4	3	0.18	5	0.30	66.7
1500~1600	西马坊榆林村庄农耕带	10.8	2	0.19	4	0.37	94.0
1600~1700	馒头山低山疏林灌丛带	13.5	1	0.07	1	0.07	0
总计		40.7	6	0.44	10	0.74	
平均		13.6	2	0.15	3.3	0.25	

由表1可知,斑翅山鹑在海拔1400~1480m的低山丘陵灌草带和海拔1500~1600m的村庄农耕带种群数量较多,海拔1600~1700m的低山疏林灌丛带较少,海拔1700m以上则未发现该鸟活动。繁殖前的3月份种群平均密度:2011年0.095只/hm²,2012年0.06只/hm²,2013年0.29只/hm²;繁殖后的9月份种群平均密度:2011年0.19只/hm²,2012年0.28只/hm²,2013年为0.27只/hm²。3年来在3种生境的种群平均密度:繁殖前的3月为0.15只/hm²,繁殖后的9月为0.25只/hm²。

3.2 繁 殖

3.2.1 求偶和配对

斑翅山鹑3月末至4月初进入求偶期,雄鸟叫声增多,围绕雌鸟发出"gegu-gegu"或"zisi-zisi"的声音,以引诱雌鸟,偶尔也会发生雄鸟间的争偶打斗。4月中旬基本全部完成求偶配对,雄鸟求偶成功后,与雌鸟离开群体相伴左右成对活动,进入1雄1雌的繁殖过程。配对后的斑翅山鹑叫声和活动都明显减少,常常形影不离站在较高处东张西望,占领巢区。每对巢区面积2~6hm²。

3.2.2 交 尾

占领巢区后,斑翅山鹑雌雄鸟结伴活动一段时间(一般5~6d),逐渐开始进行交尾。交尾过程基本与其他雉科鸟类相似,雄鸟翅膀微张下压,低头弓腿,发出低沉的"gu-gu-

gu"声,围绕雌鸟前方来回打转,求得雌鸟同意,同意交尾的雌鸟半趴着身体,雄鸟从侧方跳上雌鸟背部,用喙呷雌鸟头部,并尾部下压与雌鸟泄殖腔相对,完成1次交尾。交尾有时1天1次,有时1天2~3次。雌雄鸟在营巢、产卵前后需要完成多次交尾,不同对雌雄鸟完成的交尾次数不一定相同。

3.2.3 营 巢

营巢多由雌鸟完成,雄鸟偶尔参与衔草材活动,大部分时间在巢附近承担警戒任务,雌鸟用爪在隐蔽的地上刨一个凹坑,然后陆续以枯枝烂叶等铺垫坑内,营巢期6~7d。巢呈浅杯状,平均外径18.3(17.2~19.5)cm,内径13.4(11.6~14.8)cm,深6.6(5.9~7.6)cm。巢十分隐蔽,通常被密被的灌丛或草丛遮掩,一般很难被人发现。营巢期间偶有雌雄鸟交尾。斑翅山鹑7个繁殖巢结果见表2。由表2可知,斑翅山鹑无论是繁殖,还是日常活动都比较喜欢植被覆盖度较高的低山丘陵灌草带及海拔较高的疏林地。

表2　不同生境类型斑翅山鹑的营巢密度(2011~2013)

生境类型	样地面积(hm²)	巢数(个)	鸟巢密度(个/hm²)
十里桥低山丘陵灌草带	16.4	4	0.24
西马坊榆林村庄农耕带	10.8	2	0.19
馒头山低山疏林灌丛带	13.5	1	0.07
	13.6		

3.2.4 产 卵

斑翅山鹑最早产卵是2012年5月11日,最晚是2011年6月24日。在没有干扰的情况下,斑翅山鹑巢筑好后2~3d开始产卵;如一旦发现干扰,产卵可能推迟1~2d。产卵多在下午14:00~18:40,日产1枚,窝卵数13~15枚。卵呈椭圆形,褐色无斑。产完每1枚卵后用爪子刨虚土或树叶、草叶等将卵掩盖。对7窝97枚卵进行了测量,卵重平均11.4(10.6~13.5)g,长径35.0(33.3~36.2)mm,短径27.5(26.5~29.0)mm。

3.2.5 孵 卵

斑翅山鹑与大多数雉类相似,在产完最后1枚卵后即开始孵卵。孵卵由雌鸟承担,雄鸟在巢附近担任警戒任务,一旦发现有人或其他动物进入巢周围,立即"gugugu"叫起来提醒雌鸟,然后带头逃窜,意在诱惑入侵者离开巢区,雌鸟则潜伏在巢内不动,直到入侵者逼进巢前才惊慌逃离。孵化过程中,雌鸟不定期地用脚和嘴翻动卵。孵化初期,雌鸟1d离巢2~3次用于休息或觅食,随着孵化天数的延长,雌鸟离巢次数逐渐减少到1天1次和终日坐巢不离。孵化期23~24d。

3.2.6 出雏与育雏

斑翅山鹑雏鸟从破壳开始到完全出壳需21~27h,出壳前雏鸟先在卵钝端约1/3处啄破卵壳2~5mm大小的洞,洞口随着雏鸟不断地啄和活动,慢慢变大,直到卵壳钝端全部脱落,整个雏鸟出壳。刚出壳的雏鸟全身被有深褐色绒羽,杂有黑色斑纹,腹部绒羽乳白色,喙淡黄色,跗蹠及爪肉黄色,无尾羽。出壳约10min后即能站立,30min后即能在亲鸟身旁自主活动。亲鸟在雏鸟出壳过程中坐巢不动,也不喂食,直到全部雏鸟羽毛全干且能够站立行走才带所有雏鸟一同出巢。雏鸟在巢时间5~7h。出巢当日雌雄鸟共同带雏鸟在巢区附近的草丛中觅食活动。随着雏鸟的成长,雌雄亲鸟带领幼鸟活动的范围不断扩大,约 20d 以后幼鸟逐步离开亲鸟相对自由活动。据对 88 只刚出壳雏鸟的测量结果进行统计:体重 11.0(9.5~12.8)g,体长 64.0(57.5~71.4)mm,嘴峰长 5.3(5.0~5.6)mm,跗蹠长 15.5(15.0~16.6)mm,飞羽长 1.7(1.4~2.6)mm(表3)。由表3可知,斑翅山鹑平均窝卵数为 13.9 枚,平均孵化期为 23.6d,孵化率为 93.8%,成活率为 88.6%,雏鸟在巢时间为 5.9h。依 Nici 公式计算:繁殖力 = 平均窝卵数 × 孵化率 × 年繁殖次数 /2 (1 对亲鸟),斑翅山鹑繁殖力为 6.5 只。

表3　不同生境下斑翅山鹑的繁殖参数(2011~2013)

营巢环境	巢数	窝卵数(枚)	产卵日期	孵化期(d)	无受精卵(枚)	孵化率(%)	出雏数(只)	离巢幼鸟数(只)	成活率(%)	雏在巢时间(h)
低山丘陵灌草丛	4	13	5 月 17 日	23	1		12	12	100	5
		14	5 月 22 日	24	0	92.3	13	11	84.6	6
		14	6 月 6 日	24	1	100	12	10	83.3	6
		15	6 月 15 日	23	2	92.9	13	12	92.3	7
农田边杂草	2	14	5 月 11 日	24	1	86.7	12	11	91.6	6
		13	5 月 28 日	24	1		12	10	83.3	6
疏林林缘灌草	1	14	6 月 24 日	23	0	100	14	12	85.7	5
合计	7	97			6		88	78		41
均值		13.9		23.6	0.86	93.8	12.6	11.1	88.6	5.9

4 讨 论

本文斑翅山鹑繁殖参数与张正旺等、赵柒保[1-2]等研究结果基本一致;与赵正阶[7]的记载存在一定差异:①产卵期较张正旺等研究结果略有提前;②孵化率较张正旺等研究结果稍高,孵化期短 1d 左右;③斑翅山鹑的卵较赵正阶记载的偏大,窝卵数偏少。

近年来尽管保护区野生动植物保护力度不断加强,但斑翅山鹑种群数量与张正旺等[1]研究结果(0.153 只 /hm²)相比呈下降趋势。这可能与近年来的退耕还林有一定关系,因为该鸟喜欢在农田或邻近农田的灌丛活动,本区相当一部分农田实施退耕政策后并未还林,导致大面积的农田闲置成为撂荒地,使斑翅山鹑失去了觅食和活动条件,导致斑翅山鹑繁殖和栖息转向低山丘陵灌草带,久而久之,狭窄生境迫使相当一部分斑翅山鹑种群逐渐向其他区域扩散,使得本区种群数量呈下降趋势。

参考文献

［1］张正旺,梁伟.山西斑翅山鹑的繁殖生态研究［J］.动物学杂志,1997,32（2）:23~25.

［2］赵柒保,杜爱英.山西斑翅山鹑繁殖的新资料［J］.动物学报,1996,42（1）:158~160.

山西芦芽山自然保护区黄鹡鸰繁殖习性 ①

马丽芸

（山西芦芽山国家级自然保护区，山西 宁武 036707）

黄鹡鸰 *Motacilla flava* 在山西芦芽山自然保护区为夏候鸟，我们于 2011~2013 年 4~10 月，在山西芦芽山自然保护区对黄鹡鸰的繁殖习性进行了研究，旨在为鸟类资源监测和保护提供科学依据。

1 研究区概况

山西芦芽自然保护区位于山西吕梁山系北端，坐落于宁武县西南，与五寨、奇岚两县相邻，111°50′00″~112°05′30″E，38°35′40″~38°45′00″N。总面积 214.53km²。

2 研究方法

2.1 迁徙动态

根据黄鹡鸰的活动和分布，在芦芽山保护区选定河流谷地、居民区、低山灌丛等 3 种生境，设置长 200m，宽 200m 的样地进行黄鹡鸰迁徙调查。2011~2013 年每年 4 月和 10 月，隔日 8:00~11:00 观察黄鹡鸰最早迁来和最晚迁离的个体。3 年观察的样地、时间、方法和人员不变。

2.2 种群数量统计

在上述 3 个黄鹡鸰的栖息生境各选择 2km 的样线，每年繁殖前的 4 月和繁殖后的 8 月，采用路线数量统计法，以 2km/h 的步行速度、左右视距各 50m，每天 8:00~10:00 统计 3 条样线黄鹡鸰的数量。每月上、中、下旬各统计 3 次，每月每条样线累积统计 9 次，3 条样线共 27 次 54km，每年 2 次共 108km；3 年共 162 次 324km。取 3 条样线的均值作为本月种群数量。3 年观察的工作时间、方法基本一致。

① 本文原载于《吉林农业》，2014，(6)：32~33。

2.3　繁殖习性

黄鹡鸰繁殖期为 5~7 月,营巢于河边岩石、草丛、河坝缝隙和低山灌丛,用高倍望远镜和其他仪器观察和测定黄鹡鸰的繁殖行为。3 年观察的工作时间、方法基本一致。

3　结果与分析

3.1　迁　徙

由表 1 可知,黄鹡鸰最早迁入时间为 4 月 13 日,最晚迁离日期为 10 月 21 日,平均居留时间 188.6d(表 1),表明迁徙季节相对稳定。

表 1　黄鹡鸰季节迁徙动态

年份	最早迁来日期	最晚迁离日期	居留期(d)
2011	4 月 16 日	10 月 19 日	190
2012	4 月 14 日	10 月 21 日	188
2013	4 月 13 日	10 月 18 日	188
均值	–	–	188.6

3.2　栖息地

研究表明:黄鹡鸰栖息活动地包括营巢、夜宿、觅食和短暂停歇地;营巢地多选择在河边矮树灌草、河坝缝隙和低山灌丛,夜宿和短暂停歇地选择在河流、湿地河漫滩、灌丛、居民点附近,觅食选择在河流、湿地、池塘等。

3.3　种群数量

黄鹡鸰种群调查结果见表 2。从表 2 看出,黄鹡鸰繁殖前(4 月)密度为 1.61 只 /km,繁殖后(8 月)为 2.38 只 /km。繁殖后比繁殖前种群数量增加明显。

表 2　黄鹡鸰种群数量动态

年份	繁殖前			繁殖后		
	调查路线(km)	遇见数(只)	密度(只 /km)	调查路线(km)	遇见数(只)	密度(只 /km)
2011	54	79	1.46	54	116	2.15
2012	54	85	1.57	54	128	2.37
2013	54	97	1.80	54	142	2.63
合计	162	261	4.83	162	386	7.15
均值	54	87	1.61	54	128.7	2.38

3.4 繁殖习性

3.4.1 求 偶

黄鹡鸰于5月上旬进入繁殖期。繁殖初期有明显的配对行为,常见3~4只不停地围在一起相互追逐嬉戏,伴有吱吱吱的叫声。2~3d后,配对成功,一雄一雌相伴活动。

3.4.2 营 巢

配对成功后的3~4d,雌雄鸟共同选择巢位进行营巢。最早营巢日期为5月3日,最晚营巢日期为6月9日,多数营巢时间集中于5月上、中旬。营巢期7~8d。巢呈碗状,主要以枯草茎叶构成,内垫羽毛和动物毛发物。巢外径(8.8~9.3)cm×(9.8~10.4)cm,内径(6.5~6.9)cm×(7.3~7.7)cm,巢深4.6~5.2cm。巢距地面1.3~3.8m。巢址较为隐蔽,不宜发现。

3.4.3 产 卵

黄鹡鸰筑好巢后,最早2~3d开始产卵,最早产卵日期为5月7日,卵多在天亮前产出,日产1枚,每窝卵数5~6枚。卵椭圆形,灰白色,有褐色斑点。卵测定结果见表3。

表3 黄鹡鸰卵的测定结果

巢址	窝数(个)	卵数(枚)	卵大小(mm×mm)	重量(g)
河边柳树	1	9	20.3(20.2~20.6)×14.2(14.0~14.3)	1.94(1.93~1.95)
河边岩石灌草	2	10	20.5(19.9~20.8)×14.3(14.1~14.5)	1.95(1.93~1.97)
河坝缝隙	1	5	20.6(20.4~20.7)×14.5(14.4~14.7)	2.0(1.98~2.15)
低山灌丛	3	16	19.9(19.6~20.5)×14.5(14.2~14.8)	1.98(1.95~2.13)
合计	7	37	—	—
均值	1.75	5.3	—	1.97(1.95~2.05)

3.4.4 孵 化

黄鹡鸰卵产齐后的第2天开始孵化。孵化雏鸟承担。孵化期14~15d。2013年5月16日6:00~20:00,对位于低山灌丛的7号巢孵化情况隔日进行了灌丛,结果见表4。

表4 黄鹡鸰(7号巢)孵化情况

孵卵日数	孵卵时间(min)	晾卵时间(min)	离巢次数	离巢时间(次/min)
1	533	307	11	15~40
3	567	273	9	14~25
5	665	175	8	12~22
7	704	136	7	10~20
9	770	70	5	9~16
11	796	44	3	7~15
13	815	25	3	5~9
15	832	8	1	8

由表4可以看出,黄鹡鸰随着孵化天数的增加,雌鸟全天坐巢时间也在增加,离巢时间逐渐缩短。雏鸟出壳时间相对一致,同1窝卵在同1日全部孵出,第1只鸟与最后1只鸟出壳时间相隔4h。黄鹡鸰繁殖参数见表5。

表5　黄鹡鸰繁殖参数

年份	窝数(个)	营巢期(d)	窝卵数(枚)	孵化期(d)	未受精卵(枚)	孵化率(%)	巢内育雏(d)	离巢幼鸟(只)	成活率(%)
2011	2	7~8	11	14	1	91	14	10	100
2012	2	7	12	14~15	0	100	14~15	9	90
2013	3	7~8	16	14~15	2	88	14~15	13	93
合计	7	51	37	–	3	–	–	32	–
均值	–	7.3	5.3	14.3	0.43	91.9	14.3	4.6	94

3.4.5　育　雏

黄鹡鸰雏鸟出壳后,由雌雄鸟共同育雏,巢内育雏14~15d(表5)。亲鸟对刚出壳的雏鸟喂食次数较多,随着雏鸟的成长,育雏次数逐渐减少。

4　结　论

本研究表明,芦芽山自然保护区黄鹡鸰孵化期比赵正阶报道的多1d,这可能与我们在黄鹡鸰繁殖期间频繁观察干扰有关,使警觉性很高的亲鸟多次离巢晾卵,延长了亲鸟的孵化时间。赵正阶指出,黄鹡鸰可在海拔4000m以上的高原或林缘活动。本研究表明,在芦芽山自然保护区海拔1600m以上的林缘或平川未发现黄鹡鸰活动的踪迹。黄鹡鸰除了繁殖期行踪十分隐匿外,大部分活动于溪流、河谷或低山灌丛。黄鹡鸰食物以昆虫为主,对农林生产大有益处,应予以保护。

参考文献

[1] 赵正阶.中国鸟类志,下卷[M].长春:吉林科学技术出版社,2001.
[2] 胡运彪,常海忠,王小鹏,等.酒红朱雀的繁殖生态初步报道[J].动物学杂志,2013,48(2):294~297.
[3] 王建萍.山西芦芽山自然保护区三道眉草鹀的繁殖生态[J].野生动物,2010(4):188~191.
[4] 吴丽荣.山西芦芽山自然保护区楔尾伯劳的生态习性[J].野生动物,2012(2):71~73.
[5] 王建萍.山西芦芽山自然保护区星鸦的繁殖生态[J].野生动物,2010(5):259~261.

山西芦芽山保护区褐马鸡季节性
栖息地选择与植被类型关系①

王建萍　郭建荣　吴丽荣　宫素龙

（山西芦芽山国家级自然保护区，山西　宁武　036707）

褐马鸡 *Crossoptilon mantchuricum* 为我国特有珍稀鸟类，仅分布于河北小五台山，山西芦芽山、庞泉沟、五鹿山，北京东灵山，陕西黄龙山等地，其中以芦芽山、庞泉沟分布数量最多。褐马鸡是一种典型的森林鸟类，由于其分市区域的狭窄和易受环境变化影响的脆弱性，而被列为国家 I 级重点保护野生动物[1,2]。褐马鸡栖息在海拔 200~3000m 的针阔混交林内，以植物性食物为食。喜欢结群，白天在林间觅食，夜间在树枝上结伴停歇。其觅食主要用嘴，不用爪刨食，由于翅短圆而不善飞行，但擅长疾走。春季繁殖，雄性间争雌激烈，巢多选择在灌丛间的低凹处，略铺草和叶而成。每窝产 8~10 枚卵，孵卵任务由雌鸡承担，雄鸡多在附近警戒护卫。孵化期 25d，小鸡出壳不久，便随成鸡离窝出走[3]。目前有关褐马鸡的报道主要集中于分布、繁育及其保护等方面进行调查研究[2,4,5]，但对褐马鸡栖息地与植被环境类型的关系目前还未见报道。鉴于褐马鸡栖息地与植被环境之间十分密切的关系，我们于 2001 年 1 月至 2003 年 12 月在芦芽山自然保护区对褐马鸡栖息地与植被环境类型的关系进行了研究。

1 材料和方法

1.1 工作区概况

芦芽山自然保护区位于晋西北吕梁山脉北端，111°50′00″~112°05′30″E，38°35′40″~38°45′00″N，总面积 21453hm²。主峰芦芽山海拔 2772m。年均温 4 ℃，年降雨量 500~600mm，年平均日照 2944h，无霜期 90~120d。森林植被主要有华北落叶松 *Larix principis-rupprechtii* 林、云杉 *Picea* spp. 林、油松 *Pinus tabuliformis* 林、杨树 *Populus* spp. 林、桦树 *Betula* spp. 林和辽东栎 *Quercus wutaishanica* 林。森林总覆盖率 36.1%。

---

① 本文原载于《动物学报》，2005，51（增刊）：16~21.

1.2　调查方法

选定褐马鸡的栖息生境,包括油松林、华北落叶松林、云杉林等。通过多次预查,在褐马鸡分布的区域,按照森林植被类型划分出 10 个植被带,分别在各植被带选择长 1500m,左右宽各 100m 的样带,4 人上下排开,每人相隔 50m,记录看见褐马鸡的实体、粪便、羽毛、取食痕迹、脚迹链、巢、卵、沙浴坑、夜栖树以及听到鸣声等。凡发现有褐马鸡迹象的地方,以这些迹象为中心,做 10m×10m 样方,进行树木检测,记录树高、胸径、郁闭度等,并做 4m×4m 的灌木样方和 1m×1m 的草本样方,分别记录主要灌木和草本的种类、平均高、多度、盖度。此外,还记录与褐马鸡栖息地密切相关的其他动物,人类活动类型及程度,以及调查样带距水源和干扰源的距离等环境因子。调查时间为 2001 年 1 月至 2003 年 12 月,春、夏季上午 5:30~12:00;秋、冬季上午 6:30~13:00。每月各样带调查 1 次,每月调查 10 次,3 年共调查 360 次。每月调查样带的时间和工作人员基本一致。

2　结果与讨论

2.1　植被带的划分

2.1.1　以油松为主的生境

对以油松为主的生境选择阴坡、阳坡、半阴坡分别进行调查,结果见表 1。

表 1　以油松为主的生境特征

坡向	阴坡	阳坡	半阴坡
海拔(m)	1500~1800	1680~1860	1700~1900
坡度	25°	26°	39°
树种组成	油松纯林	9 油松 +1 辽东栎	5 油松 +4 杨 +1 白桦
郁闭度	0.6	0.5	0.7
平均树高(m)	9.0	9.0	7.3
平均胸径(cm)	13.6	13.2	16.2
主要灌木	虎榛子、山刺玫。灰栒子、金银忍冬,平均高 1.5m,多度 90%	虎榛子、三裂绣线菊、毛叶水栒子、胡枝子,平均高 2.1m,多度 80%	山里红、北京花楸、虎榛子,平均高 1.8m,多度 80%
主要草本植物	小红菊、细叶薹草、东方草莓,平均高 6.0cm,多度 90%,盖度 70%	小红菊、细叶薹草、糙苏、苋葱等,平均高 10.0cm,多度 80%,盖度 80%	细叶薹草、玉竹、蓝花棘豆等,平均高 7.0cm,多度 70%,盖度 80%
样带中心线	距水源 300m 距干扰源 500m	距水源 500m 距干扰源 700m	距水源 300m 距干扰源 500m
常见动物	松鸦、星鸦、啮齿类、白尾鹞	鹰科猛禽、松鸦、雉鸡、草兔、野猪	松鸦、草兔、雉鸡、花鼠
人类活动类型	打柴	打柴	打柴

2.1.2　以华北落叶松为主的生境

对华北落叶松为主的生境选择阴坡、半阴坡、半阳坡、阳坡分别进行调查,结果见表2。

表2　以华北落叶松为主的生境特征

坡向	阴坡	半阴坡	半阳坡	阳坡
海拔(m)	1800~2400	1980~2200	1950~2250	2320~2600
坡度	21°	25°	20°	35°
树种组成	华北落叶松纯林	9 华北落叶松 +1 白桦	8 华北落叶松 +2 云杉	华北落叶松纯林
郁闭度	0.4	0.5	0.7	0.4
平均树高(m)	14.0m	14.0m	14.0m	14.0
平均胸径(cm)	17.0cm	18.8cm	18.4cm	16.4cm
主要灌木	绣线菊、银露梅、栒子、金花忍冬、沙棘、刺梨、多腺悬钩子 平均高 2.0m,多度 90%	栒子、绣线菊、卫矛 平均高 2.5m,多度 70%	栒子、金花忍冬、山刺玫、悬钩子 多度 90%	栒子、绣线菊、刚毛忍冬、美蔷薇、艾蒿 平均高 1.8m,多度 90%
主要草本植物	细叶薹草、草地早熟禾、铃兰、藜芦、老鹳草等 平均高 14.0cm,多度 80%,盖度 70%	细叶薹草、双花堇菜、假报春 平均高 15.0cm,多度 90%,盖度 90%	东方草莓、舞鹤草、藜芦、小红菊、问荆、山韭菜等 平均高 8.0cm,多度 80%,盖度 90%	细叶薹草、东方草莓、唐松草、缬草、异叶败酱等 平均高 8.0cm,多度 80%,盖度 80%
样带中心线	距水源 1300m 距干扰源 2500m	距水源 600m 距干扰源 900m	距水源 150m 距干扰源 500m	距水源 250m 距干扰源 2500m
常见动物	狍子、野猪、山雀、雉鸡	狍子、野猪、草兔	山雀、狗獾、野猪、艾虎	狍子、狗獾、大山雀、红嘴蓝雀
人类活动类型	打柴、采药材	打柴、采蘑菇	采蘑菇、采药较频繁	

2.1.3　以云杉为主的生境

以云杉为主的生境,选择不同海拔和坡度的阴坡半阳坡分别进行调查,结果见表3。

表3　以华北落叶松为主的生境特征

坡向	阳坡	阴坡	半阳坡
海拔(m)	2200~2600	>2500	2200~2600
坡度	15°	10°	20°
树种组成	9 云杉 +1 华北落叶松	5 云杉 +5 华北落叶松	6 云杉 +4 华北落叶松
郁闭度	0.8	0.6	0.8
平均树高(m)	15.0	9.5	15.0
平均胸径(cm)	20.0	16.0	20.0

续表

坡向	阳坡	阴坡	半阳坡
主要灌木	刚毛忍冬、金银忍冬、茶条械，平均高 1.7m，多度 80%	金露梅、金银忍冬、茶条械，平均高 0.9m，多度 80%	金花忍冬、悬钩子、东北茶藨子，平均高 2.2m，多度 80%
主要草本植物	细叶薹草、问荆、风毛菊、迷果芹、升麻等，平均高 30.0cm，多度 90%，盖度 90%	细叶薹草、鬼箭锦鸡儿、中华金腰子、华北景天等，平均高 15.0cm，多度 80%，盖度 70%	细叶薹草、腺毛肺草、北苍术、东方草莓，平均高 22.0cm，多度 90%，盖度 80%
样带中心线	距水源 200m 距干扰源 1000m	距水源 0m 距干扰源 600m	距水源 100m 距干扰源 800m
常见动物	金钱豹、狍子、雀形目鸟类	鹰形目鸟类、金钱豹、鹗形目鸟类	金钱豹、狍子、鹬科鸟类
人类活动类型	打柴	打柴	打柴

2.2　褐马鸡栖息地与植被类型的关系

由于调查中不是单纯记录遇见褐马鸡数量，无法计算各样带内褐马鸡的准确数量，只能通过记录特征估算褐马鸡在各植被环境中的出现频次，将 3 年在 14 个植被带的调查记录结果，按照 3 种主要森林植被栖息生境进行综合统计分析，得出 1~12 月褐马鸡在 3 种主要森林生境中的出现频次。对褐马鸡在各植被类型栖息地不同月份出现的频次进行成对 t 检验，结果表明：褐马鸡在油松林出现的频次与在华北落叶松林出现的频次差异显著（$t=0.669$；$P=0.017$）。

2.3　褐马鸡栖息地与植被类型关系分析

褐马鸡在芦芽山保护区栖息地与植被类型密切相关。在以油松、华北落叶松和云杉为主的 3 种森林生境中，褐马鸡在以华北落叶松为主的森林生境中栖息时间最长。春夏季（3~7 月）褐马鸡主要栖息在华北落叶松和云杉为主的生境，并且栖息的时间相对较长，这主要是由于森林植被状况良好，条件隐蔽，食物种类丰富，光照时间和气温都适宜褐马鸡的筑巢繁殖活动。3~5 月褐马鸡在油松为主的生境出现次数最少，栖息时间最短。5~9 月褐马鸡主要转入华北落叶松为主的生境进行育雏活动。7~9 月在以云杉为主的生境中活动时间逐渐减少。9~11 月褐马鸡逐渐由华北落时松林转向油松林，这段时间褐马鸡很少在以云杉为主的生境中活动。12 月到次年 2 月褐马鸡主要集中在油松和华北落叶松为主的生境，几乎不到云杉为主的生境，因为云杉林海拔较高，气温阴冷，食源缺乏，不宜褐马鸡冬季集群越冬生活。秋末冬初，小群褐马鸡也偶尔到村庄附近的农耕地带活动觅食。由此可知，褐马鸡在本区对栖息地的植被环境类型是有选择的，这种栖息环境的变化与褐马鸡在一年当中的生活、繁殖等行为习性密切相关。

参考文献

［1］贾生平,党太和.黄龙山褐马鸡种群保护现状探讨[J].中国林业,2004(15):28.

［2］张龙胜.褐马鸡的分布现状[J].野生动物,1999,20,(2):18.

［3］柳明来,党太合.褐马鸡的生态习性及其保护意义[J].陕西林业科技,1999(3):4~50.

［4］刘学英,尚磊.褐马鸡人工繁育的现状及展望[J].中国家禽,2003,25(2):44~46.

［5］邱富才,杨风英.山西芦芽山自然保护区褐马鸡繁殖力的研究[J].山西大学学报:自然科学版,1998,21(4):374~378.

［6］马任骝,王瑞琦.珍禽褐马鸡保种与生态环境[J].中国家禽,1999,21(1):50.

第四编 >>>>>

其　他

冷季型草坪的建植与养护管理①

郭建荣

(山西芦芽山国家级自然保护区,山西 宁武 036707)

随着城市现代化的发展,环境绿化已成为城市建设的重要组成部分,而栽植草坪是其中的重要手段。由于冷季型草坪具有绿期长、返青早等特点,在城市绿化得到广泛栽植。山西芦芽山国家级自然保护区地处晋西北吕梁山区,属暖温带半湿润山区气候,春季风大、干旱、少雨,夏季高温、多雨,决定了该地区只适宜种植冷季型草坪。通过几年绿化实践,笔者就冷季型草坪的种植与养护管理进行了探讨。

1 草种选择

因各地气候条件和土壤情况不同,应因地制宜选择草种。选购草种时,要考虑草种用途、特性、种子纯净度、发芽率和种子来源等。选择适合该地自然生长、绿期长、抗逆性强、观赏价值高的优秀冷季型品种。冷季型草坪的品种主要有高羊茅、黑麦草、早熟禾等。高羊茅具有叶宽根深、颜色浓绿、抗旱、抗病、管理粗放等特点,常用于公路护坡、运动场、公园绿化等草坪的建植;早熟禾抗寒性强、叶质地较细、蔓延性强,常用于庭院绿化、高尔夫球道区等草坪的建植;黑麦草叶面有光泽、生命力短、成坪迅速。实际生产中将高羊茅、黑麦草、早熟禾按 75:20:5 比例混合,或将黑麦草、早熟禾按 20:80 比例混合,两种混合方法播种建植的草坪都能取得很好的效果。由于高羊茅具有高抗性、抗践踏的特点,3 种草的混播效果则更明显和突出。

2 建 植

2.1 土壤的选择与处理

冷季型草对土壤要求比较严格,适宜生长在土壤深厚肥沃,地势平坦,排水良好的砂质土;如果土壤黏重,可在土壤干燥时用 10~15cm 厚的沙均匀混在表层,然后踩实。草坪

① 本文原载于《农技服务》,2008,25(9):126~127.

植物的根系大多生长在根茎以下 30cm 以内的土壤中。在建植草坪的场地内,要进行清除石头、树桩、杀灭杂草及挖挖、填填等工作,同时要深耕 25~40cm,土壤不良时应加入土壤改良剂(草炭、锯屑等),以利于土壤通风透气、保水、保肥。场地要压实、耙平,做到"平如镜,细如面"。

2.2　播种时间

冷季型草种发芽最适温度为 20~25℃,在晋西北 4 月初返青,10 月下旬枯黄,绿色期 180d。草种春夏秋三季均可播种,但夏季天气干燥,太阳光照强烈,地表极易干燥板结,会增加养护负担。因此,在条件许可情况下,尽量避开夏季播种。春季播种后,草坪长出,杂草相应地也会较多,增加了清除杂草的劳力投入。因此,最佳播种时间为秋季,时间在 9~10 月。

2.3　播种方法

对于大面积草坪采用划分地块播种,先施腐熟的农家肥或复合肥,深耕耙平。播种时一定要均匀,一般播种量为 20~25g/m²。播种后最好盖 1cm 左右的细沙或用耙子轻轻将草种耙到土中,沿一个方向耙,耙过后用石磙横竖镇压 1 次。

3　养护与管理

3.1　前期养护管理

刚播种的草坪,在镇压后用草帘覆盖并用砖头压上,喷水保持表土不积水、不板结,不可践踏苗床。温湿度适宜时,15d 左右即可出苗。出苗后在不积水的情况下,可大水浇透浇足。至全苗后,草坪高达 5cm 时,可将覆盖物全部取走,以免影响草坪正常生长发育。

3.2　后期养护管理

草坪建好后,要根据草坪植物的生长习性、立地环境、生长状况及草坪用途等进行科学养护管理,以达到预期的绿化效果,主要包括修剪、浇水、施肥、病虫害防治、杂草防除、加土、滚压、打孔等工作。

3.2.1　修　剪

修剪是维持草坪正常生长、达到常新常绿景观效果的重要工作,是利用草坪植物极强的再生能力、按一定的高度进行修剪,促使其再生部位的生长,从而起到促进分蘖、增加叶片密度,使草坪经常保持低矮整齐、表面平坦的作用。草坪的修剪高度应尽量低修剪,一般观赏性草坪保持 5~6cm,普通草坪不超过 8cm。新栽草坪留茬高度不能一次到位,第 1 次修剪高度为 4~6cm,以后稳定在某一高度;否则影响植株发育,草坪质量下降。冷季型草坪修剪一定要严格遵循"1/3"原则,当草坪的修剪高度确定后,在草坪生长高度超过修剪高的 1/3 时,及时进行修剪。修剪频率因季节不同而变化,早春初次低修剪;晚春气温升高,秋季温度降低,草坪生长加快每周修剪 1 次;夏季气温升高,生长几乎停滞,适时修剪即可。为避免剪草机在地表留下车辙,最好在土壤不潮湿又较松软时进行修剪。修剪最理想的时间为叶片干燥时,可减少对草的人为伤害。夏季要适当提高修剪高度,以提高地上部分高度,地下根系也随之加深,提高草坪草对病害及其环境胁迫的抗性。草坪草开花会消耗大量营养物质,应避免开花,一旦形成花序,应及时剪掉。入冬前的最后 1 次修剪高度不应低于 8cm,有利于草坪抗寒越冬。修剪后的残物如果不多,可留在草坪上,经过分解增加营养和土壤有机质含量;但是如果太多,会影响草坪的外观,使草坪内通风受到不良影响,增加草坪草感病的机率,引起草坪病害,应及时清理。剪草机刀片要锋利,最好用滚刀式剪草机,减少叶面的创伤,提高剪草质量,减少病害侵入几率,提高草坪草的抗性。

3.2.2 浇 水

浇水是草坪的主要养护措施之一,除解除"旱情",促进养分分解、吸收等作用外,还可提高草坪植物的耐踏和耐磨性能,加快草坪恢复速度,促使草坪早返青,推迟枯黄,延长绿化观赏期,也有助于冷季型草种安全越夏。草坪浇水时间和次数要因地因时灵活掌握,夏季浇水也要本着"见干见湿"的原则,用小刀或土壤钻分层取土,当土壤干至 10~15cm 时,草坪需浇水,干旱的土壤呈浅白色。夏季浇水应避免在高温的中午进行,在晋西北地区应在上午 10:00 之前或下午 16:00 之后,但后者浇水容易感染病害。每次浇水要浇透,特别是在久旱无雨的情况下,一般以深达土层 10~15cm 为宜,不要让地表有积水。一般在生长季节普通干旱情况下,每周浇水 1 次,在特别干旱或土壤保水性差的情况下每周浇 2 次或 2 次以上,凉爽天气则可适当减少。每年 3 月中下旬和 11 月上旬在发芽前和秋后即将停止生长时,应各浇 1 次透水,称为春水和封冻水,浇水深度不低于 15cm,午间浇封冻水有利于水分向土壤深层渗透,降低因水温低对草坪植株的抑制刺激,增强草坪的适应力,这对草坪的全年生长和安全越冬十分有利。

3.3.3 施 肥

草坪草生长时间长,土中养分消耗快,因此应适时追肥,追肥采用叶面追肥和土壤追肥。每年生长季节追肥 1~2 次,追肥多用化肥,以氮肥为主;可直接撒在草坪上,然后浇水,也可在小雨前撒于草坪上。在草坪养分不足草坪枯黄时,为迅速取得返青、壮苗效果,喷施 0.2% 的磷酸二氢钾和 0.5% 的尿素。3 月下旬至 4 月初草坪返青后施肥可促进根系生长,多分蘖,控制杂草生长,从而覆盖率高,同时增强抗性。晚秋 9 月份施肥,可刺激草坪根系生长,控制高生长期,提高抗寒性,延长绿色期,又使来年春季草坪早萌动。施肥量一般 15g/m² 左右,应在草坪上的露水干后进行,以防止肥料粘在草叶上,灼伤叶片,影响观赏。施肥必须均匀,施后立即喷灌,以保证根系充分吸收,也避免灼伤草坪。

3.3.4 病虫害防治

坚持"预防为主,防治结合"的病虫害防治原则。最好的防治措施是认真执行科学的栽培措施,除了气温的变化外,不良的管理方式可加重草坪的病虫害,如草坪过于干旱、过湿、过低修剪、留草过高、夏季打孔疏草、施氮肥过多等。6~9 月是草坪病虫害发生的关键时期,草坪易发生的病害主要是锈病、褐斑病、白粉病、腐霉枯萎病、霜霉病等。当气温升至 15~20℃时,看草坪是否有菌丝,要适时控制浇水量和浇水次数,同时喷杀菌剂。防治方法主要包括:采用 70% 甲基托布津可湿性粉剂 1000~1500 倍液、20% 粉锈宁乳油 1000~1500 倍液、50% 多菌灵可湿性粉剂 1000 倍液、50% 的退菌特可湿性粉剂 1000 倍液等交替使用,连续喷施 3~5 次,每次间隔 7~10d,但甲基托布津和多菌灵不能交替使用。

草坪易发生的虫害主要有夜蛾、粘虫、蜗牛、草地螟、蝼蛄、金龟子等。防治方法包括:安装杀虫灯,诱杀成虫;根施 50% 辛硫磷乳油 500~800 倍液,喷洒 2.5% 溴氰菊酯 2000~3000 倍液,连续喷 3 次,每次间隔 10~15d。夜蛾、粘虫三龄前用 20% 的灭幼脲 1600 倍液或喷 Bt 乳剂 600~1000 倍液。灭杀蜗牛可选用蜗克星粒剂,洒施 3.75~8.25kg/hm^2。

3.3.5　杂草防除

杂草一旦侵入,轻者影响草坪质量,使草坪失去原有均匀、整齐的外貌,有碍观赏;重者影响草坪正常生长,使草坪成片死亡。清除杂草要做到"除早、除小、除了",在清除时应以人工拔除为主,化学除草为辅。根据草种种类选择除草剂的种类,严格控制使用范围和剂量。一般每月要除杂草 3 次,要连根拔除,使杂草率低于 5%。在清除杂草时将染病的草坪枯死株一起清除,可减少草坪病害和病源物。

3.3.6　加　土

对施工、交通损坏、人为践踏、生长不良等造成的草坪空颓、草根裸露区域,必须及时用"熟土"填平,防止雨后积水,以利于草种再生。加土多于每年冬季或早春进行,加土厚度每次 0.5~1cm,不宜过厚,否则影响嫩芽生长,也可与施有机肥结合,优点是既可改良土壤,增加土壤肥力;又可防止水土流失,增加草坪的平整与美观。

3.3.7　滚　压

草坪土壤经过冬季的冻结,草根常脱离土壤而暴露于地面,受到日晒很容易枯死。在早春土壤解冻后至未发芽前、土壤水量适中时对草坪进行滚压,滚压不仅能使松动的草根茎与下层的土壤结合起来,可增加草坪分蘖和促进草坪匍匐枝生长、生根,使草坪变得密集健壮,而且又能提高草坪场地的平整度。滚压又常与加土结合进行。

3.3.8　打　孔

由于长期浇水和践踏,土层表面出现板结,或由于草皮明显致密,降雨后有积水处,阻碍草坪养分的吸收,严重影响了草坪健康生长和草根的呼吸作用,且渗水有好有差,可用打孔机或中空铁钎人工打孔。打孔要求 50~70 穴 /m^2,穴间距 10cm×10cm,穴的直径 2cm,深 8cm 左右,这样有利于草坪吸收水分和营养,也利于排水,增强草坪草新根系的抗旱能力。秋季是草坪打孔的最佳时机。

4　结　语

建设质量良好的草坪,必须掌握冷季型草坪生长特性,掌握一定的养护管理知识。要用科学的态度认真做好每一项工作,才能使草坪真正发挥其效益,为人类服务。

参考文献

[1] 曾斌.草坪地被的园林应用[M].沈阳:白山出版社,2003.

[2] 杨碚.怎样生产优质的草坪[J].中国林业,1999,459(2):36.

[3] 连保法,韩梅,袁红云.草坪的养护与管理[J].中国林业,2001,493(6B):37.

[4] 刘静鹤.草坪秋冬管理技术[J].中国林业,2001,505(12B):35.

山西芦芽山国家级自然保护区
生态旅游环境容量分析①

郭建荣¹　吴丽荣¹　王建芳²

（1. 山西芦芽山国家级自然保护区，山西　宁武　036707；

2. 山西省管涔山国有林管理局，山西　宁武　036700）

自然保护区是人类社会文明发展到一定阶段的必然产物，在维护生态平衡、改善生态环境、保护野生动植物和维护生物多样性等方面发挥了巨大的作用。1993 年在北京召开的东亚第一届国家公园与保护区会议上，提出了"生态旅游要使游人能够参观、理解、珍视和享受自然和文化区域，同时不对其生态系统或当地社会产生无法接受的影响或损害"[1]。从 20 世纪 90 年代开始各自然保护区逐步开展生态旅游，已取得了较好的经济、社会与生态效益。但由于广大旅游者的生态知识贫乏、欣赏水平低、环境保护意识差，随着游客大量涌入和车流量不断增加，会干扰保护区内野生动植物的生活习性和生境，造成各种污染、物种侵入、生物多样性减少，引发火灾等。

自然保护区开展生态旅游的实践证明，科学界定自然保护区生态旅游的环境容量和游客容量是影响旅游区可持续发展和旅游资源储备的重要环节，是生态旅游规划和管理的基础和重要依据，也是旅游区管理的基本指标[2]。为了保证芦芽山自然保护区的生态旅游资源得到可持续利用和生态旅游业的可持续发展，2005~2007 年 5~10 月，笔者对芦芽山生态旅游区的环境容量进行了调查分析。

1　研究区概况

山西芦芽山国家级自然保护区位于吕梁山脉北端，是保护以世界珍禽褐马鸡和云杉、华北落叶松为主的野生动植物类型的自然保护区，素有"华北落叶松的故乡""云杉之家"的美誉；同时也是三晋母亲河——汾河的源头地区，号称"黄土高原上的绿色明珠"。保护区内具有奇特的自然景观和生态环境，旅游资源十分丰富，森林浩瀚、古树参天、奇峰林立、险涧深幽，著名的景点有太子殿、荷叶坪亚高山草甸等，是人们回归自然、生态旅游、

① 本文原载于《安徽农业科学》，2008，36（27）：11905~11906.

风景观光的理想基地。

2　环境容量调查

2.1　确定环境容量的原则[3]

①必须保持生态系统的完整性,保护好区内的自然环境,使自然环境不被污染、自然资源不受破坏;②使旅游资源得到可持续发展;③使游客对生态系统的不利影响降低到最小限度;④充分满足游客生态旅游、回归自然的精神享受。

2.2　环境容量调查方法

环境容量具有可量测性,主要原因是生态旅游环境系统具有一定的稳定性,其生态旅游环境容量变化于一定的阈值之内。一般以旅游线路和各旅游景区容量之和作为生态旅游景区的容量。

3　环境容量计算

芦芽山生态旅游区共分为 2 个景区,即芦芽山景区和荷叶坪景区。根据环境容量的调查原则和方法,采用测量和游客调查问卷的方法,以游客群体较多的中青年游览速度和时间为标准,进行调查记录,其中游客占用合理游道长度和游览景区所需时间均采用问卷调查法获得。结果见表 1。

表 1　景区环境容量调查结果

景区名称	游道长(m)	游客占用合理游道长度(m)	沿游道返回所需时间(min)	游玩整个景区所需时间(min)
芦芽山景区	3500	5	90	240
荷叶坪景区	4200	10	–	150

3.1　日环境容量

环境容量因地域、季节、时间等的不同其计算方法也不同,生态旅游环境容量在一定范围内变化。因芦芽山自然保护区内开展旅游的条件比较特殊,主要采取游路容量法进行计算,环境容量为各景区环境容量之和。由于芦芽山生态旅游区特殊的地形,各景区的游道不同。芦芽山景区为不完全游道,即出入口位于同一位置,游客游完景区后必须原路返回;荷叶坪景区为完全游道,即游客游完景区后可走环形路,不必原路返回。

$$不完全游道:C=M÷[m+(m×E÷F)]×D(1)$$
$$完全游道:C=M÷m×D(2)$$

式中,C:景区最大日环境容量(人次/d);M:游道全长(m);m:游客占用合理游道长度(m);E:沿游道返回所需时间(min);F:游完整个景区所需时间(min);D:周转率(景区全天开放

时间 / 游完整个景区所需时间,批 /d)。

3.1.1 芦芽山景区

游道全长 3500m,全天开放 10h,游完整个景区需 240min,游道大部分地段狭窄,游客占用合理游道长度为 5m,沿游道返回所需时间为 90min。则:

$$D=600÷240=2.5(批 /d)$$

$$C=3500÷[5+(5×90÷240)]×2.5=1273(人次 /d)$$

3.1.2 荷叶坪景区

游道全长 4200m,全天开放时间为 10h,游完整个景区需 150min,景点稀少,面积较大,游客占用合理游道长度为 10m,则:

$$D=600÷150=4(批 / 年)$$

$$C=4200÷10×4=1680(人次 /d)$$

由表 2 可知,芦芽山生态旅游区最大日环境容量为 2953 人次。

表 2 景区最大日环境容量

景区名称	游道类型	游道长度(m)	最大日环境容量(人次 /d)
芦芽山景区	不完全游道	3500	1273
荷叶坪景区	完全游道	4200	1680
合计		7700	2953

3.2 游客日容量

游客日容量指生态旅游区、公园、自然保护区等 1 日内容纳旅游者的能力,一般等于或小于旅游区的日环境容量。如果超出这个容量,就会对生态旅游区的设施、管理等形成不利影响,也会对游客的心理造成影响,从而失去生态旅游的真正意义。游客日容量通常采用以下公式计算:

$$G=t÷T×C(3)$$

式中,G 为某景区的游客日容量(人次 /d);t 为游完某景区所需的全部时间(min);T 为游客在某景区游览观光最合理舒适的时间(n);C 为某景区最大日环境容量(人次 /d)。

T 采用游客问卷调查获得,游览芦芽山景区以 6h 最为适宜,荷叶坪景区以 4h 最为适宜,计算结果见表 3。芦芽山生态旅游区最大游客日容量为 1899 人次。

表 3 景区游客日容量计算结果

景区名称	景区游客日容量(人次 /d)
芦芽山景区	$G=240/360×1273=849$
荷叶坪景区	$G=150/240×3472=1050$
合计	1899

3.3 年环境容量和游客年容量

芦芽山自然保护区由于受气候、季节、政策法规等影响,每年开展生态旅游时间为 5

月 1 日至 10 月 7 日,共 160d,其余时间均禁止旅游。由此可以得到:

年环境容量为:160×2953=472480(人次)

游客年容量为:160×1899=303840(人次)

4 结论及建议

(1) 芦芽山生态旅游区最大日环境容量为 2953 人次,如果超过这个容量就会对保护区的自然旅游资源和生态系统造成不良影响。游客最大日容量为 1899 人次,如果超过这个容量,就会对生态旅游区的设施、管理等形成负担,游客的游览兴致也会大大减弱,失去了生态旅游的目的。

(2) 由于受节假日、气候及季节等的影响,芦芽山生态旅游区"五·一"和"十·一"黄金周及 7、8 月共 76d 为旅游旺季,其余时间均为淡季。淡季游客大约只有旺季的 10%,旺季游客日容量以最大游客日容量 100% 计算,淡季以最大游客日容量的 10% 计算,年游客量为 160276 人次,远低于理论游客年容量 303840 人次这个标准,仅达 52.75%,这充分说明芦芽山生态旅游区还未充分发挥它的旅游资源优势,还有很大的旅游潜力可以挖掘。

(3) 芦芽山生态旅游区近年来年游客量低的原因主要是旅游基础设施严重滞后,宣传不到位,当地政府缺乏相关的优惠政策,难以吸引社会各界参与支持旅游事业。所以,芦芽山自然保护区应尽快制定"芦芽山生态旅游区旅游规划",同时应积极招商引资,吸引社会资金来保护区投资开发旅游产业,扩大宣传的范围,加大宣传的力度及宣传资金的投入,加强旅游基础设施的建设等[4]。

参考文献

[1] 张晓玲.自然保护区生态旅游开发问题初探[J].山西林业科技,2004(3):43~44.

[2] 卢泽洋,朱学灵,冯强.河南宝天曼自然保护区生态旅游环境容量的调查研究[J].林业资源管理,2004(3):34~36.

[3] 刘峰民.论生态旅游中的环境保护[J].山西林业科技,2005(1):44~46.

[4] 张炜.山西省森林旅游业现状及发展对策[J].山西林业科技,2004(3):45~46.

附录：>>>>

有关单位学者论文摘要

芦芽山自然保护区生物多样性特点及保护对策

李宝堂

（山西省林业调查规划院，山西　太原　030012）

介绍了山西芦芽山国家级自然保护区的概况，论述了山西芦芽山国家级自然保护区物种多样性、生态系统多样性、景观多样性等特点，给出了芦芽山自然保护区的珍稀濒危植物名录、野生动物种类，分析了导致生物多样性危机的因素，并提出了保护对策。

（全文见《山西林业科技》，2010，39（3）：49~50，57）

芦芽山自然保护区生物多样性保护及生态系统管理对策

孙　胜¹　郝兴宇²　杨秀清³　侯雷平¹

（1. 山西农业大学　园艺学院，山西　太谷　030801；
2. 山西农业大学　农学院，山西　太谷　030801；
3. 山西农业大学　林学院，山西　太谷　030801）

自然环境变化和人为干扰等因素导致芦芽山自然保护区生物多样性保护和管理面临诸多挑战，有必要采取合理的管理策略，维护芦芽山自然保护区的生物多样性。对芦芽山自然保护区生物多样性进行了概述，并对保护区在生态系统管理存在的问题进行了分析，提出了相应的生态系统管理对策。建议保护区在综合生态系统管理理念的指导下，协调各部门、人员关系，利用一切可以利用的资源，从基础设施建设、科研监测、生态修复和生态补偿、社区共建、移民工程、生态旅游开发等方面加强芦芽山自然保护区生态系统管理，保护好芦芽山地区的生物多样性

（全文见《山西农业大学学报：社会科学版》，2015，14（3）：269~273）

山西芦芽山植被垂直带的划分

张金屯

（山西大学　生物系,山西　太原　030006)

芦芽山植被垂直带自下而上可分为:森林草原带(1300~1500m)—落叶阔叶叶林带—侧柏林亚带(1350~1550m)—松栎林亚带(1550~1700m)—针阔叶混交林带(1700~1850m)—寒温性针叶林带(1750~2600m)—亚高山灌丛草甸带(2455~2772m)。

（全文见《地理科学》,1989,11(4):346~353)

芦芽山植物群落的多样性研究

张丽霞[1]　张　峰[2]　上官铁梁[3]

（1. 中国科学院　植物研究所,北京　100093；
2. 山西大学　生物科学系,山西　太原　030006；
3. 山西大学　环境科学系,山西　太原　030006；)

采用丰富度指数、物种多样性指数和均匀度指数对山西芦芽山植物群落的多样性进行了研究,并用相关分析研究了多样性指数间的关系。结果表明:①随海拔升高物种,均匀度指数逐渐增大,而丰富度指数和物种多样性指数逐渐减小;②各植被类型的物种多样性指数依次为:落叶阔叶林 > 温性针阔叶混交林 > 温性针叶林 > 寒温性针叶林 > 落叶阔叶灌丛 > 草甸 > 灌草丛;③多样性指数的 DCA 二维排序图很好地反映了各多样性指数间的关系;④丰富度指数之间、物种多样性指数之间和均匀度指数之间存在极显著的相关性,同时对 12 种多样性指数进行比较后发现:$R0$、$N1$、$N2$、$E4$ 和 $E5$ 优于其他指数。

（全文见《生物多样性》,2000,8(4):361~369)

芦芽山植物群落种间关系的研究

张丽霞[1]　张　峰[2]　上官铁梁[3]

（1. 中国科学院　植物研究所,北京　100093；
2. 山西大学　生物科学系,山西　太原　030006；
3. 山西大学　环境科学系,山西　太原　030006）

采用 2×2 列联表的 Fisher 精确检验、Pearson 相关分析和 Sperman 秩相关分析等方法对芦芽山植物群落的种间关系进行了分析。结果表明：研究物种关联程度大小时，Sperman 检验的灵敏性要高于 Pearson 相关，使用 Sperman 秩相关分析得出的结果较好；分层对种间关联性研究发现，极显著相关和显著相关种对多发生于各层片的优势种及次优势种间，并依层次不同而不同，其中草本层极显著相关种对数最多，灌木层次之，乔木层最少。

（全文见《西北植物学报》,2001,21(6):1085~1091）

不同距离带上旅游植被景观的特征差异

程占红　张金屯

（山西大学　黄土高原研究所,山西　太原　030006）

以芦芽山自然保护区为例,采用 4 个指标,对不同距离带上旅游植被景观的特征差异进行了研究,利用 DCA 排序来表达它们的空间格局。结果表明：在海拔 2020m~2150m 地段各指标变化复杂。在海拔 2150m 以上地段,不同距离带上景观重要值表现出远距离 > 中距离 > 近距离；物种多样性信息指数是中距离 > 远距离 > 近距离；阴生种比值大致为中距离 < 近距离和远距离；旅游影响系数是近距离 > 中距离 > 远距离的格局。距游径的水平距离关系随着旅游活动的分布规律,是导致旅游植被景观特征差异的关键因素。DCA 排序能够有效揭示旅游与植被景观的关系,在简化的空间中深刻地表达出它们复杂的演化机制,是一种较好的分析方法。

（全文见《山地学报》,2003,21(6):647~652）

不同旅游干扰下草甸种群生态优势度的差异

程占红[1]　张金屯[2]　张　峰[1]

（1. 山西大学　黄土高原研究所,山西　太原　030006;
2. 北京师范大学　生命科学学院,北京　100875）

　　用重要值和频度计量不同旅游干扰下草甸种群生态优势度的差异。结果表明:不同种群生态优势度的差异反映了它们对于旅游干扰的生态响应。由近及远,草甸种群从抗性强的物种向抗性弱的物种逐渐过渡。其中,紫羊茅抗性最强,北方嵩草则较弱。与频度相比,重要值更能够反映出不同物种的生态差异。

　　（全文见《西北植物学报》,2004,28(4):1476~1479）

山西芦芽山植物群落的数量分类

张丽霞[1]　张　峰[2]　上官铁梁[3]

（1. 中国科学院　植物研究所,北京　100093;
2. 山西大学　生物科学系,山西　太原　030006;
3. 山西大学　环境科学系,山西　太原　030006）

　　在群落样方调查基础上,采用双向指示种分析法(TWINSPAN)和除趋势对应分析(DCA)对山西芦芽山植物群落进行数量分类和排序研究。TWINSPAN 将芦芽山 82 个样方分为 28 类,可归属于 7 个植被型,分类结果反映了植物群落类型与环境梯度之间的关系,并在 DCA 二维排序图上得到较好的验证。DCA 排序轴对角线基本反映了海拔、温度和湿度的梯度变化,表明群落生境所在地的海拔、温度和湿度是决定群落分布的主要因素。

　　（全文见《植物学通报》,2001,18(2):231~239）

芦芽山华北落叶松林不同龄级立木的点格局分析

张金屯[1]　孟东平[2]

（1. 北京师范大学　生命科学学院，北京　100875；

2. 山西大学　黄土高原研究所，山西　太原　030006）

华北落叶松林是芦芽山自然保护区的重要林型，对其建群种华北落叶松不同龄级个体的分布格局及其相互关系进行了研究。植物种群在群落中的分布格局与空间尺度有着密切关系。这里采用能够分析各种尺度下格局的分析方法——点格局分析法，其以种群个体空间分布的坐标点图为基础。结果表明，芦芽山华北落叶松不同龄级密度差异较大，高龄级密度较大；目前华北落叶松是稳定型种群，但从长远看，仍需人工协助更新；华北落叶松 5 个龄级集群分布特征比较明显，且随着龄级的增加，集群特征有更明显的趋势；各个龄级个体之间在各种尺度下都有比较显著的正关联，3~5 龄级个体关联更为显著；点格局分析法能够分析各种尺度下的种群格局和种间关系，所描述的结果更符合实际，尤其是对群落结构的描述。

（全文见《生态学报》，2004，24（1）：35~40）

芦芽山亚高山草甸优势种群和群落的二维格局分析

张金屯

（北京师范大学　生命科学学院，北京　100875）

种群和群落的二维空间格局研究能够更好地揭示群落的空间和结构特征，但在分析方法上有较大的困难。用垂直相交的两条样带在两个方向上同时取样的二维取样法获得数据，用一维格局分析方法分别分析可以得到各个种不同格局规模斑块的长、宽及面积，实现二维格局研究。用 DCA 排序和格局分析方法相结合，可以完成群落的二维格局分析。在山西芦芽山亚高山草甸应用的结果表明这样的垂直样带二维取样及分析方法较好地反映了种群和群落的空间特性，是非常有效的，并且该方法简单易做，具有较大的可操作性。所研究的草甸主要优势种格局斑块的形状比较规则，面积也较大；次要种斑块多为不规则形，面积也较小。群落格局与主要优势种的格局关系密切。

（全文见《生态学报》，2005，25（6）：1264~1268）

芦芽山亚高山草甸的数量分类与排序研究

李素清[1]　张金屯[2]　上官铁梁[3]

（1. 山西大学　黄土高原研究所,山西　太原　030006；
2. 北京师范大学　生命科学学院,北京　100875；
3. 山西大学　环境与资源学院,山西　太原　030006）

芦芽山亚高山草甸是在华北地区最典型的山地草甸之一,在水土保持、生态旅游资源开发和生物多样性保护等方面发挥着重要作用。应用 TWINSPAN 和 DCA 相结合的方法,对山西芦芽山亚高山草甸进行数量分类和排序,将该草甸划分为 13 个群丛,分别位于不同的海拔高度,分类结果很好地反映了植物群丛类型与环境梯度的关系,并在 DCA 二维排序图上得到较好的验证。DCA 排序轴反映了海拔、土壤湿度和坡向的梯度变化,表明海拔高度、水热条件和地形是影响植物群丛变化的主要生态因子。

（全文见《西北植物学报》,2005,25(10):2062~2067）

山西芦芽山地区树木年轮记录的 1676AD 以来 5~7 月温度变化

易　亮　刘　禹　宋惠明　李　强　蔡秋芳　杨银科　孙军艳

（中国科学院　地球环境研究所黄土与第四纪
地质国家重点实验室,陕西　西安　710075）

在山西芦芽山采取了符合国际树轮库要求的油松样本,通过交叉定年和应用区域生长模型,建立长度为 328a 的标准宽度年表。根据 RCS 序列所揭示的气候低频变化特征,确定 1676AD 以来夏季温度可划分为两个时段:1676~1865AD 和 1866~2003AD。在1676~1865AD 时期,夏季温度变化主要表现为"冷强暖弱",其中 1710~1720s 为最冷时段。1866~2003AD 时期,夏季温度呈现出"总体持续变暖,冷暖交替频繁"的变化特征。

（全文见《冰川冻土》,2006,28(3):330~336）

芦芽山油松－辽东栎林优势树种空间分布格局研究

张金屯[1]　孟东平[2]

(1. 北京师范大学　生命科学学院,北京　100875;
2. 山西大学　黄土高原研究所,山西　太原　030006)

采用由连续小样方2m×2m组成的样带取样并用双项轨迹方差分析法对芦芽山油松－辽东栎林优势树种空间分布格局进行了研究,结果表明:油松和辽东栎的小斑块规模在8~16m之间,大斑块规模在60~70m之间;乔木种联合格局的小斑块规模为20~30m,大斑块规模为80~90m,乔木层的联合格局比单个优势种群格局大。种群格局是相互交错和相互重叠的格局结构,有利于资源的充分利用并增强对干扰的抗性。

(全文见《西北植物学报》,2006,26(8):1682~1685)

芦芽山鬼箭锦鸡儿灌丛营养特征及土壤养分分布规律

张　强[1]　程　滨[1]　杨治平[1]　郜春花[1]　张一弓[1]　张丽珍[2]

(1. 山西省农业科学院　土壤肥料研究所,山西　太原　030031;
2. 山西大学　生命科学学院,山西　太原　030006)

研究了芦芽山自然保护区亚高山鬼箭锦鸡儿 *Cargana jubata* 灌丛营养成分季节性变化和土壤养分分布规律。结果表明,鬼箭锦鸡儿具有很高的营养价值,粗蛋白含量达22.27%,粗纤维含量33.83%,灰分5.12%,同时含有丰富的 Ca、Fe、Mn 等中微量元素,是亚高山草场家畜的优质饲料来源。鬼箭锦鸡儿营养成分呈明显的季节性变化规律:从5月开始,随着灌丛生长发育,粗蛋白、灰分和矿质元素含量呈上升趋势,7月(开花期)达到最高,然后逐步降低。为适应海拔高、气温低、土层薄的亚高山生境,鬼箭锦鸡儿灌丛的土壤养分向灌丛中心聚集,灌丛中心的土壤电导率、有机质、全氮、速效磷和有效钾分别较灌丛边缘高18.8%、16.4%、18.7%、16.6% 和 8.4%,形成了明显的"肥岛效应"。鬼箭锦鸡儿灌丛根际土壤有机质、全氮出现富集,有效磷、速效钾和速效铁、锰在根际周围出现明显亏缺,表明鬼箭锦鸡儿具有高效固氮和吸收利用土壤养分的能力。

(全文见《应用生态学报》,2006,17(12):2287~2291)

芦芽山珠芽蓼群落种间关联的研究

顾　宁[1]　张金屯[2]　曹　杨[1]

(1. 中北大学　化工与环境学院,山西　太原　030051;
2. 北京师范大学　生命科学学院,北京　100875)

选取芦芽山珠芽蓼群落的 22 个优势种,运用 χ^2 检验、Ochiai 指数及 Spearman 秩相关系数进行种间关联和种间相关分析。结果表明,珠芽蓼群落整体上呈正关联,各种间相互依存。Spearman 秩相关分析表明:优势种对间大多呈极显著或显著正相关,生态位重叠幅度较大。根据优势种种间相关性和种群的生态适应特征,将 22 个优势种分为 2 个生态种组,第 2 种组与第 1 种组间相关不显著,组内种对间相关显著。

(全文见《山西大学学报:自然科学版》,2007,30(3):415~418)

芦芽山林线白杆与华北落叶松径向生长特征比较

江　源　杨艳刚　董满宇　张文涛　任斐鹏

(北京师范大学　地表过程与资源生态国家重点实验室/
北京师范大学　资源学院,北京　100875)

分别于 2007 年 7 月 15 日至 8 月 7 日和 9 月 5 日至 10 月 9 日,在山西芦芽山林线附近,应用树木径向变化记录仪测量了 6 株白杆和 5 株华北落叶松树干的径向生长过程,同步监测环境因子。结果表明:白杆与华北落叶松在 7~8 月对环境变化的敏感度无显著性差异,在相对低温干旱的 9~10 月,白杆对环境的敏感度更高;两树种的净生长曲线和累积变化曲线在 7~8 月呈上升趋势,9~10 月则先下降而后基本保持不变,且白杆生长曲线的波动较大;两树种的茎干变化与水分条件显著相关,其中白杆受大气湿度和温度影响较强,而华北落叶松受土壤水分的影响较强。

(全文见《应用生态学报》,2009,20(6):1271~1277)

芦芽山林线附近华北落叶松茎干生长特征及其与环境因子的关系

杨艳刚　江　源　张文涛　王耿锐

(北京师范大学　地表过程与资源生态国家重点实验室/
北京师范大学　资源学院,北京 100875)

分别于 7 月 15 日至 8 月 7 日(夏季期)和 9 月 5 日~10 月 9 日(秋季期),在山西芦芽山林线附近,应用树木径向变化记录仪分别测量了 3 株和 4 株华北落叶松树干的径向生长过程,并同步监测环境因子。结果表明:①华北落叶松茎干变化在晴好天气呈现出有规律地波动式上升,在阴雨天气下则表现为持续上升,降雨结束后迅速下降;②茎干变化在 7~8 月与土壤含水量、空气温度呈正相关,在 9~10 月与土壤含水量呈正相关,与土壤温度、空气温度呈负相关;③径向净生长在夏季期为正,在秋季期为负,在 9 月初先下降,在 9 月中期后基本保持 0;④在两个观测期内,径向净生长与空气温度负相关,与土壤含水量显著正相关。

(全文见《应用与环境生物学报》,2009,15(2):169~174)

芦芽山野生植物资源及其在园林绿化中的应用

牛　萌[1]　刘　华[2]

(1. 北京林业大学　园林学院,北京　100083
2. 北京建筑工程学院,北京　100044)

芦芽山具有丰富的野生植物资源,其中有大量植物适合应用于园林绿化。通过调查,把芦芽山野生植物资源分为乔木类、灌木类和地被类 3 类,并详细阐述了这 3 类植物资源在园林绿化中的应用。

(全文见《山西农业科学》,2009,37(8):44~46)

芦芽山林线组成树种白杆径向生长
特征及其与环境因子的关系

杨艳刚　张文涛　任斐鹏　王耿锐　董满宇

（北京师范大学　地表过程与资源生态国家重点实验室／
北京师范大学　资源学院,北京 100875）

在山西芦芽山林线附近,应用树干径向变化记录仪测量了 6 株白杆树干的径向生长过程,同步监测环境因子。观测期分为两个阶段,分别是 7 月 15 日至 8 月 7 日(夏季期),9 月 5 日至 10 月 9 日(秋季期)。结果表明:①白杆树干径向变化在晴好天气呈现出有规律地波动式上升,在阴雨天气下则表现为持续上升。降雨结束后迅速下降。②树干径向生长曲线在两个阶段都呈二次曲线形式,在夏季期内树干径向生长为正。在秋季期初始阶段为负在 9 月中旬后逐渐变为 0。③在两个观测期内的非降雨期内。树干径向变化与空气温度呈负相关,与空气相对湿度、土壤含水量、土壤水势呈正相关与土壤温度相关关系在两个时期内不同;在两个观测期内的降雨时段内,树干径向变化与环境因子的相关关系均不同。④距离分析结果表明,在秋季期内,温暖湿润的环境适宜白杆的生长,在夏季期内,湿润环境有利于白杆的生长。

（全文见《生态学报》,2009,29(12):6793~6804）

芦芽山不同海拔华北落叶松径向生长与
气候因子关系的研究

张文涛　江　源　董满宇　杨艳刚　杨浩春

（北京师范大学　地表过程与资源生态国家重点实验室／
北京师范大学　资源学院,北京　100875）

利用采自山西芦芽山 3 个海拔高度的华北落叶松 *Larix principis-rupprechtii* 年轮样芯建立差值年表,通过与气候因子的相关性分析,以及单年分析和多元回归的方法,探讨树木径向生长与气候因子的关系,发现各个海拔高度的华北落叶松径向生长均受到气温、降水因子的综合影响,且与降水因子的关系均较与气温因子的关系密切。机制上,生长季中低海拔华北落叶松径向生长受到土壤干旱的限制,而高海拔华北落叶松受到低温的限制。随海拔升高,华北落叶松径向生长与生长季降水因子的关系从正相关逆转为负相关。低海拔(1972m)与中海拔(2237m)采样点之间,生长季降水量增加从而跨越了其对华北落叶松生长限制的阈值。

(全文见《北京师范大学学报:自然科学版》,2011,47(3):304~309)

芦芽山典型植被土壤有机碳剖面分布特征及碳储量

武小钢　　郭晋平　　杨秀云　　田旭平

(山西农业大学　　林学院,山西　　太谷　　030801)

　　基于芦芽山沿海拔梯度分布的灌丛草地、针阔混交林、寒温性针叶林和亚高山草甸四类典型植被下土壤剖面实测数据,分析了土壤有机碳的垂直分布特征及其与土壤理化因子的关系。结果表明:各植被类型下土壤剖面上层SOC含量最高,最大值往往出现在10~20cm层,然后向下逐渐减小。土壤有机质含量由剖面上层最大值向下降低过程中,某深度土壤剖面层段有机质含量急剧减小。亚高山草甸剖面这一深度为20cm,寒温性针叶林剖面为50cm,针阔混交林剖面为20cm,灌丛草地剖面为40cm。0~10cm层各植被类型间SOC含量差异不显著;10~20cm层,亚高山草甸和寒温性针叶林SOC显著高于其他类型;20~50cm层,亚高山草甸SOC含量与灌丛草地接近,显著高于针阔混交林,低于寒温性针叶林。植被类型对有机碳剖面分布影响较大。土壤剖面各层有机碳含量与容重呈显著负相关,与土壤含水量和全氮含量呈显著正相关,与土壤pH值呈弱的负相关,与深层黏粒和粉粒含量正相关,在30~50cm正相关性显著。逐步回归分析结果表明:亚高山草甸SOC含量与土壤总氮含量、含水量和容重显著相关,寒温性针叶林SOC含量与全氮含量显著相关,针阔混交林SOC含量则与总氮含量和土壤容重显著相关,而灌丛草地SOC含量与容重显著相关。在20cm深度,4种植被类型土壤有机碳密度差异不显著;50cm深度亚高山草甸、寒温性针叶林土壤有机碳储量显著高于针阔叶混交林和灌丛草地,50cm深度土壤有机碳储量与海拔高度呈显著线性正相关($R^2=0.299, P=0.01$)。

(全文见《生态学报》,2011,31(11):3009~3019)

芦芽山林线华北落叶松径向变化季节特征

董满宇　江　源　王明昌　张文涛　杨浩春

（北京师范大学　地表过程与资源生态国家重点实验室/
北京师范大学　资源学院,北京　100875）

利用点状树木径向变化记录仪对芦芽山林线树种华北落叶松茎干的径向变化进行了1a的连续观测,分析了华北落叶松茎干径向日变化规律及茎干累积变化的季节动态。结果表明:华北落叶松茎干日变化在温暖季和寒冷季存在着相反的变化模式。在温暖季,茎干径向日变化归因于空气温度导致树木蒸腾作用强度的日变化而使茎干组织水分发生变化;在寒冷季,茎干径向日变化主要是因为空气温度通过热力学原理导致的"茎干冻融作用"。华北落叶松年内茎干径向变化存在4个不同阶段:①春季茎干水分恢复期;②夏季茎干快速增长期;③秋季茎干脱水收缩期;④冬季茎干相对稳定期。在不同阶段,影响华北落叶松茎干径向变化的环境因子并不一致。土壤温度为生长季中控制华北落叶松茎干径向生长的主导因子。

（全文见《生态学报》,2012,32（23）:7430–7439）

芦芽山亚高山草甸、云杉林土壤有机碳、全氮含量的小尺度空间异质性

武小钢　郭晋平　田旭平　杨秀云

（山西农业大学　林学院,山西　太谷　030801）

分析比较了山西芦芽山不同海拔分布的亚高山草甸（样地A,海拔2756.3m;样地B,海拔2542.3m）和云杉林（样地C,海拔2656.8m;样地D,海拔2387.2m）土壤有机碳和全氮的小尺度空间异质性特征。结果表明:相同植被类型下海拔较高的样地有机碳含量较高（A:49.84g/kg,B:38.33g/kg,C:47.06g/kg,D:40.67g/kg）,而较低海拔的样地土壤有机碳含量的异质性较高;除样地A外,其他3个样地均表现为高度空间依赖性。亚高山草甸土壤

全氮含量的异质性远远高于云杉纯林,4 个样地中均表现出强的空间自相关性。亚高山草甸样地土壤有机碳和全氮含量均在较大尺度上空间自相关,云杉纯林样地则表现为较小尺度的空间自相关变异。

（全文见《生态学报》,2013,33（24）:7756–7764）

芦芽山阳坡不同海拔白杆径向生长对气候变暖的响应

张文涛　江　源　王明昌　张凌楠　董满宇　郭媛媛

（北京师范大学　地表过程与资源生态国家重点实验室 /
北京师范大学　资源学院,北京　100875）

使用树轮生态学方法研究了山西芦芽山建群种白杆 *Picea meyeri* 径向生长对气候变暖的响应状况,发现随着气温升高,不同海拔白杆生长与气候因子关系的变化存在差别。研究区气温可以分为 1958~1983 年的气温降低阶段和 1984~2007 年的气温升高阶段。由气温降低阶段进入气温升高阶段,低海拔白杆树轮年表的序列间相关系数和第 1 主成分解释量均增大,而高海拔白杆树轮年表的序列间相关系数和第 1 主成分解释量均减小,表明气候条件对低海拔白杆生长的影响增强而对高海拔白杆生长的影响减弱。随着气温升高,不同海拔白杆径向生长与气候因子的关系均出现了变化。1958~1983 年,低海拔(2060m)白杆生长与 7 月降水量显著正相关($P<0.05$),而 1984~2007 年表现为极显著正相关($P<0.01$),与生长季 5~7 月平均气温呈现显著负相关($P<0.05$)。海拔 2330m,白杆 1958~1983 年与 7 月降水量极显著正相关($P<0.01$),1984~2007 年与气候因子没有显著相关关系。海拔 2440m,白杆生长由 1958~1983 年的与气候因子显著不相关转变为 1984~2007 年的与上一年 10 月平均气温显著负相关($P<0.05$)。高海拔(2540m)白杆生长 1958~1983 年与上一年 11 月平均气温极显著负相关($P<0.01$),1984~2007 年与上一年 10 月、当年 1 月平均气温和 6 月降水量均显著负相关($P<0.05$)。滑动相关分析结果表明,随着气温升高,低海拔主要气候因子对生长的影响增强,而高海拔主要气候因子对生长的影响减弱,这可能成为高海拔白杆生长对气温升高敏感性降低的原因。在气候变暖的驱动下,海拔引起的白杆生长与气候因子关系的差异发生了变化。

（全文见《植物生态学报》,2013,37（12）:1142~1152）

自组织特征映射网络在芦芽山自然保护区青杆林分类和排序中的应用

李林峰　张金屯　周　兰　邵　丹

（北京师范大学　生命科学学院,北京　100875）

采用自组织特征映射网络(SOM)对芦芽山自然保护区青杆林进行数量分类和排序。结果表明:SOM 将 60 个森林样地划分为 8 个群落类型,各类型在排序图上都有其分布范围和界限,且群落结构、物种组成差异明显,说明分类和排序结果合理,可较好地揭示群落间的生态关系。通过环境因子梯度的可视化方法,确定海拔、坡位和坡度是影响青杆林生长和分布的主要因子,揭示群落、物种及植被分布和环境因子的关系。结果表明 SOM 网络适用于表征群落生态特征及探索群落和环境相互关系的研究。

(全文见《林业科学》,2014,50(5):1~7)

芦芽山白杆非结构性碳水化合物和氮含量随海拔梯度的变化

王　彪　江　源　郭媛媛　王明昌

（北京师范大学　地表过程与资源生态国家重点实验室 /
北京师范大学　资源学院,北京　100875）

在山西省吕梁山脉北端芦芽山沿 7 个海拔梯度测定了林线树种白杆 *Picea meyeri* 各组织非结构性碳水化合物(NSC)及其组分含量和全氮含量。结果表明:白杆各组织氮含量均表现出随海拔升高而增加的趋势(茎干除外);NSC 含量均随海拔升高而增加,木质化组织中可溶性糖与淀粉质量比也表现林线高于中低海拔;除茎干外,各组织 NSC–N 质量比则表现出随海拔升高先减小后增加的趋势。研究表明,N 含量和 NSC 含量没有限制芦芽山林线树木的生长和发展,即林线树木不存在氮受限和碳限制。

(全文见《北京师范大学学报:自然科学版》,2015,51(5):540~544)

芦芽山不同海拔白杆非结构性碳水化合物含量动态

王　彪　江　源　王明昌　董满宇　章异平

（北京师范大学　地表过程与资源生态国家重点实验室 /
北京师范大学　资源学院，北京　100875）

　　高山林线对环境变化具有高度的敏感性，但林线形成机制仍然没有明确的结论。为了检验高山林线形成是由碳限制还是生长限制决定，并探讨林线树种适应高山环境的生理生态机制，选择山西省吕梁山脉北端芦芽山，沿 3 个海拔梯度测定了林线树种白杆 *Picea meyeri* 各组织非结构性碳水化合物（NSC）及其组分含量。结果表明：白杆总体及各组织 NSC 含量均随海拔升高而增加，林线树木不存在碳限制；白杆 NSC 源、汇均随海拔升高而增加，源 – 汇比在 3 个海拔之间没有差异，表明源 – 汇平衡关系对海拔的适应性，林线树木碳源活动没有受到限制；各组织中可溶性糖与淀粉的比值随海拔升高呈增大趋势，说明树木生长的环境越寒冷，树木组织中表现出越明显的保护策略，也可能暗示林线区域的树木更多地受到生长限制。研究结果在一定程度上支持"生长限制"假说。

（全文见《植物生态学报》，2015，39（7）：746~752）

芦芽山阳坡不同海拔华北落叶松径向生长
对气候变化的响应

张文涛　江　源　王明昌　张凌楠　董满宇

（北京师范大学　地表过程与资源生态国家重点实验室 /
北京师范大学　资源学院，北京　100875）

　　研究树木生长对气候变化的响应状况，选取芦芽山阳坡的 3 个海拔高度建立了华北落叶松 *Larix principis–rupprechtii* 的树轮宽度年表。年表的统计参数表明，3 条年表均为研究气候信息的可靠资料。结果表明，芦芽山阳坡华北落叶松的径向生长和生长与气候的关系均具有海拔差异，中海拔（2440m）和高海拔（2540m）的华北落叶松具有相似年际生长变化，而二者均与低海拔（2330m）华北落叶松的年际生长不同。低海拔华北落叶松的生长与 4 月平均气温和上一年 11 月降水量显著负相关，而中海拔和高海拔的生长均与上一年10月平均气温和6月降水量显著负相关。通过年表与气候因子的滑动相关分析发现，3个海拔高度华北落叶松生长与气候因子的关系均不稳定,生长与气温条件的显著相关关系随着气温升高而出现。气温升高引起了华北落叶松生长与气温因子关系的海拔差异,以及径向生长的海拔差异。

（全文见《生态学报》,2015,35(19):6481-6488）

芦芽山华北落叶松树轮宽度年表对气候因子的响应

李颖俊[1]　王尚义[1]　牛俊杰[1]　方克艳[2]　李晓岚[3]　栗　燕[4]　布文丽[5]　李玉晗[6]

（1. 太原师范学院　汾河流域科学发展研究中心,山西　晋中　030619
2. 福建师范大学　地理科学学院,福建　福州　350007;
3. 陕西师范大学　旅游与环境学院,陕西　西安　710119;
4. 献县一中,河北　献县　062250;
5. 平遥香乐乡第二初级中学,山西　平遥　031100;
6. 唐山丰润镇中学,河北　唐山　064001）

　　在芦芽山地区采集3个不同海拔的华北落叶松 *Larix principis-rupprechtii*,在传统去趋势的基础上,采用"signal-free"方法对拟合曲线进行修正,避免了中等频率的气候信息引起的拟合偏差,最终建立3个不同海拔树轮宽度标准年表(STD);同时以10年为界对上述年表进行滤波处理,得到3个低频年表。年表特征值表明,随着海拔升高,年轮平均轮宽变窄,敏感性和高频信息增强,低频信息减弱,这可能与逐渐恶劣的生境有关。中、低海拔年表的低频信息更一致,中、高海拔的高频信息更接近,而高、低海拔无论是标准年表还是高频、低频年表相似性均较差。树轮气候响应分析显示,低海拔STD年表与5月最低温显著负相关,STD和低频年表均与5、6月份土壤温度显著负相关,说明生境暖干,树木主要受生长季的干旱胁迫;中海拔STD年表与当年5月最高温显著正相关,STD和低频年表与土壤温度相关均不显著,说明生境逐渐变得冷湿,生长季的低温成为树木生长的限制因子;高海拔STD与气象要素相关不显著,低频年表与当年4月土壤温度正相关,说明高海拔最为冷湿,并有季节性冻土分布,生长季的土壤低温成为树木生长的限制因子。因此,全球变暖的趋势将更有利于高海拔树木的生长,而低海拔树木的干旱胁迫进一步加剧。

　　（全文见《生态学报》,2016,36(6):1608~1618）

山西芦芽山 14 种常见灌木生物量模型及生物量分配

罗永开　　方精云　　胡会峰

（中国科学院　植物研究所植被与环境变化国家重点实验室，北京　100093）

灌木生物量模型是估算灌木生物量的重要方法，而灌木生物量各器官间的分配是其适应周围环境的重要体现。基于对山西芦芽山 14 种常见灌木的各器官（根、茎和叶）、地上和总生物量以及基径、树高、冠幅的测定，建立了各器官、地上及总生物量的最优估算模型，探究了各器官生物量与总生物量（如叶质比、茎质比及根质比）及地上 - 地下生物量（根冠比）的关系。结果表明：①总体而言，幂函数和线性函数对这些灌木生物量的估测效果较好。②生长低矮、分枝数多的灌木采用冠幅面积估测生物量效果较好；生长直立或分枝数少的灌木采用总基径的平方与茎干高度乘积估测生物量效果较好；其他介于两者之间的灌木采用冠幅体积估测生物量效果较好。③14 种灌木的平均根冠比是 0.61，叶质比 0.17，茎质比 0.48，根质比 0.35；此外，带刺灌木除叶质比显著大于不带刺灌木种外，茎质比、根质比和根冠比都显著小于不带刺灌木。

（全文见《植物生态学报》，2017，41（1）：115~125）

ICP 法和原子吸收光谱法测定褐马鸡羽毛中的 10 种元素

武玉珍[1]　张　峰[1]　王孟本[1]　赵艮贵[2]

（1. 山西大学　黄土高原研究所，山西　太原　030006；
2. 山西大学　化学生物学与分子工程教育部实验室，山西　太原　030006）

珍稀濒危鸟类褐马鸡是中国特有的野生鸟类，是国家Ⅰ级重点保护动物。采用 ICP 法和原子吸收光谱法对来自芦芽山、庞泉沟国家自然保护区的野生褐马鸡和太原市动物园圈养褐马鸡羽毛中 Mo、Zn、Ni、Fe、Mn、Cr、Cu、K、Pb 和 CA 等 10 种元素的含量进行了测定，并对这 3 个不同地理分布区的样品中 10 种元素的含量进行了比较。结果表明：在所有羽毛样品中 Fe 含量最高，Mo 和 Cr 含量较低，Cd 未检出。动物园饲养的褐马鸡羽毛中除 K 和 Cu 外，其余 8 种元素的含量均低于芦芽山和庞泉沟国家自然保护区野生褐马鸡羽毛中的含量。生境的不同对褐马鸡机体微量元素有一定影响，野生环境更有利于它们的生长发育。

（全文见《光谱学与光谱分析》，2008，28（3）：675~677）

珠颈斑鸠繁殖生态观察

白秀英

（山西省管涔山国有林管理局，山西　宁武　036700）

　　2006~2007 年 1~12 月对山西芦芽山自然保护区珠颈斑鸠繁殖生态和种群数量进行了观察，结果表明：珠颈斑鸠年繁殖 1 次，巢多营建于小树枝杈、岩石洞穴等，有利用旧巢的习性，窝卵数多为 2 枚，卵重平均 15.67（15.0~16.4）g。雌雄鸟均参加孵卵，孵化期 18d，孵化率 100%，离巢率 87.5%，巢内育雏 17~19d，种群密度为 15.79 只 /km。

（全文见《现代农业科学》，2009，16（3）：186~188）

山西省芦芽山自然保护区有瓣蝇类物种多样性

孙　晨　王明福

（沈阳师范大学　昆虫研究所，辽宁　沈阳　110034）

　　采用生物多样性研究方法及昆虫分类学原理与方法，调查山西芦芽山自然保护区有瓣蝇类的种数、特有物种多样性及区系特征。结果表明：山西芦芽山自然保护区有瓣蝇类10 科 96 属 243 种，其中蝇科，无论在属级水平还是在种级水平，均占有较大优势，分别占属数和种数的 42.86% 和 39.51%；243 种有瓣蝇类中古北界种 102 种，占 41.98%，其次是古北 + 东洋界种 58 种，占 23.87%，连同古北界与其他界共同分布的种共占 96.30%；尚有特有种 9 种，占该 3.70%。山西芦芽山自然保护区有瓣蝇类物种多样性较高，其区系特征是以古北界区系成分为主兼具明显的地区特有化特征。

（全文见《中国媒介生物学及控制杂志》，2011，22（1）：19~21）

芦芽山褐马鸡的生存现状及人类活动对其的影响

王建春

(山西省管涔山国有林管理局,山西　宁武　036700)

近年来由于人类活动所引起的各种严重后果,对全球生态环境的影响已引起人们的高度关注。受人类活动的影响,野生褐马鸡分布区发生变化,褐马鸡繁殖及其种群逐渐缩小,甚至面临灭绝的威胁。因此,加强对人类活动对褐马鸡影响机制的研究,调整其保护措施,对褐马鸡及其生境的保护,维持生态系统多样性具有重要意义。通过实地考察、查阅文献、入户访谈等方法对芦芽山区褐马鸡的分布进行了系统的调查,了解各种人类活动对褐马鸡的影响,采取相应措施,最大程度的保护褐马鸡这一濒危物种。

(全文见《陕西林业科技》,2011,(1):32~35)

冠纹柳莺的繁殖习性研究

李惠英

(山西省静乐县林业局　山西　静乐　035100)

2009~2011 年对山西芦芽山自然保护区冠纹柳莺繁殖习性进行了研究,结果表明:冠纹柳莺在该区为夏候鸟,春季最早迁来日期为 4 月 16 日,最晚迁离日期为 9 月 12 日,居留期 143~148d,每年的迁徙日期相对稳定。繁殖期为 5~7 月,最早 4 月下旬开始配对筑巢,雌雄鸟共同营巢,营巢期 6~7d。5 月中旬开始产卵,窝卵数 4~5 枚。卵产齐后第 2 天由雌鸟担任孵化任务,孵化期 11~12d;巢内育雏 9~10d,巢外育雏 8~9d;孵化率 88%,成活率 93.0%。冠纹柳莺主要以昆虫为食,昆虫食物占总食物频次的 97.3%,是重要的农林益鸟。

(全文见《现代农业科技》,2012,(4):322,336)

山西芦芽山自然保护区岩燕的迁徙和繁殖研究

赵爱生

（山西管涔山国有林管理局　马家庄林场,山西　宁武　036704）

2010~2012 年 4~11 月,在山西芦芽山自然保护区对岩燕种群的迁徙、繁殖和生活习性进行了研究。结果表明:岩燕在本区为夏候鸟,最早迁入日期 4 月 28 日,最晚迁出日期 11 月 2 日,居留期相对稳定。繁殖前遇见率为 1.5 只 /km,繁殖后遇见率为 2.1 只 /km。繁殖期为 5~7 月。最早营巢期为 5 月 17 日,大量营巢时间为 5 月下旬。巢营于临近河流、湿地附近的岩壁和土崖洞穴。雌雄鸟共同营巢,营巢期 8~9d。巢呈碗状,以少量细草茎叶为框架,由大量苔藓、地衣、泥土和唾液浇筑而成,十分结实和精致。筑好巢后 1~2d 开始产卵,最早产卵期为 5 月 28 日,日产 1 枚,窝卵数 3~5 枚。产齐卵的第 2 天开始孵卵,孵卵由雌鸟承担。孵化期 14~15d,孵化率为 93.3%。巢内育雏期 19~20d,雌雄鸟共同育雏。

（全文见《野生动物学报》,2014,35（2）:200~204）

芦芽山自然保护区森林旅游价值评估

亢新刚　陈光清　刘建国

（北京林业大学　资源与环境学院,北京　100083）

对旅游资源的价值评估可以从两个方面进行,即以经营成本为基础或以游客费用为基础。本文通过对芦芽山自然保护区游客的问卷调查,求出游客的支付意愿和时间价值,二者之和就是旅游区的森林旅游资源价值,并对评估效果和影响因素进行了分析和讨论。

（全文见《北京林业大学学报》,2001,23（3）:60~63）

生态旅游社区从事旅游业者的行为特征研究

——以芦芽山自然保护区为例

程占红

（山西大学　黄土高原研究所，山西　太原　030031）

生态旅游社区从事旅游业者不仅是保护自然资评的坚强力量，而且是支持旅游业的主力军，他们是旅游影响的直接主要的承受者。采用问卷调查的方式，对芦芽山自然保护区从事旅游业者的行为特征进行了调查。结果表明：社区人们对自然保护的支持率较高，但却认为可以私自利用其资源，他们对于旅游的各种影响反映良好。

（全文见《山西大学学报：自然科学版》，2001：24（2）：159~163）

生态旅游区不同距离带上植物群落的结构对比

程占红　张金屯

（山西大学　黄土高原研究所，山西　太原　030006）

通过对芦芽山自然保护区植物群落的结构分析，揭示旅游活动和群落演替的内在机理，为景区植被保护和旅游管理提供依据。结果表明：不同地段各植被层由于影响因素有所不同，大部分景区的植被生长良好。不同距离带上各植被层大致表现出近距＜离中距离＜远距离的格局规律，但其明显度不尽一致，说明各植被层反映旅游活动对群落结构影响程度的能力大小依次为乔木层＜灌木层＜苔藓层＜草本层。5个旅游影响因子的变化趋势，反映了旅游活动对群落生态环境的结构作用的规律。距游径的水平距离愈远，垃圾量愈少，林下死枝下高愈高，枯层愈厚，树桩量愈多，幼苗量也愈多。不同距离带上的植物群落变化规律客观地描绘了旅游活动的规律性变化，近距离处旅游活动强度最大，中距离处次之，远距离处则最小。

（全文见《应用与环境生物学报》，2002，8（1）：1~6）

芦芽山生态旅游植被景观特征与地理因子的相关分析

程占红　张金屯

（山西大学　黄土高原研究所,山西　太原　030006）

　　自然保护区是生态旅游的好去处,植被景观不仅是其重要的风景资源,而且是协调其生态平衡的杠杆所在。通过取样调查,采用一系列植被景观特征指标,分析了芦芽山旅游植被景观特征与地理因子的关系。结果表明:芦芽山旅游植被景观特征的评价几乎不受自然环境的影响,而受人为活动影响较大。相对于自然地理因子而言,人文地理因子,即旅游活动,对植被景观具有更为显著的影响。此外,阴生种比值作为植被生态环境质量评价的指标,在本研究区域具有一定的非适用性。

　　（全文见《生态学报》,2002,22(2):278~284)

芦芽山生态旅游资源及生态旅游区划

程占红　张金屯　上官铁梁

（山西大学　黄土高原研究所,山西　太原　030006）

　　生态旅游给自然保护区的发展赋予了新的机遇,但同时又使它面临着严峻挑战。加强旅游规划分区研究非常必要。芦芽山具有丰富的生态旅游资源,地貌形态多样,生物资源异常丰富,气候、植被、土壤呈明显垂直变化。结合其旅游资源,对其分区如下:河谷和沟谷农田乡村区——接近自然的生态旅游;落叶阔叶林区——亲近自然的生态旅游;针阔叶混交林区——返回自然的生态旅游;寒温性针叶林和亚高山灌丛草甸区——回归大自然的生态旅游。

　　（全文见《山地学报》,2002,20(3):375~379)

芦芽山自然保护区旅游开发与植被
环境的关系　I. 植被环境质量分析

程占红　张金屯　上官铁梁　张　峰

(山西大学　黄土高原研究所,山西　太原　030006)

采用敏感水平、群落景观重要值、物种多样性信息指数等指标,研究了芦芽山自然保护区旅游开发与植被生态环境的关系。结果表明:保护站～冰口洼段,敏感水平不断增大,景观重要值不断减小;冰口洼～2420m 段,敏感水平开始逐步减小,重要值则不断上升;2420~2580m 段,敏感水平又开始逐步回升,景观重要值则又迅速下降。物种多样性信息指数随着海拔不断上升,呈一条波动且渐趋上升的线。阴生种比值不能很好地反映生态环境质量的优劣,这些指标的变化趋势和其相互关系相吻合,且与植被现状大体一致,反映了整个自然保护区植物群落的旅游价值及其生态环境质量。同时,距游径的水平距离对植物群落及其景观特征的影响也较为明显。

(全文见《生态学报》,2002,22(10):1765~1773)

芦芽山自然保护区森林旅游资源资产评估

奥桂林

(山西省管涔山国有林管理局,山西　宁武　036700)

论述了旅游资源资产价值的测算理论与方法,从消费者的角度出发,采用成本—效益分析的消费剩余理论,对芦芽山自然保护区森林旅游资源资产进行评估,结果表明,该保护区不仅能为社会提供丰富的旅游资源,而且能带来可观的经济效益。

(全文见《太原科技》,2002,4:5~6)

芦芽山自然保护区生态旅游客源特征分析

程占红　张金屯

（山西大学　黄土高原研究所，山西　太原　030006）

　　生态旅游给自然保护区的发展赋予了新的机遇。芦芽山自然保护区具有丰富的旅游资源，但有明显的季节性。旅游市场以太原、大同和忻州市为主，25~45 岁的游客占绝对优势，大部分游客月收入在 100~800 元，其职业以工人、干部和教师为主，学历以高中为主，这不仅与游客的水经济地位相适应，而且与芦芽山的旅游品牌相一致。

　　（全文见《山西大学学报：自然科学版》，2002，25（1）：82~85）

山西芦芽山旅游影响因子及其系数与地理因子间的关系

程占红　张金屯

（山西大学　黄土高原研究所，山西　太原　030006）

　　旅游影响因子及其系数是评价旅游开发对生态环境影响程度的主要指标之一。采用样方法对芦芽山旅游影响因子及其系数与地理因子进行了相关分析，结果表明：6 个旅游影响因子间的正负相关性均很好地体现了旅游活动对各因子影响的规律性，同时也说明旅游影响因子的选择与确定以及对其赋值的正确性。旅游影响因子及其系数与自然地理因子间呈较小的正负相关性，说明它们几乎不受自然地理因子的影响，它们共同作为评价旅游开发程度强弱的指标，具有一定的可行性。旅游影响因子及其系数与人文地理因子间的高相关性，说明它们能够正确地反映旅游活动对植被环境的作用。

　　（全文见《应用与环境生物学报》，2002，8（5）：467~472）

芦芽山旅游开发对社区的影响

程占红　张金屯

（山西大学　黄土高原研究所，山西　太原　030006）

探讨了芦芽山旅游开发对社区的影响。结果表明：尽管自然保护区的保护事业已经得到大多数社区群众的支持，但仍有少数居民持反对和无所谓的态度。同时，大多数社区群众对旅游的经济、环境和社会影响反应良好。

（全文见《山西大学学报：自然科学版》，2003，26（3）：274~278）

芦芽山自然保护区旅游开发与植被环境关系
——旅游影响系数及指标分析

程占红　张金屯　上官铁梁

（山西大学　黄土高原研究所，山西　太原　030006）

采用旅游影响系数对芦芽山自然保护区旅游开发与植被环境的关系进行了继续探讨。结果表明：①6个旅游影响因子间的正负相关性均很好地体现了旅游活动对各因子影响的规律性，同时也说明旅游影响因子的选择与确定以及对其赋值的正确性。它们与自然地理因子、人文地理因子的相关性说明了它们作为评价指标的可行性，同时也说明旅游活动是景区管理的主要对象。②根据旅游影响系数评价分级可知，整个自然保护区管理水平呈良级和中等水平，某些地段已出现危机感，其中冰口洼和山顶附近是人为活动影响最强烈、质量管理最差的地段。评价分级的结果较好地反映了芦芽山旅游开发现状，与实际状况大致吻合，说明这一方法是可行的。③评价指标间的相关分析表明，距游径水平距离愈远，敏感水平愈低，景观重要值愈大，物种多样性信息指数愈大或者稳定，旅游影响系数愈小。

（全文见《生态学报》，2003，23（4）：703~711）

山西芦芽山早元古代紫苏花岗岩的成因：地球化学和 Nd 同位素证据

刘超辉　刘树文　李秋根　王月然　党青宁　古丽冰　杨　斌　赵凤山

（北京大学　造山带与地壳演化教育部重点实验室 /
地球与空间科学学院，北京　100871）

芦芽山紫苏花岗岩体主要由紫苏二长岩、紫苏石英二长岩、紫苏花岗岩和钾长花岗岩组成，这些花岗质岩石表现 TiO_2、P_2O_5、K_2O、Zr、Nb、Y、Pb、La、Ce 和 Ba 富集以及高的 K_2O/Na_2O 比值，而 MgO、CaO、Mg、Th 和 U 亏损和低的 Sr/Ba、Rb/Ba 比值，Zr、Nb 和 Ce 与 SiO_2 反相关，这与 I 型花岗岩恰恰相反。这些岩石的 Sm–Nd 同位素特征比较均一，初始 Nd 值 –5.93 到 –6.97，亏损地幔模式年龄为 2.67 到 2.78Ga。这些特征说明紫苏花岗质岩浆起源于晚太古代下地壳的部分熔融，即铁镁质麻粒岩在富 CO_2 流体存在和异常高温下的部分熔融，石榴石作为主要残余相，它们经历了干燥高温岩浆的结晶分异，辉石、斜长石、磷灰石和铁铁矿可能为早期结晶相。芦芽山紫苏花岗岩的岩浆作用形成于东部陆块和西部陆块（~1850Ma）主碰撞期后的俯冲洋壳拆沉、地幔上隆导致的热松弛构造背景。

（全文见《自然科学进展》，2005，5（1）：1374~1382）

芦芽山自然保护区旅游开发与植被环境关系

——植被景观的类型及其排序

程占红 [1,2]　张金屯 [3]　吴必虎 [1]　牛莉芹 [2]

（1. 北京大学　旅游研究与规划中心，北京　100871；
2. 山西大学　黄土高原研究所，山西　太原　030006；
3. 北京师范大学　生命科学学院，北京　100875）

正确识别旅游活动作用下植被景观的类型及其分布格局，是景区管理者实施生态管理的现实课题。以芦芽山自然保护区为例，利用 TWINSPAN 和 DCA 对此问题进行了研究。结果表明：①TWINSPAN 将所有样地划分为 5 个不同等级的植被景观类型区，比较客观地反映出旅游开发与植被景观间的生态关系,指示因子也充分地反映了植被区的人为环境和景观特征。与利用旅游影响系数进行的分类相比,TWINSPAN 的结果更为科学合理,明显优于单纯依据一个因子划分的结果。②DCA 第 1 轴从左到右旅游影响系数和敏感水平越来越小,信息指数越来越大。DCA 第 3 轴从下而上旅游剔除程度逐渐减小。DCA 结果能够识别植被景观类型在空间上分布的规律性,但是这种规律性需要根据生态学知识去分析和总结,直观性不强。③TWINSPAN 结果与 DCA 结果基本一致,具有良好的可比性。

（全文见《生态学报》,2006,26(6):1940~1946）

从事旅游业者对旅游影响认知水平的测量

程占红 [1,2,3]　　吴必虎 [3]　　牛莉芹 [4]

(1. 山西财经大学　旅游管理学院,山西　太原　030006;
2 山西大学　黄土高原研究所,山西　太原　030006;
3. 北京大学　旅游研究与规划中心,北京　100871;
4. 山西财经大学　环境经济系,山西　太原　030006)

以芦芽山自然保护区为研究对象,采用 TWINSPAN 和 DCA 对从事旅游业者对旅游影响程度的认知水平进行了分析。结果表明:①TWINSPAN 是一种较好的数量分类方法,将 32 个样本分为成熟积极型、非成熟积极型、退却型和冷漠型 4 组;②DCA 第 1 轴主要反映了样本的性别和收入特征,第 2 轴反映了样本的受教育程度;③优势因子的分布格局在很大程度上决定着样本类型的分布格局;④TWINSPAN 分类的结果与 DCA 排序的结果基本一致,具有良好的可比性。它们都客观地反映出从事旅游业者对旅游影响认知水平的生态关系。

（全文见《地理研究》,2007,26(1):141~148）

发展芦芽山自然保护区森林生态旅游的对策

蔡 晋

（山西省桑干河杨树丰产林实验局　山西　大同　037000）

通过对芦芽山自然保护区开展森林生态旅游的现状分析,认为利用该区独特的资源优势发展旅游业条件良好,并提出正确处理开发与保护、自然景观与人工景观等多方面关系发展旅游业的对策。

（全文见《山西科技》,2007,4:3~4）

芦芽山旅游开发对不同植被层物种多样性的影响

程占红[1]　牛莉芹[2]

（1. 山西财经大学　旅游管理学院,山西　太原　030006;
2. 山西财经大学　环境经济系,山西　太原　030006）

利用 12 个物种多样性指数,研究了芦芽山旅游开发对不同植被层物种多样性的影响。结果表明:①乔木丰富度和多样性在旅游干扰很少的地方都达到最大值,在干扰严重的地方,也相对较大,在中度干扰的地方,则相对较低。均匀度随着旅游干扰的减小而趋于减小。乔木多样性与地理因子间的相关性很小,仅有 1 对因子呈显著相关。②灌木丰富度和均匀度在旅游中度干扰的地方都最大,在干扰很少的地方次之,在干扰严重的地方都最小。多样性则随着旅游干扰的减小而趋于增大。灌木多样性与地理因子之间的相关性较大,有 10 对因子显著相关。这说明地理因子对灌木多样性影响的作用开始增大。③旅游干扰最大的地方,草本的均匀度和多样性最大,而丰富度相对也较大。中度干扰的地方,草本丰富度最大,多样性居中,均匀度最小。干扰很少的地方,草本的丰富度和多样性最小,均匀度居中。草本多样性与地理因子的相关性最大,有 23 对因子显著或极显著相关,这说明地理因子对草本多样性影响的作用最大。

（全文见《山地学报》,2008,26（1）:1~8）

芦芽山自然保护区生态旅游开发建议

吴俊先

（山西省管涔山国有林管理局，山西　宁武　036700）

　　芦芽山自然保护区集山、水、林、草、石、庙、花、鸟、虫等自然和人文景观于一体，是开展森林生态旅游观光、度假休憩的天然胜地。在保护好生物资源和自然环境的前提下，适度开发生态旅游，以森林旅游为龙头，同时把生态旅游与宁武关历史文化结合起来，以自然景观为主，开展具有特色的旅游项目景点，以新颖、奇特、品味来吸引游客，推进人与自然的和谐发展。

　　（全文见《园林生态》，2008，28（3）：83）

芦芽山旅游干扰下不同植被景观区物种多样性的比较

程占红[1,2]　牛莉芹[3]

（1. 山西财经大学　旅游管理学院，山西　太原　030006；
2. 山西财经大学　应用经济研究院，山西　太原　030006；
3. 山西财经大学　环境经济系，山西　太原　030006）

　　利用 12 个物种多样性指数研究了芦芽山不同植被景观区物种多样性的差异。结果表明：①随着旅游干扰程度的减少，物种均匀度和综合多样性表现出不断增大的趋势。物种丰富度的变化则与其不同，旅游活动的适度干扰有利于物种丰富度的增加，旅游干扰较少或干扰严重均不利于其增加。②物种丰富度与坡度呈显著正相关，均匀度与海拔和路宽呈显著正相关，与旅游影响系数呈显著负相关，综合多样性与景观重要值呈显著正相关，与旅游影响系数呈极显著负相关。③丰富度指数 Patrick 指数和 Margalef 指数相对较好，而 Menhinick 指数相对较差。均匀度指数 Pielou 指数、Sheldon 指数和 Heip 指数属于一组，Hill 指数和修正的 Hill 指数属于另一组。综合多样性指数 Shannon-Wiener 指数、Hill 的多样性指数 N1 和 N2 都表现出一致的变化趋势，而 Simpson 指数由于计算方式和所反映的生态意义特殊，因而其变化趋势与其他指数不同。

　　（全文见《干旱区资源与环境》，2009，23（5）：138~142）

芦芽山自然保护区旅游废弃物处理与管理对策

董钦轩[1]　程占红[2]

（1. 山西大学　环境与资源学院，山西　太原　030006；
2. 山西财经大学　旅游学院，山西　太原　030006）

目前我国自然保护区旅游开发迅速，而旅游废弃物处理工作严重滞后。通过对芦芽山国家自然保护区的实地调查，在对自然保护区旅游废弃物来源和危害进行科学分析的基础上，提出了自然保护区旅游废弃物收集处理原则、方法，并就设施规划布置及旅游管理对策等提出初步设想。

（全文见《国土与自然资源研究》，2009，3：70~71）

旅游对芦芽山国家级自然保护区典型植被的影响

郭秀玲

（山西大学　环境与资源学院，山西　太原　030006）

芦芽山国家级自然保护区位于宁武、五寨、奇岚三县交界处，吕梁山北端，是我国著名的生态旅游景区之一，2010 年被评为国家 AAAA 级旅游景区。植物物种多样性丰富，生态系统及植被类型多样，生境差异性较大。选取芦芽山国家级自然保护区冰口洼和荷计坪等有代表性的旅游景点，运用分类、排序、PCA、相关分析、物种多样性等研究了旅游对自然保护区典型植被森林和草甸的影响。结果表明：

采用 TWINSPAN，根据旅游对森林植被影响程度，划分为 16 个旅游等级影响区，反映了以游径为轴线的旅游影响水平空间格局变化规律。对 12 个旅游影响指标相关分析表明，有 3 对旅游影响指标间存在显著或极显著关系，其中剔除树桩影响系数和游径距离为极显著相关，旅游垃圾影响系数和剔除树桩影响系数、旅游垃圾影响系数和游径距离这 2 对指标均为显著相关。PCA 结果表明：有 5 个主成分信息量占总信息量的 81.88%，这 5 个主成分与 12 个旅游影响指标中的 7 个旅游影响指标关系密切。以 7 个旅游影响指标进行的旅游影响区等级划分与 13 个旅游影响指标所得结果一致，这就简化了旅游对植被影响评价和影响区等级划分指标的选取。

采用 TWINSPAN 将亚高山草甸带的草甸群落划分为 4 个群丛,反映了不同旅游干扰强度下草甸植被动态变化特征。依据植被受影响的状态分别是:Ⅰ.差等级群丛,包括披针薹草 + 小丛红景天 + 紫羊茅群丛;Ⅱ.中等级植被群丛,包括披针薹草 + 珠芽蓼群丛;Ⅲ.良好级群丛,包括披针薹草 + 珠芽蓼 + 葛缕子群丛;Ⅳ.优等级群丛,包括披针薹草 + 珠芽蓼 + 零零香群丛,并对各等级群丛的生境及旅游干扰特点进行了描述。DCCA 对样带和物种排序的结果反映了 6 个旅游环境因子的生态影响,其中地表裸露度和坡度是对植物群落分布起决定性作用的因子,地表裸露度受游客、牲畜的踩踏所决定。Patrick 物种丰富度指数排序:Ⅰ类区 >Ⅲ类区 >Ⅱ类区 > Ⅳ类区的趋势,Heip 和 Sheldon 均匀度指数排序:Ⅰ类区 > Ⅳ类区 >Ⅱ类区 >Ⅲ类区的趋势,Simpson 和 Shannon-Wiener 多样性指数与物种丰富度指数呈现出相同的变化趋势。

　　芦芽山国家级自然保护区典型植被区草本植物共 26 科 44 属 51 种,其中草甸植被有植物 16 科 22 属 26 种,森林的草本植物为 20 科 30 属 33 种,森林和草甸共有的草本植物7 科 8 属 10 种。随着旅游影响程度的增加,一年生草本植物的种数及重要值也增加,相反建群种的优势地位则减弱。对物种相似性比较发现,4 个草甸等级植被的物种相似系数为 47~84%,森林植被 6 个等级影响区物种相似性系数为 48%~73%,草甸植被与森林植被间的物种相似性系数为 27%。

　　(全文见《山西大学硕士学位论文》,2011.6)

山西芦芽山林线附近土壤水分空间分布特征及其影响因素

杨艳刚[1,2]　江　源[2]　张文涛[2]　李雪飞[3]

(1. 交通运输部　公路科学研究所,北京　100088;
2. 北京师范大学　地表过程与资源生态国家重点实验室 /
北京师范大学　资源学院,北京　100875;
3. 中国石油环保服务有限公司,北京　100012)

　　2008 年植被生长季在芦芽山荷叶坪亚高山草甸及森林—草甸过渡带布设观测样带,应用 FDR 土壤剖面水分测量仪测量 10~40cm 深度土壤含水量,并分析其空间分布特征和影响因素。结果表明:①根据所处位置及地上植被状况可将样带分为林地样带和草甸样带,林地样带土壤含水量随深度增加呈先升高后降低的变化趋势,草甸样带则恰好相反。②10cm 和 40cm 深度为土壤含水量稳定层,20cm 和 30cm 深度为活跃层,且林地样带 10cm 深度土壤含水量小于草甸样带,20cm、30cm 和 40cm 深度土壤含水量则大于草甸样带。③降雨发生后,阴坡上部树岛样带土壤含水量增幅最大,阳坡上、中、下部草甸样带土壤含水量增幅也较大；10cm 深度土壤含水量增幅最大，20cm、30cm 和 40cm 深度土壤含水量增幅较为接近，土壤含水量对降雨的响应存在 1~2d 的时滞。④10cm、20cm 和 30cm 土壤含水量变化值与坡度呈显著正相关，30cm、40cm 土壤含水量变化值与初始土壤含水量呈显著负相关，20cm、30cm 土壤含水量变化值与地形湿度指数呈显著负相关。土壤含水量空间分布格局及其动态变化受植被和降雨影响显著，初始土壤含水量、坡度以及地形湿度指数对其也有一定影响。

（全文见《生态与农村环境学报》，2012，28（2）：120~127）

影响旅游从业者环境认知的特征因素

程占红

（山西财经大学　旅游管理学院，山西　太原　030006）

旅游从业者在旅游环境的发展变化中既是影响者又是监管者，因而识别影响他们对旅游环境认知的特征因素尤为重要。以芦芽山自然保护区为例，研究了旅游从业者的属性特征、人地观与旅游环境认知间的相关性。结果表明：从属性特征上看，男性和文化程度较高者的旅游环境意识水平较高；从人地观上看，关心自然环境者对旅游环境的认知水平较高，而持人类中心论者却满足于旅游环境现状，不关心各种旅游管理方式。

（原文刊载于《社会学家》，2014，1：81~84）

《芦芽山自然保护区科学研究论文集》所收录论文发表的时间跨度较大(1986~2017年),由于早期学术期刊的学术规范与现今的学术规范差异较大,包括表格、计量单位、参考文献等,为此有必要按照国家关于学术期刊最新的学术规范进行技术编辑加工,以达到出版文集学术规范的要求。本书的技术集编辑工作主要包括:

将所有非法定计量单位统一替换为法定计量单位,如将毫米、厘米、米、公里、克、公斤、公顷、平方米、立方米等用汉字表述的计量单位,改为用 mm、cm、m、km、g、kg、hm^2、m^2、m^3 等符号表述;将亩换算为 hm^2。

按照《中国植物志》(www.eflora.cn)的植物学名,对论文中某些学名进行了订正,如辽东栎 *Quercus liaotungensis* 更正为 *Quercus wutaishanica*。

部分动物学名参考《中国动物地理》(张荣祖,1999)和《山西芦芽山国家级自然保护区生物多样性保护与管理》(王洪亮和张峰,2017)进行了订正。

删除了不规范的动植物俗名(中文名称)。

早期文献的表格形式多种多样,统一改为三线表。若干文献的图由于印刷的原因不太清楚,并且没有相关的数据可以重新绘图,因此,本书没有收录这些图,取而代之用文字论述。

对若干参考文献信息不全、不准确等问题进行了补充和订正。

对某些不符合生态学、植物学、动物学等术语和表述等统一进行了订正。

对某些论述欠准确的内容,首先考虑可否进行修正;如果能修正,则进行修正;如果不能修正,在不影响文稿完整性和忠实于原文的前提下,进行了适当删减。

由于采取了上述编辑和订正等措施,因此本书收录的论文和摘要或多或少在内容或格式等方面都有所变化,敬请谅解!

编 者

2017 年 9 月